★普通高等教育重点学科规划教材·电工电子技术

电子同步指导与实习

【第2版】

主　编　骆雅琴

副主编　孙金明

中国科学技术大学出版社

·合 肥·

内 容 简 介

本书由"电子同步指导"及"电子实习"两篇组成。"电子同步指导"是根据高等学校"电工学"课程教学基本要求,参照安徽工业大学"电工学"课程体系而编写的,其内容由目标、内容、要点、应用、例题、练习6部分组成。本书还收编了近年来安徽工业大学本科非电类学生的期末试卷及分析,以供读者参考。

"电子实习"是针对安徽工业大学实习内容——"收音机"、"数字万用表"等电子产品而编写的。通过实习帮助学生提高应用电子技术的能力。

本书可作为普通高等学校本科非电类各专业学生学习电工学的辅导教材、实习用书,也可供有关教师教学参考,还可以作为电类各专业学生学习电子技术的教学参考与实习用书。

图书在版编目(CIP)数据

电子同步指导与实习/骆雅琴主编. 2版. —合肥:中国科学技术大学出版社,2014.8
ISBN 978-7-312-03559-3

Ⅰ. 电… Ⅱ. 骆… Ⅲ. 电子技术—高等学校—教学参考资料 Ⅳ. TN

中国版本图书馆 CIP 数据核字(2014)第 155199 号

责 任 编 辑:张善金
出 版 者:中国科学技术大学出版社
          地址:合肥市金寨路 96 号 邮编:230026
          网址:http://www.press.ustc.edu.cn
          电话:发行部 0551-63602905 邮购部 0551-63606086-8808
印 刷 者:合肥市宏基印刷有限公司
发 行 者:中国科学技术大学出版社
经 销 者:全国新华书店
开 本:787mm×1092mm 1/16
印 张:18.25
字 数:456 千
版 次:2009 年 9 月第 1 版 2014 年 8 月第 2 版
印 次:2014 年 8 月第 3 次印刷
印 数:10001—15000 册
定 价:29.00 元

前　言

为了深化教学改革，使电工学教育更符合学生的认知规律，我们将"电工学理论"、"电工学实验"、"电工学实习"和"电工新技术与创新"等课程进行整合，使电工学系列课程既独立又相互融合，形成了独具特色的电工学教学新体系。电子技术是这一新体系的重要组成部分。为了满足电子技术教学的需要，我们重新修订了《电子同步指导与实习》（中国科学技术大学出版社，2009 年出版），调整和补充了部分内容，出版《电子同步指导与实习》（第 2 版），使之更加适合教学需要。

《电子同步指导与实习》（第 2 版）主要做了以下工作：

其一，补充内容。

《电子同步指导与实习》每章的"同步指导" 编写了目标、内容、要点、应用、例题和练习 6 项内容。但第 1 版的练习部分只收集了选择题。虽然课堂教学所选用的教材中有习题，并且我们还为学生印刷了作业册，但是学生们仍然希望我们在"同步指导"中，增加习题。为此，第 2 版最主要的工作是为每章"同步指导"的练习部分增加习题。我们力争让新增习题涵盖所有的知识点。本书还编写了新增习题的答案，以供读者参考。

其二，修订内容。

我们在第 2 版《电子同步指导与实习》中，进行了内容的重新修订，修订了不准确的图、公式和文字，力图把问题描述得更清楚，更准确。

其三，更新试卷。

电子技术是一门初学者不容易理解的课程，为帮助学生的学习以及复习考试，我们收集了最新的考试试卷，并附上试卷分析和评分标准，以帮助学生提高应用知识来分析问题和解决问题的能力。

《电子同步指导与实习》（第 2 版）由骆雅琴担任主编，负责全书的策划、组织、统稿及"电子同步指导" 的编写等工作；孙金明担任副主编，负责"电子实习"的编写；周春雪编写了试卷 1~2；程木田编写了试卷 3~4；唐得志编写了试卷 5；周红负责第 1~2 章审稿，郎佳红负责第 7 章审稿，顾凌明负责第 5、8 章审稿，游春豹负责第 9 章审稿，郑睿负责试卷 1~5 审稿。本书第 2 版的相关编写工作也

电子同步指导与实习

由以上人员承担。

我们对支持本书编写和出版的安徽工业大学教务处、电气与信息工程学院以及对本书编写和出版给予支持和帮助的同事和朋友们表示衷心地感谢！

由于编者的水平和经验有限，书中难免有疏漏和不妥之处，敬请读者批评指正。

骆雅琴

2014 年 8 月 8 日于安徽工业大学

第1版前言

为适应高等学校"电工学"课程改革和学生学习本课程的需要，我们在总结了长期从事教学研究和教学改革的实践经验后，编写了这本《电子同步指导与实习》，以帮助读者在学习"电工学"课程时，学懂基本内容、理解基本概念、掌握基本分析方法、提高分析问题和解决问题的能力。

本书参照安徽工业大学"电工学"课程体系而编写。上篇"电子同步指导"是针对《电工学》下册"电子技术"的内容进行同步指导。由于"电子技术"的理论授课学时是 40 学时，选讲内容有限，本书在进行同步指导时适当补充内容，以满足"电工学"课程的学习需要。

本书每章的"同步指导"编写了目标、内容、要点、应用、例题和练习 6 项内容。

在"同步指导"中，"目标"是根据高等学校"电工学"课程教学基本要求提出的学习目标；"内容"是用框图和简述基本知识点来帮助读者整合知识；"要点"是重点提示；"应用"则是扩展知识面。由于"电工学"课程内容多，学时少，无法安排习题课，不能满足学生的学习需要，因此用本书的"例题"给予弥补。为了帮助学生熟悉课程内容，提高思考能力，本书编写了练习。练习后附有参考答案，以供读者自我检验学习效果。

本书下篇"电子实习"是按实习要求从理论和实践两个方面系统地、简要地编写的。通过长期的教学实践证明，电子实习能让工科电类和非电类各专业学生在较短的时间内，基本掌握电子产品的原理、安装及调试方法。对电类各专业学生还要求会设计电子产品，因此本篇编入了电子产品制作工艺技术及印制电路板设计编辑软件 PROTEL 应用。

为帮助学生期末复习考试，本书还编入了近年来安徽工业大学本科非电类学生期末试卷，并对试卷进行了分析，其中的新编试卷还给出了评分标准，以供读者参考。

参加本书编写工作的作者有：骆雅琴、孙金明、周红、朱志峰、周春雪等。骆雅琴担任本书主编，负责全书的策划、组织、编写、统稿等工作；孙金明担任副主编，负责"电子实习"的编写；唐得志、程木田、郑睿、杨末（安徽工业大学工商学院）参加了本书的资料整理、插图、审校等工作。

我们对支持本书编写和出版的安徽工业大学教务处、电气信息学院以及对本书编写和出版给予支持和帮助的同事和朋友们表示衷心的感谢！

由于编者的水平和经验有限，书中难免有疏漏和不妥之处，敬请读者批评指正。

骆雅琴

2009 年 6 月 28 日于安徽工业大学

目　录

上篇　电子同步指导

下篇　电子实习

上篇

电子同步指导

第一部分 同步指导

第1章　二极管及其整流电路

1.1　目　标

1.了解半导体的导电特性。

2..理解 PN 结的单向导电性。

2.了解二极管、稳压管的基本构造、工作原理和特性曲线，理解主要参数的意义。

3.了解二极管在电路中的几种应用，掌握二极管电路的基本分析方法。

4.学会用万用表判断二极管、稳压管的质量及管脚。

5.理解单相整流电路的工作原理。

6.了解几种滤波电路的工作原理和合理应用。

7.了解稳压管稳压电路的稳压原理和应用条件。

8.掌握直流稳压电路的组成原理、结构特点和分析计算方法。

1.2　内　容

1.2.1　知识结构框图

二极管及其整流电路的基本知识点见图 1.1。

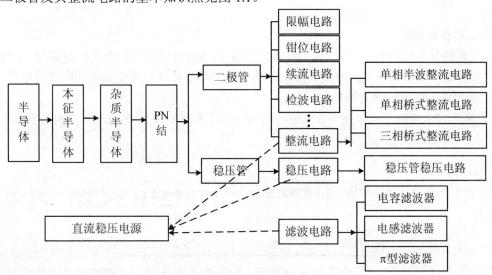

图 1.1　二极管及其整流电路的基本知识点

1.2.2 基本知识点

一、半导体基础知识

1. 半导体

半导体是导电能力介于导体和绝缘体之间的物质。它的导电能力随**温度**、**光照**或**掺杂**不同而发生**显著**变化。

2. 本征半导体的导电性

在绝对零度(0K)时，本征半导体中没有载流子，它是良好的绝缘体。

在热激发条件下，本征半导体**共价键**结构中的少数价电子获得足够能量，挣脱了原子核的束缚，成为自由电子。

激发产生电子空穴对，**复合**消失电子空穴对。

本征半导体中具有两种载流子——自由电子和空穴，二者数量相等。在常温下，载流子数量很少。当温度升高时本征激发所产生的载流子浓度基本上按指数规律增大，温度是影响半导体性能的一个重要因素。

但是本征半导体的载流子数量较少，因此导电性能很差。

3. 杂质半导体的导电性

在本征半导体中掺入不同的杂质，可得到 N 型（多子是电子）或 P 型（多子是空穴）半导体。

微量掺杂就可以形成大量的多子，其导电性能大大增强，所以杂质半导体的导电率高。

4. PN 结

PN 结是载流子在浓度差作用下的扩散运动和内电场作用下的漂移运动所产生的，它具有**单向导电性**。半导体器件的核心环节是 PN 结，各种半导体器件均以 PN 结为基本结构单元构成。

二、二极管

1. 二极管的组成

二极管的基本结构就是一个 PN 结。它是 PN 结外加引线和封装管壳后形成的，故具 PN 结的伏安特性。二极管可组成整流、限幅、检波及钳位等电路，在实际电路中应用很广。

2. 半导体二极管的伏安特性

（1）正向伏安特性：如图 1.2 所示，当正向电压 $U<U_T$，$I_D≈0$（U_T 又称阈值电压）时，其大小列于表 1.1。

表 1.1

	死区电压 U_T	正向导通电压 U_D
硅管	0.5V	0.6V~0.8V
锗管	0.1V	0.2V~0.3V

当正向电压 $U>U_T$，正向电流 I_D 逐渐增加。在电流 I_D 较大时，二极管两端的电压 U_D 为常

数，所以导通二极管具有稳压特性。U_D 又称正向导通电压，其数值见表 1.1。

（2）反向伏安特性：图 1.2 所示，当反向电压 $|U|<U_{(BR)}$（$U_{(BR)}$ 为击穿电压）时，$I_D \approx -I_S$，I_S 很小且随温度变化很大。

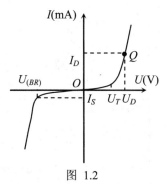

图 1.2

当反向电压 $|U|>U_{(BR)}$，反向电流会突然增大，二极管"反向击穿"。击穿后，在反向电流很大的变化范围内，二极管两端电压几乎不变。

（3）伏安特性的非线性：二极管的伏安特性是非线性的，它不仅正、反向的导电性能有很大差别，而且在不同的电压下，管子的静态和动态电阻也是不同的。因此，二极管是非线性元件。

三、稳压管

1. 稳压管外特性

稳压管是一种特殊的面接触型硅二极管。稳压管的伏安特性和二极管的伏安特性相似，只是它的反向伏安特性曲线较陡，如图 1.3 所示。

2. 稳压管工作原理

稳压管是利用 PN 结反向击穿后所具有的稳压特性而工作的。

当稳压管工作在反向击穿状态时，其管压降 U_Z 几乎不随电流 I_Z 的变化而变化，因此在电路中起稳压作用。

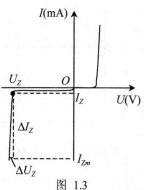

图 1.3

3. 稳压管的应用

稳压管稳压电路通常由稳压管串联一个限流电阻 R 组成。由于稳压管工作在反向击穿状态，当负载 R_L 两端电压略有变化时，稳压管中电流将剧烈变化，从而在限流电阻 R 上的电压降迅速发生变化，而维持负载电压几乎不变，实现了简单稳压。

四、单相整流电路

单相整流电路有如表 1.2 所示的三种。

表 1.2　三种单相整流电路

类型	单相半波整流	单相全波整流	单相桥式整流
电路图			
工作原理	$0 \leqslant \omega t \leqslant \pi$：$D$ 承受正偏导通；忽略 D 的正向管压降： $u_o = u_2; i_o = \dfrac{u_o}{R_L}$ $\pi \leqslant \omega t \leqslant 2\pi$：$D$ 承受反偏截止； $i_0 = 0, u_0 = 0$	$0 \leqslant \omega t \leqslant \pi$：$D_1$ 导通；D_2 截止； $u_{o1} = u_2$; $i_{o1} = \dfrac{u_{01}}{R_L} = i_{D1}$ $0 \leqslant \omega t \leqslant 2\pi$：$D_2$ 导通；D_1 截止；$u_{o2} = u_2$ $i_{o2} = \dfrac{u_{o2}}{R_L} = i_{D2}$　$i_o = i_{o1} + i_{o2}$	$0 \leqslant \omega t \leqslant \pi$：$D_1$ D_3 导通； D_2 D_4 截止；$u_{o1} = u_2$ $i_{o1} = \dfrac{u_{o1}}{R_L} = i_{D1} = i_{D3}$ $0 \leqslant \omega t \leqslant 2\pi$：$D_2$ D_4 导通； D_1 D_3 截止；$u_{o2} = u_2$ $i_{o2} = i_{D2} = i_{D4} = \dfrac{u_{o2}}{R_L}$　$i_o = i_{o1} + i_{o2}$
波形图			
整流电压	$U_o = \dfrac{1}{2\pi} \displaystyle\int_0^{2\pi} U_{2m} \sin \omega t \, dt = 0.45 U_2$	$U_o = \dfrac{1}{\pi} \displaystyle\int_0^{\pi} U_{2m} \sin \omega t \, dt = 0.9 U_2$	$U_o = \dfrac{1}{\pi} \displaystyle\int_0^{\pi} U_{2m} \sin \omega t \, dt = 0.9 U_2$
整流电流	$I_o = \dfrac{U_o}{R_L} = 0.45 \dfrac{U_2}{R_2} = I_D$	$I_o = 0.9 \dfrac{U_2}{R_2}$, $I_{D1} = I_{D2} = \dfrac{1}{2} I_o$	$I_o = 0.9 \dfrac{U_2}{R_2}$ $I_{D1} = I_{D2} = I_{D3} = I_{D4} = \dfrac{1}{2} I_o$
最高反向电压	$U_{DRM} = \sqrt{2} U_2$	$U_{DRM} = 2\sqrt{2} U_2$	$U_{DRM} = \sqrt{2} U_2$
整流管选择	选择 D 必须满足两个条件： ① $I_{OM} > I_D = I_o$ ② $U_{RM} > U_{DRM} = \sqrt{2} U_2$	选择 D 必须满足两个条件： ① $I_{OM} > I_D = \dfrac{1}{2} I_o$ ② $U_{RM} > U_{DRM} = 2\sqrt{2} U_2$	选择 D 必须满足两个条件： ① $I_{OM} > I_D = \dfrac{1}{2} I_o$ ② $U_{RM} > U_{DRM} = \sqrt{2} U_2$

注：I_{OM}, U_{RM} 查手册得到。

五、常用的滤波电路

常用的滤波电路有如表 1.3 所示的五种。

表 1.3 五种滤波电路

	C	L	LC	π型（LC）	π型（RC）
电路图					
结构特点	负载并联	负载串联	C 与负载并联，再与 L 串联	C_1 与 LC_2 滤波并联	C_1 与 RC_2 滤波并联
滤波原理	利用 C 隔直通交作用，滤掉高次谐波电流。电流中高频成分流经 C，低频成分流过 R_L 上形成电压 U_0	利用 L 隔交作用滤掉高次谐波电压。电压中高频成分降在 L 上，低频成分降在 R 上	相当于 L、C 两级滤波。原理同 L 和 C 滤波	相当于 C、L、C 三级滤波。原理同 L 和 C 滤波	相当于 C、RC 两级滤波。RC 滤波时，由于 C 的作用，直流在 R_L 上分压多，交流分压少
电压关系	1. 半波整流滤波：$U_o = U$ 2. 全波整流滤波：$U_o = (1.1 \sim 1.4)U$	与 L 的大小有关	参考 C 滤波及 L 滤波电路	参考 C 滤波及 L 滤波电路	参考 C 滤波电路
电容估算	$R_L C \geqslant (3 \sim 5)\dfrac{T}{2}$ $C \geqslant \dfrac{2T}{R_L}$	$L \approx$ 几亨~几十亨	分别同 L、C 的算法	分别同 L、C 的算法	分别同 L、C 的算法
电路特点	1. 电路简单 2. 输出电压较高 3. 脉动小 4. 带负载能力差	1. 大电流滤波效果好，无直流电压损失 2. 无冲击电流损害 3. 小电流效果差 4. 体积大	1. 电路简单 2. 滤波效果好于一级滤波 3. 价格高，体积大	滤波效果好于一级滤波。因为有 L，特点同 L 滤波	1. 小电流滤波效果好 2. 体积小，结构简单 3. 有直流电压损失 4. 带负载能力差
应用范围	小电流场合	大电流场合	大电流场合	大电流场合	小电流场合

六、稳压电路

稳压管稳压电路是一种小功率的稳压电路。这是因为稳压管的输出电流小,受器件的限制,功率比较小。虽然有一些扩展输出电流的方法,但是也是很有限的。

其他小功率的稳压电路和大功率稳压电路见第 5 章介绍。

1.3 要 点

> **主要内容:**
> - 半导体的两种载流子
> - PN 结的特点及功能
> - 直流稳压电源问题分析
> - 常用的稳压电路原理
> - 滤波电路增加输出电压的原因

一、半导体的两种载流子

半导体具有两种载流子,这是半导体与导体之间本质的区别。

本征半导体中的两种载流子由热激发产生,其数量相同但较少,因此导电性能差。

杂质半导体中的少子由热激发产生,由于复合作用,其少子浓度要比本征载流子浓度低得多。杂质半导体的多子由掺杂形成,多子浓度远远高于少子,因而导电率高。

1. 两种载流子导电机理

电子导电是自由电子在外电场作用下定向运动,携带负电荷导电,运动方向与电流方向相反。

空穴导电则是由被原子核束缚的价电子在共价键之间递补空穴,在外电场作用下形成空穴的定向运动,携带正电荷导电,运动方向与电流方向相同。

自由电子导电与导体导电机理相同,而空穴导电只有半导体具有。可见空穴电流不是自由电子递补空穴所形成。若自由电子递补空穴,则称为复合,其结果将使空穴和自由电子数量同时减少。空穴参与导电,数量不会减少。

2. 半导体整体电量平衡,对外不显电性

在多子形成过程中,N 型半导体的杂质原子失去一个电子便成为带正电的离子。P 型半导体的杂质原子多了一个价电子而成为带负电子的离子。可见,不论是 N 型还是 P 型半导体,尽管它们的多数载流子浓度都远远高于少数载流子,但总体电量平衡,P 型、N 型半导体不带正、负电,对外呈电中性。

二、PN 结的特点及功能

(1)PN 结——N 型、P 型半导体的交界面上出现的带电离子集中的薄层。又称为空间电荷区、势垒区、耗尽层、阻挡层。

（2）PN 结的特性：

①空间电荷区内正、负离子带电而不能移动，载流子因复合而数量很少，因此电阻率很高，故称耗尽层。

②正、负离子形成的内电场阻止多子继续扩散，故又称阻挡层。

③内电场对少子有吸引作用，形成少子的逆向运动，称为漂移。

④在没有外电场作用时，当扩散运动和漂移运动达到动态平衡时，PN 结两侧没有电流，空间电荷区厚度一定。

（3）PN 结中的两种运动：多子的扩散运动和少子的漂移运动。

（4）PN 结的单向导电性。

当外加正向电压时，内电场减弱，(多子)扩散运动大于漂移运动，电流随电压按指数规律增加，此时外加正向电压对正向电流有很大影响。

当外加反向电压时，内电场增强，漂移运动大于扩散运动，少子漂移形成很小的反向电流，且电流大小受温度影响，基本上与外加电压无关。

PN 结的电压、电流关系是非线性的。

（5）PN 结的功能：

用一个结做二极管——具有单向导电性。

用两个结做三极管——具有放大作用。

用三个结做晶闸管——具有可控的单向导电性。

三、直流稳压电源问题分析

二极管组成直流电源应用较为广泛。为了帮助读者能够在直流电源出现问题时,能分析问题所在,并解决之。以经典的桥式整流电路为例,如图 1.4 所示。分析在实际应用中整流电路可能出现的问题。

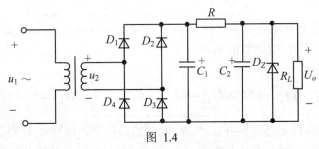

图　1.4

1. 整流二极管

（1）D_1 管短路，输入电压 u_2 负半周时，变压器副边短路，变压器及整流二极管烧坏。

（2）D_1 管开路，输入电压 u_2 正半周输入信号无通路，电路无法工作；但负半周正常工作，可形成半波整流。

（3）D_1 管接反，输入电压 u_2 正半周输入信号无通路，电路无法工作；负半周变压器副边短路，烧坏变压器及整流管。

2. 滤波电容

（1）滤波电容 C_1 开路，无滤波作用；C_1 短路，造成变压器副边短路，变压器和整流管烧坏。

（2）滤波电容 C_2 开路，只有一级滤波，滤波效果差；C_2 短路，输出电压为零，因 R 小，电流较大，可能烧坏变压器及整流管。

3. 稳压电路

（1）调整电阻 R 开路，无输出电压；短路，稳压管无法起稳压作用。

（2）稳压管开路，无稳压作用；短路，输出电压为零，同 C_2 短路。

四、常用的稳压电路原理

1. 稳压管稳压电路

稳压管稳压电路如图 1.5 所示。

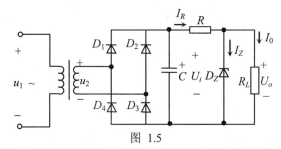

图 1.5

工作原理：稳压管稳压电路是利用 D_Z 的稳压特性来工作的。有两方面原因影响输出电压：

（1）当 R_L 一定，u_2 变化的情况：

设 u_2 增大，此时

$$u_2 \uparrow \rightarrow U_o = U_Z{}^{\uparrow}_{\downarrow} \rightarrow I_Z \uparrow\uparrow \rightarrow I_R \uparrow (I_R = I_Z + I_o) \rightarrow U_R \uparrow$$

使 u_2 的增量 Δu_2 大部分降落在 R 上，从而使 U_z 基本分量不变，达到 U_o 的基本稳定的目的。

（2）当 u_2 一定，R_L 变化的情况：

设 R_L 减小，此时

$$R_L{}^{\downarrow} \rightarrow I_o{}^{\uparrow} \rightarrow U_o = U_Z{}^{\uparrow}_{\downarrow} \rightarrow I_Z{}^{\uparrow\uparrow} \rightarrow I_R{}^{\uparrow} \rightarrow U_R{}^{\uparrow} (U_Z = U_i - U_R)$$

由于 D_Z 的稳压特性使得电路在 u_2 和 R_L 变化的情况下，保持 u_o 稳定。而调整电阻 R 的作用：一方面起到限制 I_Z 过大或过小的作用，另一方面又起到调整电压的作用，使电压的变化量作用在 R 上，从而保持 u_o 基本不变。

为了使调整电阻 R 有一个较大的调节范围，选择 D_Z 时，一般取：

$$U_Z = U_o; \quad I_{z\max} = (1.5 \sim 3)I_{o\max}; \quad U_2 = (2 \sim 3)U_o$$

五、滤波电路能增加输出电压的原因

1. 滤波电路能增加输出电压

表 1.4 列出了不同滤波电路的输出电压计算公式。

表 1.4 不同电路的输出电压计算公式

电路	不加 C 滤波	加 C 滤波
单相半波整流电路	$U_o = 0.45U_2$	$U_o = U_2$
单相全波整流电路	$U_o = 0.9U_2$	$U_o = (1.1\sim1.4)U_2$（取 $U_o = 1.2U_2$）

表 1.4 中，U_2 为整流电路变压器副边电压有效值。

2. 滤波电路能增加输出电压的原因

滤波电路是由储能元件组成。当电源电压低于储能电压时，储能电压对负载供电，相当于两个电源作用，使输出电压增加。

1.4 应 用

内容提示：
- PN 结的电容效应
- 管子的测量与判定
- 二极管电路的分析方法
- 二极管的应用电路
- 两种全波整流电路性价比分析

一、PN 结的电容效应

PN 结除了呈现非线性电阻特性外，还具有电容特性。

1. 势垒电容 C_B

PN 结的空间电荷随外加电压的变化而变化。描述空间电荷随电压变化而产生电容效应的参数是势垒电容 C_B。C_B 是非线性电容，在等效电路中，C_B 与结电阻并联。在 PN 结反偏时其作用不能忽视，特别是在高频时，对电路的影响更大。

2. 扩散电容 C_D

PN 结正向导电时，多子扩散到对方区域后，在 PN 结边界上积累，并有一定的浓度分布。积累的电荷量随外加电压的变化而变化，引起电容效应而形成扩散电容 C_D；C_D 也是非线性电容。PN 结正偏时，C_D 较大，反偏时 C_D 较小，可以忽略。

二、管子的测量与判定

在实际工作中，通常我们用万用表判断二极管正负极性及好坏。

分析：二极管在正向电压只有零点几伏时导通，其电阻很小；正向电压未超过死区电压时，电流很小，电阻较大，可认为二极管未导通。

方法：通常用万用表的欧姆表×1kΩ档判断二极管的正负极。红、黑表笔分别接二极管的两极，若测得的电阻值较小在 10kΩ 左右，则红表笔所接为负极，黑表笔所接为正极；反之，若测得的电阻值较大，如 500kΩ 以上，则表明红表笔所接为正极，黑表笔所接为负极。有的二极管单向导电性不好，例如，反向电阻值只有几十千欧，甚至正、反电阻值接近相等，那么，这样的二极管就不能使用了。

三、二极管电路的分析方法

1. 图解分析法

二极管是一种非线性器件，因此，二极管电路采用非线性电路的分析方法，其步骤是：

（1）把电路分为两部分，非线性部分是二极管；线性部分是电源、电阻等元件。

（2）分别画出非线性部分（二极管）的伏安特性和线性部分的特性（直线）。

（3）由两条特性的交点求得电路的电压和电流。

2. 等效分析法

根据二极管在电路中的实际工作状态，在分析精度允许的条件下，可以用一个线性等效电路来代替实际的二极管电路，如表 1.5 所示。

表 1.5 二极管等效电路

序号	名 称	伏安特性	等效电路	备 注
1	分段线性等效电路			考虑二极管死区电压 U_T 和导通电阻 r_D 的折线等效 $U_D = U_T + I_D r_D$
2	恒压源线性等效电路			二极管工作电流较大时，认为导通电阻 r_D 为常数，不随 U_D 变化，可忽略。导通电压 U_D 为死区电压 U_T，$U_D = U_T$
3	忽略死区电压 U_T 的分段线性等效电路			当信号幅度远远大于二极管死区电压时，可忽略死区电压 U_T，只考虑导通电阻 r_D，$U_D = I_D r_D$
4	理想二极管等效电路			当信号幅度远远大于二极管导通电压 U_D 时，可认为：二极管正偏导通，相当于短路；二极管反偏截止，相当于开路。$U_D \approx 0$
5	小信号等效电路			电路中除直流电源外，还有微变信号(小信号)。对后者，在静态工作点 Q 附近工作，则可把特性看成一条直线。二极管用动态电阻 r_D 表示，$\Delta U_D = \Delta I_D r_D$

二极管等效电路模型是分析二极管电路的基础。表1.5的等效方法是将非线性问题线性化，这样可以使电路简化，便于近似估算。较复杂的等效电路还可以借助计算机来分析。

3. 判断二极管工作状态的方法

在分析计算二极管电路时，必须判明二极管在电路中的工作状态。常用的判断方法是：首先假设二极管断开，求出两断开点之间的电压，若该电压是正向电压，且大于阈值电压，二极管导通；反之二极管截止。

若二极管处于导通状态，二极管两端的电压为其正向导通压降。二极管的正向导通压降可视为常数（硅管 0.7V，锗管 0.2V）。如果是理想二极管，则正向导通压降为 0V。理想二极管导通时，可视为短路；理想二极管截止时，可视为开路。

若电路中有两条以上含二极管的支路，且所含二极管均承受大于阈值的电压，此时应判断这些二极管之间的相互制约作用（即承受正向电压较大者优先导通问题）。把电路中所有二极管都判明之后，才能进一步计算所要求的各物理量。

四、二极管电路的应用

1. 整流电路

整流电路是利用二极管的单向导电性，将交流电变换成单方向脉动的直流电，如图 1.6 所示。关于整流电路的知识将在第 5 章详述。

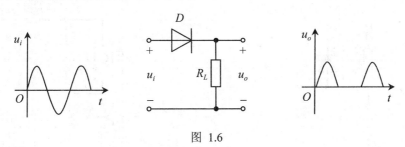

图 1.6

2. 检波电路

如图 1.7 所示，检波电路是将幅值被音频信号调制的高频无线电信号，变成单方向脉动信号，再滤去高频载波便可得音频信号，用于无线电接收机。

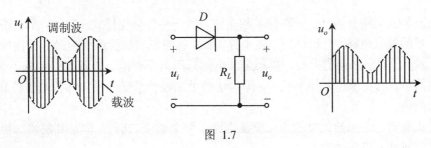

图 1.7

3. 限幅电路

限幅电路有单向限幅和双向限幅两种。如图 1.8 所示为单向限幅电路，输入电压 u_i 为正弦波，输出正半周被限幅，称为正向限幅。当 $u_i < E$ 时，二极管 D 截止，$u_o = u_i$；$u_i \geq E$，二极管 D 导通，$u_o = E$。

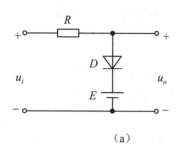 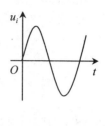 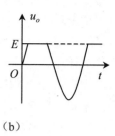

（a） （b）

图 1.8

4. 钳位电路

钳位电路有多种形式。图 1.9 所示电路中原无二极管。当开关 S 闭合和断开时，A 点电位在 0V～15V 间变化。接入二极管后，当开关 S 闭合和断开时，A 点电位被钳制在 0V～5V 间变化。

5. 续流电路

如图 1.10 所示电路，当开关 S 闭合时，二极管 D 截止，线圈中流过电流 I；在开关 S 断开瞬间，电流不能突变，若无二极管，则线圈的自感电动势将可能使开关击穿而损坏。加入二极管后电流有了继续流动的通路，故称续流二极管。

二极管还可用来做峰值采样、隔离和削波等电路。二极管在电子技术中应用是非常广泛的。

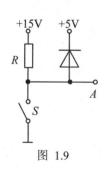 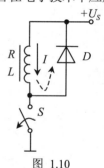

图 1.9 图 1.10

五、两种全波整流电路性价比分析

单相全波整流电路有两种：一种称单相全波，另一种称单相桥式。其中，单相桥式是一种用途极为广泛的整流电路。它和单相全波电路相比，其整流二极管承受的最大反向峰值电压较低。从表 1.2 所示的电路结构上看，单相全波电路只用两个整流二极管，就完成了全波整流。此电路虽然简单，但实现起来却不经济。因为这两个二极管承受的反向峰值电压较高，是桥式整流电路的两倍。

单相桥式整流电路虽然比单相全波整流电路多两个整流二极管，但是其整流二极管承受的反向峰值电压较低，价格便宜。

另外，还有桥式整流模块，性价比高，应用较方便。

所以选择电路不仅要选能实现要求的简单电路，而且还要分析其电路参数、价格等因素，综合考虑。

1.5 例 题

1 在图 1.11 所示的三个电路中，电流表的读数是否不同，为什么？

【解题思路】 PN 结在加正向电压时导通，形成正向电流；加反向电压截止，有较小反向漏电电流。

解 （a）电路中没有电源，所以电流表没有读数。

（b）PN 结加正向电压导通，电流表有读数。

（c）PN 结加反向电压截止，电流表有几个微安的反向电流读数。

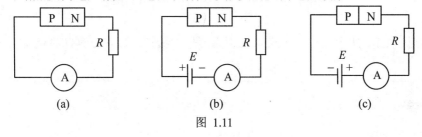

图 1.11

2 在图 1.12 所示电路中，二极管的正向压降为 0.7V，问各二极管是否导通，求输出电压 U_{A0}。

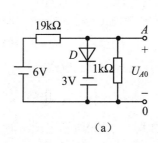 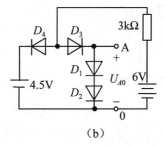

图 1.12

【解题思路】 比较二极管两端电位，正极电位高，二极管导通；否则不通。若有多条二极管支路，则要判断相互之间的钳位作用。

解 （a）二极管 D 导通，$\qquad U_{A0}=0.7+(-3)=-2.3\text{V}$

（b）若 D_4 导通，D_1、D_2、D_3 均正偏导通；若 D_1、D_2、D_3 导通，将 D_4 钳位，使其反偏截止。$\qquad U_{A0}=0.7+0.7=1.4\text{V}$

3 在图 1.13 所示电路中，二极管的正向压降为 0.7V，判断二极管 D 导通还是截止？

【解题思路】 将二极管断开，求出 A、B 两点电位。若 A 点电位比 B 点电位高，二极管 D 导通，否则二极管 D 截止。

解
$$V_A = \frac{4\text{k}\Omega}{6\text{k}\Omega+4\text{k}\Omega}\times(-10\text{V})+\frac{1\text{k}\Omega}{4\text{k}\Omega+1\text{k}\Omega}\times(-20\text{V})=-4\text{V}-4\text{V}=-8\text{V}$$

$$V_B = \frac{5\text{k}\Omega}{5\text{k}\Omega + 5\text{k}\Omega} \times (-20\,\text{V}) = -10\,\text{V}$$

$V_A > V_B$，二极管 D 导通。

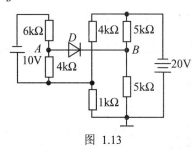

图 1.13

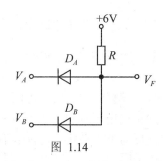

图 1.14

4 在图 1.14 所示电路中，设二极管为理想二极管。试在下列几种情况下，求输出端电位 V_F。

(1) $V_A = 4\text{V}$，$V_B = 0\text{V}$；　　(2) $V_A = V_B = 4\text{V}$；

(3) $V_A = V_B = 0\text{V}$；　　(4) $V_A = 0\text{V}$，$V_B = 4\text{V}$。

【解题思路】 根据输入端电位 V_A、V_B 的高低，判断二极管 D_A、D_B 导通与否。如果都导通，还要分析两个管子相互之间是否有钳位作用。

解 （1）二极管 D_B 导通，$V_F \approx V_B = 0\text{V}$

（2）二极管 D_A、D_B 导通，$V_F \approx V_A = V_B = 4\text{V}$

（3）二极管 D_A、D_B 导通，$V_F \approx V_A = V_B = 0\text{V}$

（4）二极管 D_A 导通，$V_F \approx V_A = 0\text{V}$

5 在图 1.15 所示电路中，电容 C 和电阻 R 构成微分电路。当输入如图 1.15(b)所示电压 u_i 时，试画出 u_R 与输出电压 u_0 的波形。

【解题思路】 电容 C 和电阻 R 构成微分电路，u_R 为正、负脉冲波形，二极管 D 起整流作用。

解 在负脉冲时，二极管 D 导通，$u_0 = u_R$；在正脉冲时，二极管 D 截止，$u_0 = 0$；二极管 D 只允许负脉冲通过。

u_R 和 u_o 的波形如图 1.15(b)所示。

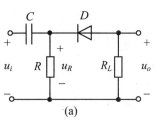

(a)

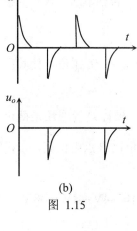

(b)

图 1.15

6 在图 1.16 电路中，已知：输入电压 $U_i = 28\text{V}$，稳压管 D_Z 的稳压电压 $U_Z = 7\text{V}$，最大稳定电流 $I_{ZM} = 100\text{mA}$，求在下列三种情况下通过稳压管的稳定电流 I_Z，并分析稳压管工作情况。

（1）$R = R_L = 70\Omega$；　　（2）R 不变，$R_L = 140\Omega$；

（3）$R = 140\Omega$，R_L 不变。

【解题思路】　用 KCL 定律求出 I_Z 后，再进行分析。

解

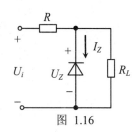

图 1.16

（1）$I_Z = \dfrac{U_i - U_Z}{R} - \dfrac{U_Z}{R_L} = \dfrac{28 - 7}{0.07} - \dfrac{7}{0.07} \approx 200(\text{mA})$

（2）$I_Z = \dfrac{U_i - U_Z}{R} - \dfrac{U_Z}{R_L} = \dfrac{28 - 7}{0.07} - \dfrac{7}{0.14} \approx 250(\text{mA})$

（3）$I_Z = \dfrac{U_i - U_Z}{R} - \dfrac{U_Z}{R_L} = \dfrac{28 - 7}{0.14} - \dfrac{7}{0.07} \approx 50(\text{mA})$

答：稳压管工作情况是：第一，在（1）、（2）条件下，稳压管的电流 I_Z 超过最大稳定电流 I_{ZM}，稳压管不能使用；第二，若其他条件不变，负载电阻 R_L 增大，I_Z 增大；第三，稳压管的电流 I_Z 超过最大稳定电流 I_{ZM} 时，增大电阻 R，可减小 I_Z。

7　在上题电路中，若稳压管的稳定电压 $U_Z = 20\,\text{V}$，最大稳定电流 $I_{ZM} = 40\text{mA}$，$I_Z = 5\text{mA}$，$R = 2\text{k}\Omega$，$R_L = 4\text{k}\Omega$。

（1）试分析 U_i 在什么范围内变化，电路能正常工作。

（2）若 $U_i = 80\text{V}$，U_i 最大的波动范围是多大？

【解题思路】　若要电路正常工作，必须保证：$U_i = U_{i\max}$ 时，稳压管最大电流 $I_{Z\max} \leqslant I_{ZM}$；$U_i = U_{i\min}$ 时，稳压管最小电流 $I_{Z\min} \geqslant I_Z$。

解　（1）$\dfrac{U_{i\max} - U_Z}{R} - \dfrac{U_Z}{R_L} = \dfrac{U_{i\max} - 20}{2} - \dfrac{20}{4} \leqslant 40(\text{mA})$，　　$U_{i\max} \leqslant 110\text{V}$

$\dfrac{U_{i\min} - U_Z}{R} - \dfrac{U_Z}{R_L} = \dfrac{U_{i\min} - 20}{2} - \dfrac{20}{4} \geqslant 5(\text{mA})$，　　$U_{i\min} \geqslant 40\text{V}$

可见，当 $40\text{V} \leqslant U_i \leqslant 110\text{V}$ 时，电路能正常工作。

（2）U_i 最多增加 $110 - 80 = 30(\text{V})$，最多减小 $80 - 40 = 40(\text{V})$，取 U_i 波动 $\pm 30\text{V}$。所以 U_i 最大的波动范围是：

$$\pm \frac{30}{80} = \pm 0.375 = \pm 37.5\%$$

8　如图 1.17 所示电路，变压器副边电压有效值 $U_{21} = 50\text{V}$，$U_{22} = 20\text{V}$。试问：

（1）输出电压平均值 U_{O1} 和 U_{O2} 各为多少？

（2）各二极管承受的最大反向电压为多少？

【解题思路】　分析电路可知，变压器副边是两个电路。负载 R_{L1} 与二极管 D_1 和电源（$U_{21} + U_{22}$）构成了单相半波整流电路，而负载 R_{L2} 与二极管 D_2、D_3 组成单相全波整流电路。

解　（1）两路输出电压分别为：

$$U_{O1} \approx 0.45(U_{21} + U_{22}) = 31.5\text{V}$$

$$U_{O2} \approx 0.9 U_{22} = 18\text{V}$$

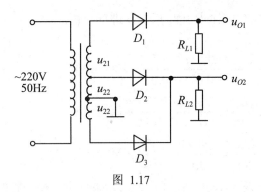

图 1.17

（2）D_1 的最大反向电压 $U_{RM} = \sqrt{2}(U_{21} + U_{22}) \approx 99V$

D_2、D_3 分别在电源的正半周和负半周导通，其最大反向电压相同：

$$U_{RM} = 2\sqrt{2}U_{22} \approx 57V$$

9 试在图 1.18 所示电路中，标出各电容两端电压的极性和数值，并分析负载电阻上能够获得几倍压的输出。

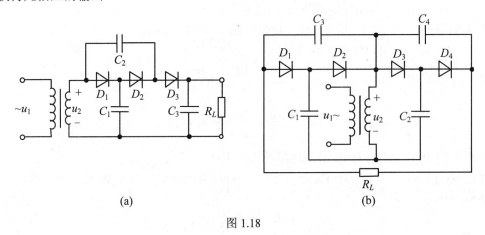

(a)   (b)

图 1.18

【解题思路】通过电容储能及适当的迭加而形成倍压整流电路。先判断电容电压极性，再进行迭加。

解 在图 1.18（a）所示电路中，C_1 上电压极性为上"+"，下"−"，数值为一倍压；C_2 上电压极性为右"+"，左"−"，数值为二倍压；C_3 上电压极性为上"+"，下"−"，数值为三倍压。负载电阻上为三倍压。

在图 1.18（b）所示电路中，C_1 上电压极性为上"−"，下"+"，数值为一倍压；C_2 上电压极性为上"+"，下"−"，数值为一倍压；C_3、C_4 上电压极性均为右"+"，左"−"，数值均为二倍压。负载电阻上为四倍压。

10 在图 1.19 所示稳压电路中，已知稳压管的稳定电压 U_Z 为 6V，最小稳定电流 I_{Zmin} 为 5mA，最大稳定电流 I_{Zmax} 为 40mA；输入电压 U_I 为 15V，波动范围为±10%；限流电阻 R

为 200Ω。

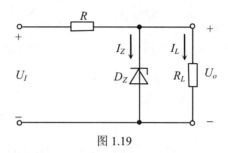

图 1.19

（1）电路是否能空载？为什么？

（2）作为稳压电路的指标，负载电流 I_L 的范围为多少？

【解题思路】（1）负载对稳压管有分流作用，电路空载时，稳压管流过的电流不超过稳压管最大电流就可以。

（2）根据稳压管允许的最大电流、最小电流来确定负载电流 I_L 的范围。

解（1）由于空载时稳压管流过的最大电流：

$$I_{D_Z\max}=I_{R\max}=\frac{U_{I\max}-U_Z}{R}=52.5\text{mA}>I_{Z\max}=40\text{mA}$$

所以电路不能空载。

（2）根据 $I_{D_Z\min}=\dfrac{U_{I\min}-U_Z}{R}-I_{L\max}$，负载电流的最大值：

$$I_{L\max}=\frac{U_{I\min}-U_Z}{R}-I_{D_Z\min}=32.5\text{mA}$$

根据 $I_{D_Z\max}=\dfrac{U_{I\max}-U_Z}{R}-I_{L\min}$，负载电流的最小值：

$$I_{L\min}=\frac{U_{I\max}-U_Z}{R}-I_{D_Z\max}=12.5\text{mA}$$

所以负载电流的范围为 12.5mA～32.5mA。

1.6　练　　习

一、单项选择题（将唯一正确的答案代码填入下列各题括号内）

1　理想二极管的正向电阻为（　　）。

（a）零　　　　　　　　（b）无穷大　　　　　　　（c）约几千欧

2　稳压管是由（　　）。

（a）一个 PN 结组成　　（b）二个 PN 结组成　　　（c）三个 PN 结组成

3　杂质半导体中，多数载流子的浓度主要取决于（　　），少数载流子的浓度主要与

（　　）有关。

（a）掺杂工艺　　　　　　（b）杂质浓度　　　　　　（c）温度

4　当PN结外加正向电压时，扩散电流（　　）漂移电流，PN结（　　）。当PN结外加反向电压时，扩散电流（　　）漂移电流，PN结（　　）。

（a）变窄　　　　　　　　（b）变宽　　　　　　　　（c）不变

（d）大于　　　　　　　　（e）小于　　　　　　　　（f）等于

5　如图 1.20 所示电路，稳压管的稳定电压 U_Z=10V，稳压管的最大稳定电流 I_{Zmax}=20mA，输入直流电压 U_I=20V，限流电阻 R 最小应选（　　）。

（a）0.1kΩ　　　　　　　（b）0.5kΩ　　　　　　　（c）0.15kΩ

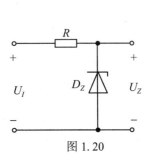

图 1.20

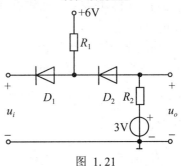

图 1.21

6　在图 1.21 所示电路中，D_1，D_2 均为理想二极管，当输入电压 u_i>6V 时，则 u_o=（　　）。

（a）6V　　　　　　　　　（b）3V　　　　　　　　　（c）u_i

7　先后用万用表的"$R\times10$"档和"$R\times100$"档测量同一只二极管的正向电阻，设两次测量值分别是 R_{d1} 和 R_{d2}，则二者相比为（　　）。

（a）$R_{d1}>R_{d2}$　　　　　　　（b）$R_{d1}=R_{d2}$　　　　　　　（c）$R_{d1}<R_{d2}$

8　在图 1.22 所示电路中，稳压管 D_{Z1} 的稳定电压为9V，D_{Z2} 的稳定电压为15V，输出电压 U_o 等于（　　）。

（a）15V　　　　　　　　　（b）9V　　　　　　　　　（c）24V

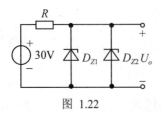

图 1.22

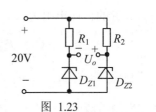

图 1.23

9　在图 1.23 所示电路中，稳压管 D_{Z1} 和 D_{Z2} 的稳定电压分别为 9V 和 15V，正向电压降都是 0.7V，则电压 U_o 为（　　）。

（a）6V　　　　　　　　　　（b）24V　　　　　　　　　　（c）−6V

10　在图 1.24 所示电路中，二极管均为理想元件，则 D_1、D_2、D_3 的工作状态为（　　）。

（a）D_1、D_2 截止，D_3 导通　　（b）D_1 导通，D_2、D_3 截止　　（c）D_1、D_3 截止，D_2 导通

11　在图 1.25 所示电路中，二极管均为理想元件，D_1、D_2 的工作状态为（　　）。

（a）D_1 截止，D_2 导通　　　　　（b）D_1，D_2 均导通　　　　　（c）D_1 导通，D_2 截止

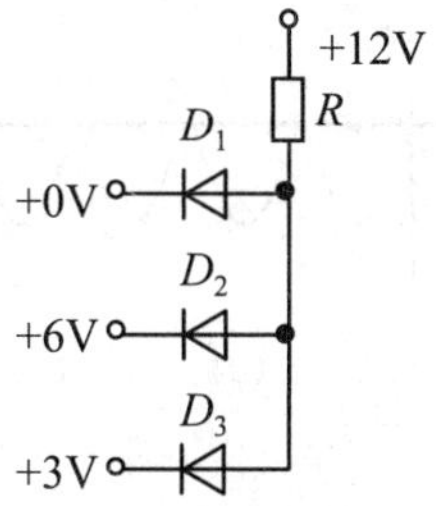

图 1.24

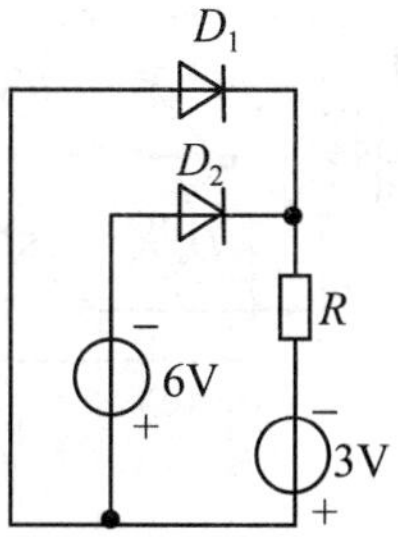

图 1.25

12　整流的目的是（　　）。

（a）将交流变为直流　　　　（b）将高频变为低频　　　　　（c）将正弦波变为方波

13　在单相桥式整流电路中，若有一只整流管接反，则（　　）。

（a）输出电压约为 $2U_D$　　　　（b）变为半波直流　　　　（c）整流管将因电流过大而烧坏

14　直流稳压电源中滤波电路的目的是（　　）。

（a）将交流变为直流　　　（b）将高频变为低频
（c）将脉动直流量中的交流成分滤掉

15　稳压电源中滤波电路应选用（　　）。

（a）高通滤波电路　　　　　（b）低通滤波电路　　　　　　（c）带通滤波电路

16　一个半波整流电路的变压器副边电压为 10V，负载电阻为 250Ω，流过二极管的平均电流为（　　）。

（a）90mA　　　（b）180mA　　　（c）9mA　　　（d）18mA

17　桥式整流电路的变压器副边电压为 20V，每个整流二极管所承受的最大反向电压为

（　　）。

（a）20V　　　　　（b）28.28V　　　　　（c）40V　　　　　（d）56.56V

18 有三个整流电路，如图 1.26（a）、（b）、（c）所示，变压器副边电压 $u_2 = \sqrt{2}U_2\sin\omega t(\text{V})$，负载电压 u_O 的波形如图 1.26（d）所示，符合该波形的整流电路是（　　）。

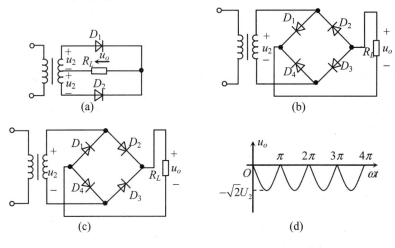

图 1.26

二、非客观题

1 在图 1.27 所示电路中，二极管为理想元件，电阻 $R=8\text{k}\Omega$，电位 $V_A=0.6\text{V}$，$V_B=6\text{V}$，求电位 V_F 等于多少？

2 在上题电路中，二极管为理想元件，$V_A=6\text{V}$，$V_B=4\sin\omega t\text{V}$，$R=8\text{k}\Omega$，求电位 V_F 等多少？

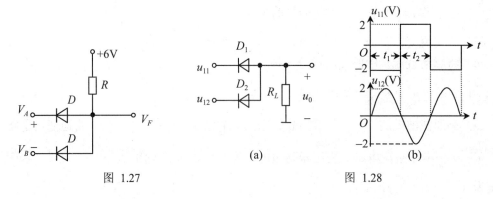

图 1.27　　　　　　　　　　　　　　图 1.28

3 在图 1.28（a）所示电路中，输入信号 u_{I1}，u_{I2} 的波形如图 1.28（b）所示，若忽略

二极管的正向压降，试画出输出电压 u_o 的波形，并说明 t_1，t_2 时间内二极管 D_1，D_2 的工作状态。

4　在图 1.29 电路中，D 为理想二极管，$u_i=12\sin\omega t$V，求输出电压 u_o 的最大值，并画出其波形。

5　在图 1.30 所示的钳位电路中，输入信号 $u_i=12\sin\omega t$ V，$E_1=6.5$ V，$E_2=6$ V，试画出输出电压 u_o 的波形，并求输出电压 u_o 钳位在什么值？设二极管是理想二极管。

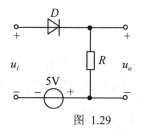

图 1.29

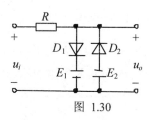

图 1.30

6　在图 1.31（a）所示电路中，二极管 D 为理想元件，输入信号 u_i 为图 1.31（b）所示的三角波，求输出电压 u_o 的最大值，并画出其波形。

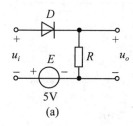

(a)

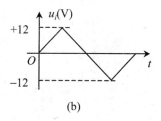

(b)

图 1.31

7　在图 1.32 所示电路中，二极管均为理想元件，求输出电压 u_0？

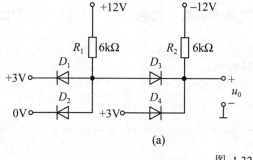

(a)

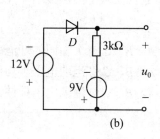

(b)

图 1.32

8　在图 1.33 所示的稳压管电路中，稳压管 D_{Z1} 的稳定电压 $U_{Z1}=24$V，D_{Z2} 的稳定电压

U_{Z2}=12V，求输出电压 u_0。

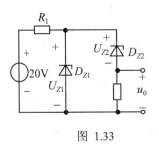

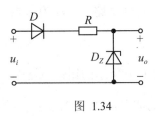

图 1.33   图 1.34

9 在图 1.34 所示电路中，设二极管 D 为理想元件，u_i=18sinωtV，稳压管 D_Z 的稳定

电压为 12V，画出输出电压 u_o 和电阻 R 上的电压波形，它们的最大值各是多少？

10 求图 1.35 所示各电路的输出电压 U_0，并判断二极管的通断情况。图中二极管均为
理想元件。

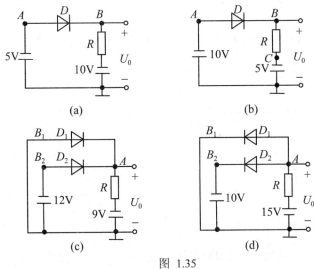

图 1.35

11 在图 1.36 所示电路中，设交流电压有效值为 220V，图中二极管均为理想元件，试

求：

（1）A，B，C 三个相同的灯泡哪个最亮？

（2）A，B，C 灯泡端电压平均值分别是多少？

（3）A，B，C 灯泡端电压极性如何？

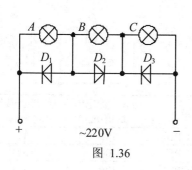

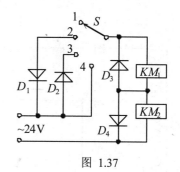

图 1.36 图 1.37

12 在图 1.37 所示电路中,设二极管的正向电阻为零,反向电阻为无穷大。KM_1 和 KM_2 为相同的直流继电器,其工作电压在 10V～20V 之间。求开关 S 分别置 1 档～4 档位置时,继电器分别工作在何种状态?

13 如图 1.38 所示电路,变压器副边电压有效值为 $2U_2$。

(1) 画出 u_2、u_{D1} 和 u_o 的波形。
(2) 求出输出电压平均值 U_O 和输出电流平均值 I_L 的表达式。
(3) 求出二极管的平均电流 I_D 和所承受的最大反向电压 U_{RM} 的表达式。

14 对于图 1.39 所示电路:

(1) 分别标出 u_{O1} 和 u_{O2} 对地的极性。
(2) u_{O1}、u_{O2} 分别是半波整流还是全波整流?
(3) 当 $U_{21}=U_{22}=20$V 时,U_{O1} 和 U_{O2} 各为多少?
(4) 当 $U_{21}=18$V,$U_{22}=22$V 时,画出 u_{O1}、u_{O2} 的波形;并求出 U_{O1} 和 U_{O2} 各为多少?

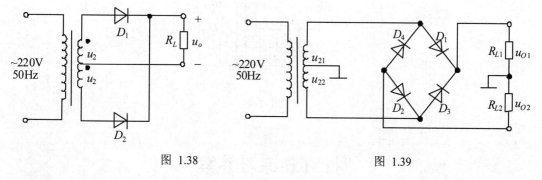

图 1.38 图 1.39

15 有一整流电路,如图 1.40 所示,其中,D_1、D_2、D_3 为二极管,电阻和电压参数如下:$U=220V,U_1=90V,U_2=10V,U_3=10V,R_{L1}=10$kΩ,$R_{L2}=10$kΩ。试求:

(1) 负载电阻 R_{L1} 和 R_{L2} 上的整流电压平均值 U_{L1},U_{L2},并标出极性;
(2) 三只二极管中的平均电流 I_1,I_2,I_3,以及各管所承受的最高电压。

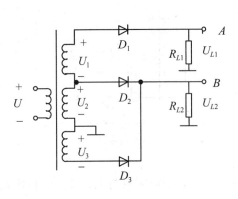

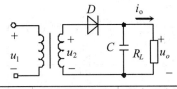

型号	最大整流电流平均值(mA)	最高反向蜂值电压(V)
2CP10	100	25
2CP11	100	50
2CP12	100	100

图 1.40   图 1.41

16 有一整流滤波电路，如图 1.41 所示，二极管为理想元件，电容 $C = 1000\mu F$，负载两端直流电压 $u_o = 20V$，负载电阻 $R_L = 250\Omega$，试求：变压器副边电压有效值 u_2，并在图 1.41 所列表中选出合适型号的二极管。

17 在图 1.42 所示电路中，已知 $R_{L1} = R_{L2} = 50\Omega$，$u$ 的有效值 $U = 10V$，试问：

（1）R_{L1}，R_{L2} 与哪些二极管组成整流电路，求 U_{O1} 和 U_{O2} 各为多少？
（2）求各个二极管的平均电流和最大反向电压。

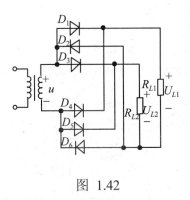

图 1.42

附：1.6 练习答案

一、单项选择题答案

1.（a）   2.（a）   3.（b，c）   4.（d，a，e，b）   5.（b）   6.（b）   7.（c）   8.（b）
9.（a）   10.（b）   11.（c）   12.（a）   13.（c）   14.（c）   15.（b）   16.（d）
17.（b）   18.（b）

二、非客观题答案

1. 0.6 V

2. $4\sin\omega t$ V

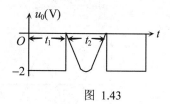

图 1.43

3. t_1：D_1 导通，D_2 截止，t_2：D_1 导通，D_1 截止。

输出电压 u_o 如图 1.43 所示。

4. 7 V

5. 正半周输出电压 u_o 钳位在 6.5 V，负半周输出电压 u_o 钳位在 -6 V。输出电压 u_o 如图 1.44 所示。

6. 1 7 V

7. （a）3 V，（b）−9 V

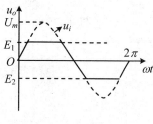

图 1.44

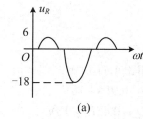

(a) (b)

图 1.45

8. 12 V

9. $u_{0m} = 12$ V，$u_{Rm} = 6$ V，电阻 R 上的电压 u_R 与输出电压 u_0 的波形如图 1.45（a）、（b）所示。

10.（a）D 导通，$U_0 = -5$ V；

（b）D 截止，$U_0 = -5$ V；

（c）D_1 导通，D_2 截止，$U_0 \approx 0$ V；

（d）D_1 截止，D_2 导通，$U_0 = -10$ V。

11.（1）B 灯泡最亮；（2）$U_A = U_C = 49.5$ V，$U_B = 99$ V；（3）A、C 灯泡电压极性为左"+"右"−"；B 灯泡电压极性为右"+"左"−"。

12. 开关 S 位于 1 档时，KM_1 和 KM_2 均不工作；

开关 S 位于 2 档时，D_1、D_3 导通，KM_2 吸合动作；

开关 S 位于 3 档时，D_2、D_4 导通，KM_1 吸合动作；

开关 S 位于 4 档时，D_4 导通，KM_1 吸合动作；D_3 导通，KM_2 吸合动作。

13.（1）全波整流电路，波形如图 1.46 所示。

（2）输出电压平均值 U_O 和输出电流平均值 I_L 为：

$$U_O \approx 0.9U_2, \qquad I_L \approx \frac{0.9U_2}{R_L}$$

（3）二极管的平均电流 I_D 和所承受的最大反向电压 U_{RM} 为：

$$I_D \approx \frac{0.45U_2}{R_L}, \qquad U_{RM} = 2\sqrt{2}U_2$$

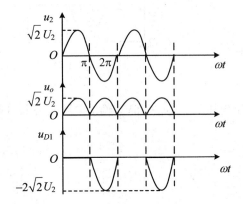

图 1.46

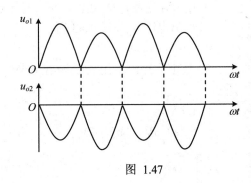

图 1.47

14. （1）均为上"+"、下"−"。

（2）均为全波整流。如图 1.47 所示。

（3）$U_{O1} = -U_{O2} \approx 0.9U_{21} = 0.9U_{22} = 18V$

（4）$U_{O1} = -U_{O2} \approx 0.45U_{21} + 0.45U_{22} = 18V$

15. （1）$U_{L1} = 0.45(U_1 + U_2) = 0.45 \times 100 = 45(V)$

$U_{L2} = 0.9U_2 = 0.9 \times 10 = 9(V)$

电压极性：电压 U_{L1}，A 端为"+"，接地断为"−"；

电压 U_{L2}，B 端为"+"，接地断为"−"。

（2）$I_1 = I_{L1} = \dfrac{U_{L1}}{R_{L1}} = \dfrac{45V}{10k\Omega} = 4.5mA$, $\qquad U_{DRM1} = \sqrt{2}(U_2 + U_1) = 141V$

$I_2 = I_3 = 0.5 \times I_{L2} = 0.5 \times \dfrac{U_{L2}}{R_{L2}} = 0.45mA$

$U_{DRM2} = U_{DRM3} = 2\sqrt{2}U_2 = 28.2V$

16. $U_2 = U_O = 20V$

$I_D = I_O = \dfrac{20}{250}A = 0.08A = 80mA$

$U_{DRM} = 2\sqrt{2}U_2 = 2\sqrt{2} \times 20V = 56.56V$，因此选 2CP12。

17. （1）$U_{01} = 9V$, $\quad U_{02} = 9V$

（2）$I_{D1} = I_{D4} = I_{D3} = I_{D5} = 180mA$, $\qquad I_{D2} = I_{D6} = 360mA$, $\qquad U_{RM} = 14.14V$

第2章 晶体管及其放大电路

2.1 目 标

1. 了解晶体管的基本构造、工作原理和特性曲线，理解主要参数的意义。

2. 理解晶体管的电流分配和放大作用。

3. 学会用万用表判断晶体管的质量及管脚。理解晶体管的电流分配和放大作用。

4. 理解共发射极单管放大电路的基本结构和工作原理，掌握静态工作点的估算，掌握微变等效电路的分析方法，理解输入电阻和输出电阻的概念。

5. 理解射极输出器的基本特点和用途。

6. 了解放大电路的频率特性。

7. 了解多级放大的概念。

8. 了解差分放大电路的工作原理，了解差模信号和共模信号的概念。

9. 了解基本的互补对称功率放大电路的工作原理。

10. 了解 MOS 场效应管的基本结构、工作原理、主要特性和主要参数的意义，了解场效应管放大电路的工作原理。

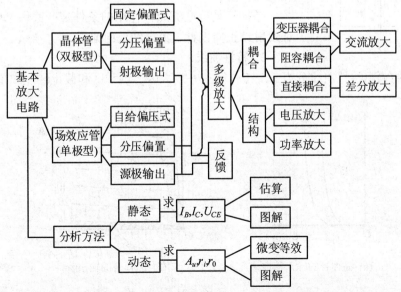

图 2.1 基本放大电路的知识点及分析方法

2.2 内 容

2.2.1 知识结构框图

基本放大电路的知识点及分析方法见图2.1。

2.2.2 基本知识点

一、晶体管（半导体三极管）

1. 结构特点

（1）发射区，掺杂浓度高，多数载流子数量多。

（2）基区很薄，掺杂浓度低，多数载流子数量少。

（3）集电区，掺杂浓度次于发射区而高于基区。

2. 放大原理

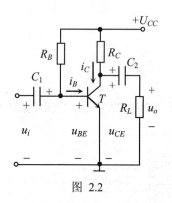

图 2.2

发射结电压 U_{BE} 有微小变化，会引起基极电流 I_B 的微小变化，从而使发射极电流 I_E 和集电极电流 I_C 产生很大的变化，这就是三极管的电流放大作用。三极管放大电路的基本结构如图2.2所示。

在集电极电路中串入电阻 R_C，则将产生与发射结电压 U_{BE} 变化相关，且比发射结电压大得多的集电极电压 U_{CE}，以实现电压放大作用。

晶体管具有电流放大作用的条件是：其供电电源接法应保证发射结正向偏置、集电结反向偏置。

3. 特性曲线

晶体管的输出特性曲线分为三个工作区——放大区、饱和区和截止区，如图2.3 (b)所示。

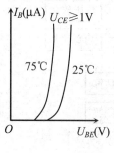

(a) 晶体管的输入特性

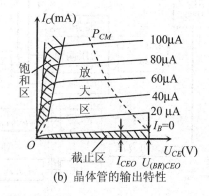

(b) 晶体管的输出特性

图 2.3

二、晶体管的三种工作状态

1. 晶体管的工作状态

三极管有三种工作状态，如表 2.1 所示。

表 **2.1**　三极管的三种工作状态（以 **NPN** 为例）

工作状态	放　　大	饱　　和	截　　止
偏置条件	发射结正向偏置 集电结反向偏置	发射结和集电结均正向偏置	发射结和集电结均反向偏置
特征	$U_{BE}=0.6V\sim0.7V$ $U_{CC}>U_{CE}>U_{BE}$ $I_C=\beta I_B$	$U_{BE}=0.6V\sim0.7V$ $U_{CE}\approx0.2V\sim0.3V<U_{BE}$ $I_C=I_{CS}$　$I_B\geqslant I_{BS}=I_{CS}/\beta$	$U_{BE}\leqslant0$，$U_{CE}\approx U_{CC}$ $I_C=I_{CE0}\approx0$ $I_B=0$
特征说明	具有恒流特性，β 近似为常数	I_C 与 I_B 无线性关系，相当于开关合上	相当于开关断开
应用	用于模拟电路	用于数字电路	用于数字电路

2. 三极管的电流分配关系

模拟电路中的三极管工作在放大状态，它的三个极的电流分配关系是其主要特性。三极管有硅管和锗管，有 NPN 型和 PNP 型，但它们三个极的电流分配关系是相同的，其关系式如下：

$$I_C=\beta I_B+I_{CEO}\qquad I_{CEO} \text{ 为穿透电流}$$

$$I_{CEO}=(1+\beta)I_{CBO}\qquad I_{CBO} \text{ 为集—基极反向截止电流}$$

$$I_E=I_C+I_B$$

对 NPN 管来说，I_C 和 I_B 是流进三极管的，而 I_E 是流出三极管的。

晶体管的电流放大能力是用共发射极直流电流放大系数 $\overline{\beta}$ 和交流电流放大系数 β 来衡量的。

三、放大电路的组成

教材以 NPN 型硅管组成的共发射极接法的基本放大电路为例。由 PNP 型三极管组成的基本放大电路，其电源极性与 NPN 型电路相反，分析的方法完全相同。

三极管放大电路的基本结构如图 2.2 所示。了解组成电路的各元件的作用是分析电路的基础。这些元件有：晶体管 T，电阻 R_B 和 R_C，电容器 C_1 和 C_2 等。

四、放大电路的三种组态及特点

表 2.2 列出了放大电路的三种组态及其特点。

表 2.2　放大电路的三种组态及特点

组态	共射放大电路	共集放大电路	*共基放大电路
电路	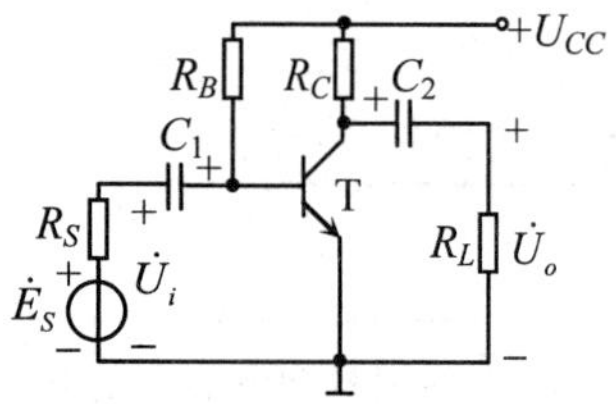 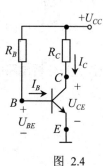	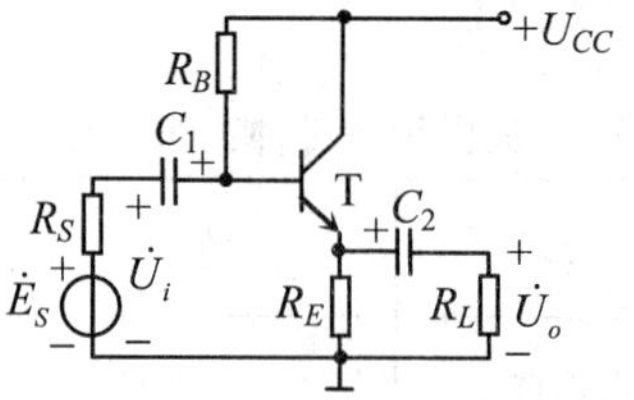	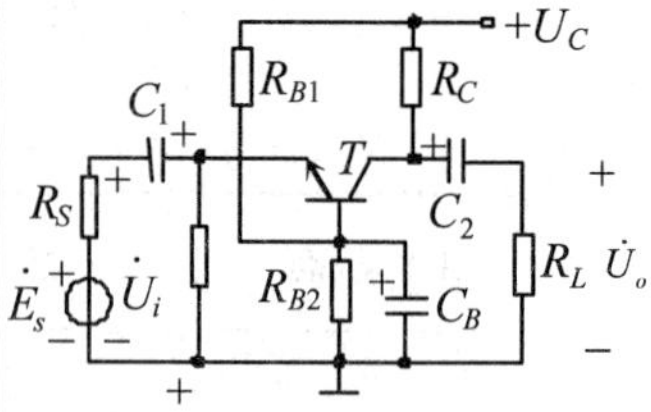
结构	射极是输入回路和输出回路的共同点，有时在射极与地之间接射极电阻 信号从基极输入，由集电极输出	集电极是输入回路和输出回路的共同点，有时在集电极和直流电源之间接入阻值不大的限流电阻 信号从基极输入，由发射极输出	基极是输入回路和输出回路的共同点，有时在基极与地之间接一电阻 信号从发射极输入，由集电极输出
特点	1.具有较大的电压、电流放大倍数 2.输出信号与输入信号反相 3.输入电阻和输出电阻适中	1.$A_i \leqslant 1$，无电压放大，具有电压跟随性质 2.有电流放大，有功率放大 3.输出信号与输入信号同相 4.输入电阻高，输出电阻小	1.电压放大倍数与共射电路相同 2.频率特性好 3.输出信号与输入信号同相 4. 输入电阻小，输出电阻适中
应用	多用作多级放大器的中间级	适作输入级、输出级或缓冲级	多用于高频、宽带放大以及恒流源电路

注：*共基放大电路是超教学大纲的内容。

五、放大电路的分析方法

1. 静态分析

放大电路的静态分析是确定静态工作点，即确定 I_B，I_C 和 U_{CE} 的值。分析方法有图解法和估算法两种。

1）估算法（近似解析法）

（1）画直流通路：电容在直流稳态中相当于开路，图 2.2 电路的直流通路如图 2.4 所示。

（2）由输入回路求 I_B。

（3）由 β 求 I_C。

（4）由输出回路求 U_{CE}。

2）图解法

（1）由输入特性曲线确定 I_B 和 U_{BE}，得到输入回路的静态工作

图 2.4

点 Q，输入特性用得较少。

（2）由输出特性曲线确定输出回路的静态工作点 Q，其步骤是：

①查出晶体管的输出特性曲线；

②由输入回路估算 I_B；

③画直流负载线：由输出回路列出 U_{CE} 方程，再由方程求得两个特殊点（$I_C = 0, U_{CE} = U_{CC}; U_{CE} = 0, I_C = \dfrac{U_{CC}}{R_C}$），连接两点画出直流负载线。可见直流负载电阻是 R_C。

直流负载线的斜率为 $\tan \alpha = -\dfrac{1}{R_C}$。

④晶体管的输出特性曲线与直流负载线的交点，为静态工作点 Q。由 Q 点可以确定 I_C，U_{CE}。也可以说直流负载线反映了 I_C，U_{CE} 的关系，三个静态值 I_B, I_C，U_{CE} 可在 Q 点反映出来，见图 2.5。

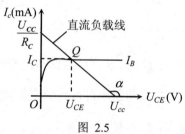

图 2.5

2. 动态分析

动态分析是研究信号在电路中的传输情况，即信号经放大电路后的大小、相位和质量（失真程度），并求放大倍数 A_u、输入电阻 r_i、输出电阻 r_0。动态分析方法有：微变等效电路法和图解法。

1）微变等效法（近似解析法）

当晶体管在低频小信号下工作在线性放大区时，可将其静态工作点附近的特性曲线加以线性化处理，画出微变等效电路，以进行动态分析，求出 A_u, r_i, r_0。用微变等效法分析电路的步骤是：

（1）画交流通路；将电路中的耦合电容及旁路电容短接，忽略直流电源的内阻并将其除源，如图 2.6 所示。

（2）画微变等效电路；在交流通路中将三极管用其近似微变等效电路代替，即得放大电路的微变等效电路，如图 2.7 所示。

（3）动态分析；计算电压放大倍数 A_u，输入电阻 r_i，输出电阻 r_0。

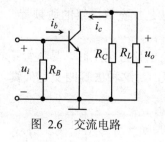　　　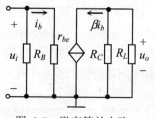

图 2.6　交流电路　　　　　　　图 2.7　微变等效电路

2）图解法

在作了直流负载线的输出特性曲线上，画交流负载线。交流负载线也是一条直线，作直线的方法很多，常用的有：

（1）两点式：从直流负载线得到静态工作点 Q，再由交流通路求出 $i_C = 0$ 时的一点。联接两点并延长，便是交流负载线，如图 2.8 所示。

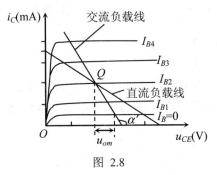

图 2.8

（2）点斜式：已知静态工作点 Q，并从交流通路得出交流负载电阻 $R'_L = R_C /\!/ R_L$，交流负载线的斜率为 $\tan \alpha' = -\dfrac{1}{R'_L}$。由 Q 点和斜率可得到交流负载线。从交流负载线可见其动态范围。从动态范围能得出最大不失真输出电压 u_{om}，由此确定电压放大倍数 A_u。

图解法作图麻烦，不准确，但概念清晰且直观，可作为定性分析的工具。

六、影响放大器正常工作的因素及解决方法

1. 输出信号失真

输出信号失真是指输出信号不能重现输入信号波形。放大电路中有三种失真：

1）非线性失真

晶体管进入非线性区造成的失真，称之为非线性失真。非线性失真有如下三种：

（1）若 R_B 过大，I_B 过小，使静态工作点 Q 过低，则将产生截止失真。

（2）若 R_B 过小，I_B 过大，使静态工作点 Q 过高，则将产生饱和失真。

（3）若 Q 选得合适，但信号幅度过大，则将产生双向失真。

当静态工作点和信号幅度大小适当时，不产生非线性失真。

2）频率失真

由于放大器的通频带不能包含信号的所有频率，致使不同频率的信号得到的放大倍数不同而产生的失真叫频率失真。避免频率失真的方法是加宽放大器的通频带。

3）交越失真

乙类互补对称功率放大电路中，当输入信号小于死区电压时，晶体管不导通，从而使得输出电压正、负半波不能光滑过渡（有一段无信号），这种失真叫交越失真。消除它的方法是适当加偏置。

2. 静态工作点的稳定

在放大电路中，由于温度变化、晶体管老化、电源电压波动等原因，都能引起静态工作点的变化，其中温度影响最大。严重时，将使电路无法正常工作。

温度变化的最终结果是使得 I_C 变化，为了使 I_C 近似不变，以稳定静态工作点，常采用分压式偏置电路。如图 2.9 所示。该电路具有直流负反馈。其条件：$I_B << I_{R_{B2}}$，$U_B >> U_{BE}$。若满足条件，在分析时，I_B 可以忽略，认为 I_B 与晶体管参数无关，不受温度影响。

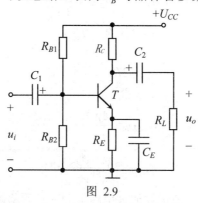

图 2.9

七、多级放大电路

（1）交流阻容耦合多级放大器的静态工作点是分级计算的。

（2）多级放大器的电压放大倍数：$A_u = A_{u1} \cdot A_{u2} \cdot A_{u3} \cdots\cdots A_{un}$

（3）计算电压放大倍数时注意：①前级是后级的信号源，前级的输出电阻是后级的信号源内阻；②后级是前级的负载，后级的输入电阻是前级的负载电阻。

八、差分放大电路

1. 用途

差分放大电路是用于直接耦合放大电路中抑制零点漂移的一种电路。

2. 输入信号的模式

（1）共模输入信号：两输入端信号大小相等，极性相同。如：环境温度变化以及 50Hz 交流电磁干扰等的干扰信号。

（2）差模输入信号：两输入端信号大小相等，极性相反。如：放大器的有效输入信号。

（3）比较输入信号：两输入端信号大小不等，极性可相同或相反，即可将其分解为共模分量和差模分量。

3. 输入—输出方式

输入-输出方式有 4 种：双入—双出；双入—单出；单入—双出；单入—单出。

4. 电路分析方法

（1）静态分析：画出单边共模信号通道（$R_E' = 2R_E$），再求静态工作点。

（2）动态分析：画出单边差模信号通道（$R_E' = 0$），求共模电压放大倍数 A_C、差模电压

放大倍数 A_d、输入电阻 r_i、输出电阻 r_0。

5. 电路参数

（1）电压放大倍数：

双端输出的差模放大倍数 A_d： $\qquad A_d = -\dfrac{\beta R'_L}{R_B + r_{be}}$ $\qquad$（ $R'_L = R_C \mathbin{/\mkern-5mu/} \dfrac{1}{2}R_L$ ）

单端输出的差模放大倍数 A_d： $\qquad A_d = \mp\dfrac{1}{2}\dfrac{\beta R'_L}{R_B + r_{be}}$ $\qquad$（ $R'_L = R_C \mathbin{/\mkern-5mu/} R_L$ ）

（2）输入电阻： $\qquad\qquad\qquad r_i = 2（R_B + r_{be}）$

（3）输出电阻：

双端输出： $\qquad\qquad\qquad r_0 = 2R_C$

单端输出： $\qquad\qquad\qquad r_0 = R_C$

（4）共模抑制比： $\qquad\qquad\qquad K_{CMRR} = \dfrac{A_d}{A_c}$

用对数表示为： $\qquad\qquad\qquad K_{CMR} = 20\lg\dfrac{A_d}{A_c}$ （dB）

它是衡量差动放大电路及集成运算放大电路抑制零点漂移能力的重要指标。

九、功率放大电路

1. 功率放大电路的基本要求

输出功率大；效率高；不失真。

2. 几种工作方式

（1）甲类：输出电压无失真，效率低（50%）。

（2）甲乙类：输出电压有失真，效率中等。

（3）乙类：输出电压严重失真（只有半波），效率高（78.5%）。

效率 $\eta = \dfrac{P_0}{P_E} = \dfrac{P_0}{U_{CC}I_C}$ ，减小 I_C 能提高效率。I_C 减小静态工作点的位置就下降。用这种方式提高效率，形成了以上三种工作方式。

3. 典型电路

（1）无变压器互补对称功率放大电路（OTL）——单电源供电。

（2）无输出电容互补对称功率放大电路（OCL）——双电源供电。

4. 问题及解决方法

（1）消除交越失真——加适当偏置，使晶体管工作在甲乙类状态。

（2）提高电路的对称性——采用复合管。复合管的类型由第一个晶体管决定。

十、场效应管

表 2.3 列出了场效应管的符号和特性曲线。

表 2.3　场效应管的符号和特性曲线

种类	结构类型	工作方式	电源极性 U_{DS}	电源极性 U_{GS}	符号及电流方向	转移特性 $i_D=f(u_{GS})\|u_{DS}=C$	输出特性 $i_D=f(u_{DS})\|u_{GS}=C$
绝缘栅型	N 沟道	耗尽型	+	−	D, G, B, S; i_D	转移特性曲线，$U_{GS(off)}$，I_{DSS}	输出特性曲线：u_{GS}=+2V, u_{GS}=0, −2V, −4V
绝缘栅型	N 沟道	增强型	+	+	D, G, B, S; i_D	转移特性曲线，$U_{GS(th)}$	输出特性曲线：u_{GS}=+6V, +5V, +4V, +3V
绝缘栅型	P 沟道	耗尽型	−	+	D, G, B, S; i_D	转移特性曲线，I_{DSS}，$U_{GS(off)}$	输出特性曲线：−1V, u_{GS}=0, +1V, +2V
绝缘栅型	P 沟道	增强型	−	−	D, G, B, S; i_D	转移特性曲线，$U_{GS(th)}$	输出特性曲线：u_{GS}=−5V, −4V, −3V, −2V
结型	N 沟道	/	+	−	D, G, S; i_D	转移特性曲线，$U_{GS(off)}$，I_{DSS}	输出特性曲线：u_{GS}=0, −1V, −2V, −3V
结型	P 沟道	/	+	+	D, G, S; i_D	转移特性曲线，I_{DSS}，$U_{GS(off)}$	输出特性曲线：u_{GS}=0, +1V, +2V, +3V

十一、场效应管放大电路

表 2.4 列出了两种场效应管放大电路的结构和计算分析方法。

表 2.4　两种场效应管放大电路结构和计算分析

	共源放大器	源极输出器
电路结构		
交流通路		
微变等效电路		
静态工作点	$U_G = \dfrac{R_{G2}}{R_{G1}+R_{G2}}U_{DD}$,　$I_D = \dfrac{U_S}{R_S} = \dfrac{U_G}{R_S}$ $$U_{DS} = U_{DD} - (R_D + R_S)I_D$$	$U_G = \dfrac{R_{G2}}{R_{G1}+R_{G2}}U_{DD}$,　$I_D = \dfrac{U_S}{R_S} = \dfrac{U_G}{R_S}$ $$U_{DS} = U_{DD} - R_S I_D$$
输入电阻	$r_i = R_G + (R_{G1} /\!/ R_{G2})$	$r_i = R_G + (R_{G1} /\!/ R_{G2})$
输出电阻	$r_0 \approx R_D$	$A_u = -R_L'$ $$r_0 = R_S /\!/ \left(\dfrac{1}{g_m}\right)$$
电压放大倍数	$A_u = -g_m R_L'$ （ $R_L' = R_D /\!/ R_L$ ）	$A_u = \dfrac{g_m R_L'}{1 + g_m R_L'}$ （ $R_L' = R_S /\!/ R_L$ ）

　　注：绝缘栅场效应管的栅极不能开路。场效应管放大电路可与晶体管放大电路对应学习。

2.3 要　点

> **主要内容：**
> · 晶体管的三种工作状态的判断
> · 晶体管放大器的能量传输
> · 三种常用的放大电路
> · 放大电路的分析要点
> · 影响放大电路工作的原因

一、晶体管三种工作状态的判断

判断电路中晶体管工作状态，通常通过计算或测量晶体管的极间电压来判断。以 NPN 型晶体管为例：

当 $U_{BE}>0$，即 $V_B>V_E$ 时，发射结处于正向偏置；当 $U_{BC}<0V$，即 $V_C>V_B$ 时，集电结处于反向偏置，此时管子工作在放大状态。

当 $U_{BE}<0.5V$ 时，管子为截止状态，为使截止可靠，常使 $U_{BE}≤0$，此时发射结和集电结均处于反向偏置状态。

当 $U_{CE}=0$ 时，管子为饱和状态。而当 $U_{CE}=U_{BE}$ 时，管子为临界饱和状态，I'_B 为临界饱和基极电流值。

晶体管三种工作状态的电压和电流如图 2.10 所示。

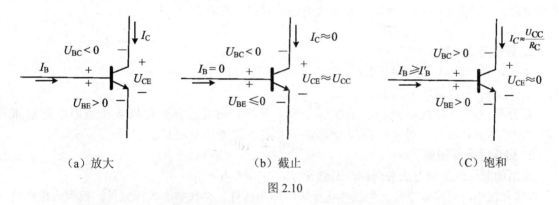

（a）放大　　　　　　　　（b）截止　　　　　　　　（C）饱和

图 2.10

三、晶体管放大器的能量传输

晶体管是电流放大器、电流控制器，也是能量分配器。但晶体管本身不能放大能量，交流信号放大的能量是由直流电源所提供。晶体管通过能量控制作用，使直流电源输出的功率，参与输入信号放大。只要直流量设置适当，就能在输出端得到变化规律与输入信号相似，且得到放大了的输出信号。

因此，放大电路中的电流和电压均含有直流分量和交流分量两部分，如图 2.12 所示（图 2.12 是图 2.11 射极输出器的各点波形图）。所以，分析电路时要应用分析非正弦周期电流电路的方法，将电路分解为静态（直流）和动态（交变信号）两部分，分别进行研究。

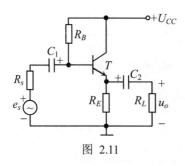

图 2.11

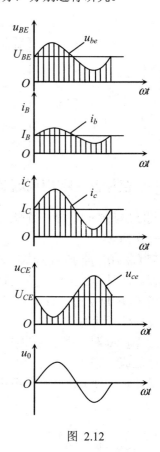

四、放大电路的分析要点

在放大电路的分析中，要处理好以下关系：

1. 静态与动态

放大电路是由交流信号源提供信号和直流电源提供放大能量而混合工作的。为了分析的方便，在分析中将交流信号源和直流电源视为分别作用于电路。于是就有了静态分析和动态分析这两种分析方法。

静态分析时，交流信号源不作用，所有电容开路处理，得到直流通路。列方程求出静态工作点。

动态分析时，直流电源不作用，直流电源和所有电容均短路处理，得到交流通路，画出微变等效电路，并列方程求出动态参数 A_u, r_i, r_0。

图 2.12

2. 线性与非线性

放大电路是由线性元件（如：电阻、电容等）和非线性元件（如：晶体管等）组成。

在分析中可将线性部分和非线性部分分开分析。对线性部分可以直接应用电路定律列写线性方程来求解；对非线性部分则要按非线性的方法来处理。

3. 微变等效与图解

常用的非线性处理方法有两种，即微变等效与图解。

若信号较小，可将非线性元件线性化处理，即用线性元件代替非线性元件，得到线性电路后再求解。

若信号较大，无法将非线性元件线性化，此时按非线性的方法来处理，即采用图解。

五、三种常用的放大电路

表 2.5 列出了三种常用放大电路的结构和参数。

表 2.5 三种常用放大电路的结构和参数

	固定偏置式共射放大器	分压偏置式共射放大器	共集放大器（射极输出器）
电路结构			
直流通路			
静态工作点	$I_B = \dfrac{U_{CC} - U_{BE}}{R_B}$ $I_C = \beta I_B$ $U_{CE} = U_{CC} - I_C R_C$	$U_B \approx U_{CC} R_{B1}/(R_{B1} + R_{B2})$ $U_E = U_B - U_{BE}, \quad I_B = I_C/\beta$ $I_C \approx I_E = U_E/(R_E + R'_E)$ $U_{CE} = U_{CC} - I_C(R_E + R'_E + R_C)$	$I_B = \dfrac{U_{CC} - U_{BE}}{R_B + (1+\beta)R_E}$ $I_C = \beta I_B$ $U_{CE} = U_{CC} - I_E R_E$
交流通路			
微变等效电路			
电压放大倍数	$A_u = -\dfrac{\beta R'_L}{r_{be}}$ （高） $R'_L = R_C // R_L$	$A_u = -\dfrac{\beta R'_L}{r_{be} + (1+\beta)R'_E}$ （低） $R'_L = R_C // R_L$	$A_u = \dfrac{(1+\beta)R'_L}{r_{be} + (1+\beta)R'_L}$ （最低） $R'_L = R_E // R_L$

（续）表 2.5

	固定偏置式共射放大器	分压偏置式共射放大器	共集放大器（射极输出器）
输入电阻	$r_i = R_B \mathbin{/\mkern-5mu/} r_{be}$　（低）	$r_i = R_{B1} \mathbin{/\mkern-5mu/} R_{B2} \mathbin{/\mkern-5mu/} [\, r_{be} + (1+\beta)R'_E\,]$（高）	$r_i = R_B \mathbin{/\mkern-5mu/} [\, r_{be} + (1+\beta)R'_L\,]$（高） $R'_L = R_E \mathbin{/\mkern-5mu/} R_L$
输出电阻	$r_0 = R_C$　　（中）	$r_0 = R_C$　　（中）	$r_0 = R_E \mathbin{/\mkern-5mu/} \dfrac{r_{be} + (R_B \mathbin{/\mkern-5mu/} R_S)}{1+\beta}$　（低）
电路特点	• 输入、输出电压反相位 • 不能稳定静态工作点 • 有电压放大作用	• 输入、输出电压反相位 • 有直流负反馈作用，能稳定静态工作点 • 有电压放大作用	• 输入、输出电压同相位 • 有电压负反馈作用 • 无电压放大作用，但有电流放大（功率放大）作用

六、影响放大电路工作的参数

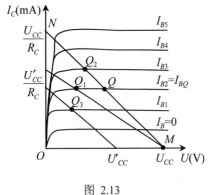

图 2.13

影响放大电路工作的是电路元件和工作电源等参数。以固定偏置式共射放大器为例，有 R_B，R_C，U_{CC} 及晶体管 T 的参数。设每次仅一个参数变化，有以下情况：

（1）若 R_C 增大，斜率（$-\dfrac{1}{R_C}$）减小，Q 点左移，如图 2.13 中 Q_1；

（2）若 R_B 减小，I_B 增大，Q 点上移，如图 2.13 中 Q_2；

（3）若 U_{CC} 减小，直流负载线向左下平移，Q 点左移，如图 2.13 中 Q_3；信号有可能进入击穿区；

（4）若 T 的 I_{CE0} 增大，I_C 增大，Q 上移。

以上电路元件和电源参数的变化，能改变静态工作点。因此，放大器要正常工作，必须正确设置这些参数，并保证其不能随便改变。若要调整静态工作点，通常采用改变偏置电阻 R_B 的方式。

2.4　应　　用

内容提示：

• 晶体管的测量与判定
• 用折算的方法分析放大电路
• 放大电路中的一些问题
• 功率放大电路提高效率的方法探讨

一、晶体管的测量与判定

1. 用万用表判断晶体管的管脚及晶体管是 NPN 型还是 PNP 型

用万用电表测电阻的 R×1kΩ档依次测量三个管脚之间的正、反向电阻，若某一脚对另外两只脚之间的正向和反向电阻分别相等，则该脚便是基极。若将红表笔（电表正极，表内电源负极）接触基极，黑笔接触另外两个脚，测得均为正向电阻，则该管是 PNP 型。若将电表黑表笔接触基极，红表笔接触另外两只脚，测得均为正向电阻，则该管便是 NPN 型。

找出基极后，再用电表测量另外两只脚之间的正、反向电阻。

若是锗管，这两个电阻有明显差别。对于 PNP 型锗管，测得较小电阻(正向)时黑表笔所接为发射极，红表笔所接为集电极。对于 NPN 型锗管(很少用)，黑表笔所接为集电极，红笔所接为发射极。

若是硅管，发射极与集电极之间正、反向电阻都很大，没有明显差别。可在基极上接一只100kΩ的电阻，对于 NPN 型，可将该电阻另一端接在黑表笔上，将晶体管另外两只脚在红表笔和黑表笔之间反复换接，测得其中一个电阻值较小时，则黑表笔所接为集电极，红表笔所接为发射极。若是 PNP 型，则将电阻另一端接红表笔，将另外两只脚在红表笔和黑表笔之间反复换接，测得电阻较小时，红表笔所接为集电极，黑表笔所接为发射极。用于判别硅管的发射极和集电极的方法也可用于判别锗管，且 100kΩ电阻可用人体电阻代之。

判定好三个管脚后，为进一步确定它是硅管还是锗管，可在 B，E 之间加正向偏置电压（通过限流电阻），测出 U_{BE}。若 $U_{BE} \geqslant 0.6V$，则为硅管；若 $U_{BE} \leqslant 0.3V$，则为锗管。

2. 实验判断晶体管的三只管脚，并区别是锗管还是硅管

使晶体管工作在正常的放大状态，测出三个管脚的直流电位来分析判断。因为工作在放大状态的三极管的基极直流电位一定处于集电极电位和发射极电位中间，因此，判断时先确定基极。然后找出与基极电位相差 0.7V 或 0.2V 的发射极，相差 0.7V 的是硅管，相差 0.2V 是锗管。剩下的便是集电极，如集电极电位是三个极中最高的，则该管便是 NPN 型的，若是最低的，则此管便是 PNP 型。

二、用折算的方法分析放大电路

"折算"是一种等效的概念，用它来分析放大电路很方便。分析下面几例。

1. 将射极电阻 R_E 折算到基极回路

图 2.14（a）所示是分压偏置式共射放大器，图 2.14（b）所示是用戴维南等效的直流通路。在电路中可见，R_B（$R_B = R_{B1} /\!/ R_{B2}$）与 R_E 不在同一回路里，因为 R_B 流过 I_B，而 R_E 流过 I_E。为了计算方便，可以把射极电阻 R_E 折算到基极回路。如果将 R_E 放在基极回路里，那么 R_E 上电流由 $I_E = (1+\beta)I_B$ 变成 I_B，不符合等效原则。根据等效原则，等效前后电路的电压 V_E 不变，因此射极电阻 R_E 折算到基极回路时，必须乘 $(1+\beta)$，也就是说，射极电阻 R_E，折算到基极回路便是 $(1+\beta) R_E$，如图 2.14(c)所示。

折算后，可直接写出基极电流的表达式：

$$I_B = \frac{E - U_{BE}}{R_B + (1+\beta)R_E}$$

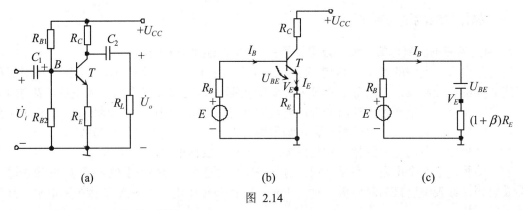

图 2.14

2. 将基极电阻 R_B 折算到射极回路

图 2.15 所示（a）是射极输出器，图 2.15（b）所示是其微变等效电路。为了计算该电路得输出电阻，采用除信号源，断开负载，在负载两端外加电源的方法。将基极等效电阻 R 折算到射极回路。基极高效电阻 $R = r_{be} + (R_B \; // \; R_S)$，它在基极回路中流过 i_b，而在射极回路里，流过它的电流是 $i_e = (1 + \beta)i_b$。为了满足等效原则，基极电阻 R 折算到射极回路时，必须除以（$1 + \beta$），以平衡电流增加的部分。也就是说，在基极回路是 R，在射极回路便是 $\dfrac{R}{1 + \beta}$。

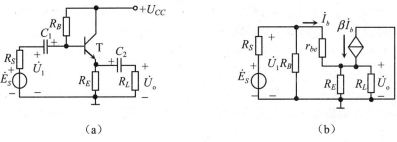

图 2.15

折算后，可直接写出电路的输出电阻表达式：

$$r_{\mathrm{o}} = \frac{r_{be} + (R_B \; // \; R_S)}{1 + \beta} \; // \; R_E$$

三、放大电路中的一些问题

1. A_u 与 A_{uS} 的区别

A_u 为不考虑信号源内阻的电压放大倍数；

$$A_u = \frac{u_o}{u_i}$$

A_{uS} 为考虑信号源内阻的电压放大倍数；

$$A_{uS} = \frac{u_0}{e_S} = \frac{u_i}{e_S} \frac{u_o}{u_i} = \frac{r_i}{R_S + r_i} A_u$$

2. 最大不失真电压 U_{om}

最大不失真电压 U_{om} 是用来衡量信号放大的最大范围。换言之，U_{om} 是衡量最大动态范围的指标。图 2.16（a）所示固定偏置式共射放大器，图 2.16（b）所示是它的输出特性曲线，其中①线是它的直流负载线；②线是它的交流负载线。

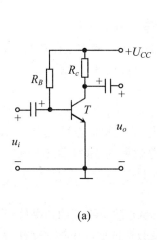

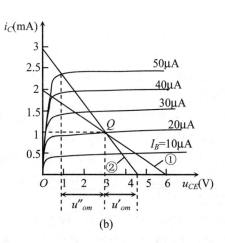

(a)　　　　　　　　　　　　(b)

图 2.16

由输出特性曲线上的交、直流负载线可以推出该电路的参数如下：

（1） $U_{CC} = 6\,\text{V}$，它是直流负载线在输出特性横轴上的截距。

（2）由 Q 点分别向横、纵轴作垂线，得出：

$$I_C = 1\text{mA}, \quad U_{CE} = 3\,\text{V}$$

（3）由直流通道的输入回路得：

$$R_B \approx \frac{U_{CC}}{I_B} = 300\text{k}\Omega$$

（4）由直流通道的输出回路得：

$$R_C \approx \frac{U_{CC} - U_{CE}}{I_C} = 3\text{k}\Omega$$

（5）电流放大倍数：

$$\beta = \frac{I_C}{I_B} = \frac{1\text{mA}}{0.02\text{mA}} = 50$$

（6）由交流负载线得出最大不失真输出电压 u_{om} 有两种情况：

①空载时，交、直流负载线重合，$6 - 3 = 3$（V）；

②有载时，由交流负载线得出 $4.6 - 3 = 1.6$（V）。

由上分析可知，最大不失真电压 U_{om} 取交流负载线端点与静态工作点 Q 之间对应于横轴上小的那段电压值，如图 2.16(b)中，$u'_{om} < u''_{om}$，所以

$$u_{om} = u'_{om}$$

五、功率放大电路提高效率的方法探讨

效率 $\eta = \dfrac{P_o}{P_E} = \dfrac{P_o}{U_{CC}I_C} = \dfrac{P_o}{P_o + P_C}$ ，可见：I_C 减小，η 提高；$P_C = U_{CE}I_C$ 减小，η 提高。

1. 经典方式

它是以减小 I_C 来提高效率的一种方法。I_C 减小，静态工作点降低。

功率放大电路的三种工作方式：甲类、乙类、甲乙类，是以静态工作点的位置来确定的。提高效率的经典方法是以输出电压的失真来换取效率的，最高效率是 78.5%。

2. 近代方式

它是以减小 P_C 来提高效率的一种方法。$P_C = U_{CE}I_C$，若 $U_{CE} \approx 0$ 或 $I_C \approx 0$，则 $P_C \approx 0$。晶体管开通，$U_{CE} \approx 0$；晶体管关断，$I_C \approx 0$。晶体管工作在开关状态可使 $P_C \approx 0$，η 很高。提高效率的近代方法是以晶体管工作在开关状态来获得效率的。晶体管工作在开关状态时，输出电压是方波，要得到正弦波还需接滤波器，因而电路较复杂，但效率可达 90% 以上。

3. 创新方式

它也是以减小 P_C 来提高效率的一种方法。它与上一种方法所不同的是晶体管工作在放大状态，但给晶体管供电的不是直流，而是一个与输出电压波形近似的电压。这种方法既提高了效率，同时又可以得到正弦波输出电压。提高效率的创新方法是以改变晶体管供电方式来获得效率的。创新方法在提高效率上可和开关电路相提并论；创新方法在波形保真上可以与放大电路相媲美（该创新方法是编者获准的中国发明专利技术，专利权属安徽工业大学）。

2.5 例 题

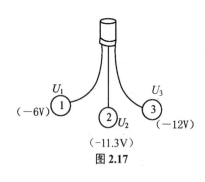

（−6V）① U_1 ② U_2 ③ U_3 （−12V）

（−11.3V）

图 2.17

1 图 2.17 所示是一个工作在放大区的三极管，根据测得的各极电位判断它是硅管还是锗管？是 NPN 管还是 PNP 管？并确定三个管脚与 E、B、C 的对应关系。

【解题思路】 工作在放大区的三极管，应有下列关系：

（1）$|U_{BE}| \approx 0.7V$(硅管)或 0.2V(锗管)

（2）$|U_{CE}| > |U_{BE}|$

（3）NPN 管：$U_E < U_B < U_C$

PNP 管：$U_E > U_B > U_C$

解 图 1.16 中的②和③脚相差 0.7V，而①脚与它们相差较大，由上述解题思路可知，这个三极管是硅管，②和③脚是基极或发射极，①脚是集电极。

①脚的电位最高，即集电极电位最高。这是一个 NPN 三极管，各电极的电位关系为 $U_3 < U_2 < U_1$，由此可知②脚是基极，③脚是发射极。

2 设某三极管的极限参数 $P_{CM} = 300\text{mW}$，$I_{CM} = 100\text{mA}$，$U_{(BR)CEO} = 60V$。试问在下

列三种情况下，工作电流 I_C 或工作电压 U_{CE} 最大不得超过多少?

（1）若工作电压 $U_{CE} = 20$ V；　（2）若工作电压 $U_{CE} = 2$ V；　（3）若工作电流 $I_C = 2$mA。

【解题思路】　P_{CM}、I_{CM} 和 $U_{(BR)CEO}$ 是三极管的三个极限参数，不能超过，否则三极管或过热烧坏，或放大能力下降，或过电压击穿。由 P_{CM}、I_{CM} 和 $U_{(BR)CEO}$ 决定三极管的安全工作区域。

解　（1）$P_{CM} = I_C U_{CE} = 300$mW，当 $U_{CE} = 20$ V 时，不可超过的最大工作电流 $I_C = 15$mA；

（2）$U_{CE} = 2$ V 时，若只考虑功率，$I_C = 150$mA。但该电流超过了 I_{CM}，因此，此时不可超过的最大工作电流 $I_C = 100$mA；

（3）当 $I_C = 2$mA 时，若只考虑功率，$U_{CE} = 150$V。但 U_{CE} 超过了 $U_{(BR)CEO}$，因此，此时不可超过的最大工作电压 $U_{CE} = 60$ V。

3　图 2.18 电路，已知：$R_B = 20$kΩ，$R_C = 2$kΩ，$U_{CC} = 30$V，三极管 $\beta = 80$，$U_{BE} = 0.7$V。试分析在下列情况时，三极管工作在何种工作状态?

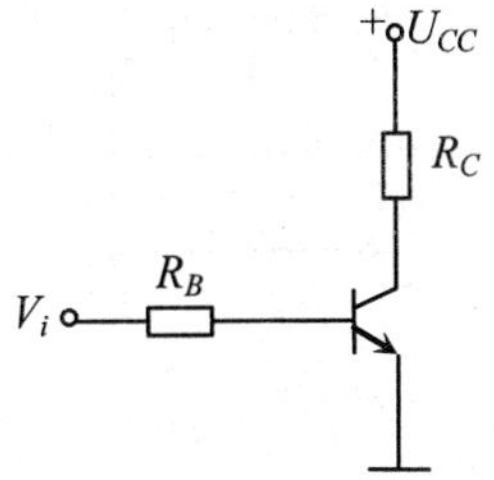

（1）$V_i = 0$V；（2）$V_i = 4$V；（3）$V_i = 6$V。

【解题思路】　当三极管工作在饱和状态时，

$U_{CE} \approx 0$, $I_{CS} = \dfrac{U_{CC}}{R_C}$, $I_{BS} = \dfrac{I_{CS}}{\beta}$, $I_B > I_{BS}$。$I_B > I_{BS}$ 是三极管饱和工作条件，根据此条件进行判断。

图 2.18

解　$I_{CS} = \dfrac{U_{CC}}{R_C} = \dfrac{30}{2} = 15$（mA）　　$I_{BS} = \dfrac{I_{CS}}{\beta} = \dfrac{15}{80} = 0.1875$（mA）

（1）$V_i = 0, I_B = 0$, 三极管工作在截止状态；

（2）$V_i = 4$V, $I_B = \dfrac{V_i - U_{BE}}{R_B} = \dfrac{4 - 0.7}{20} = 0.165$（mA）$< I_{BS}$，三极管工作在放大状态；

（3）$V_i = 6$V, $I_B = \dfrac{V_i - U_{BE}}{R_B} = \dfrac{6 - 0.7}{20} = 0.265$（mA）$> I_{BS}$，三极管工作在饱和状态。

4　根据放大电路的组成原则，图 2.19 所示各电路是否具备放大条件，并说明原因。

【解题思路】　分析以上电路应遵循符合放大电路组成的两条原则，即:

（1）电源极性连接正确，使发射结正偏，集电结反偏。

（2）信号有输入、输出回路。

另外，根据电路的结构，要求 $R_B, R_C, U_{CC}, C_1, C_2$ 都应该在各自的位置上，且 C_1, C_2 正、负极的接法也应根据晶体管的类型来考虑。若是 NPN 型晶体管，其集电极通过 R_C 接 U_{CC} 正极，C_1, C_2 的正极接在靠晶体管的一端；PNP 型晶体管则反之。

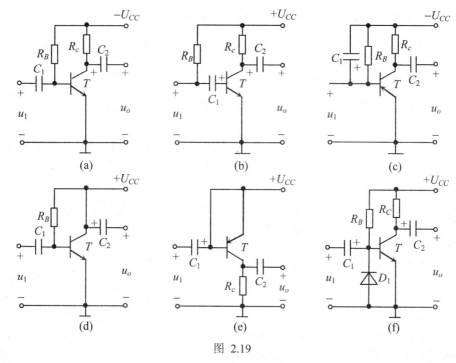

图 2.19

解 图 2.19 (a)：U_{CC} 电源极性接错。NPN 型的晶体管应接 U_{CC} 正极，否则不能满足放大的条件。

图 2.19(b)：C_1 接错。C_1 的隔直作用隔掉了偏流，使发射结无偏置，信号不能正常放大。

图 2.19(c)：C_1 接错。输入信号交流短路，信号无法加到三级管发射极，电路无放大作用。

图 2.19(d)：无 R_C。信号经放大后虽有电流变化，但输出信号为零，电路无电压放大作用。

图 2.19(e)：发射结零偏、集电结反偏。三极管截止，信号不能正常放大。

图 2.19(f)：二极管反偏不会影响信号输入。若参数选择合理和静态工作点适当，可实现不失真地放大。这是利用二极管进行温度补偿来稳定静态工作点的电路。

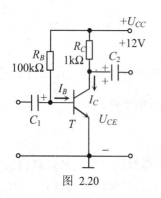

图 2.20

5 在图 2.20 电路中,三极管为硅管。通过估算,判断其静态工作点位于哪个区(放大区、饱和区或者截止区)？若将 R_B 错接为 47kΩ，此时，其静态工作点又位于哪个区？

【解题思路】 图 2.20 电路遵循了放大电路的组成原则，但能否保证三极管工作在放大区，尚需参数选得恰当，要通过计算才能得出结论。首先计算三极对地电位，并进行比较，得出两结偏置情况，从而判断出三极管的工作状态。

解 设三极管工作在放大区，则

$$I_B \approx \frac{U_{CC} - U_{BE}}{R_B} = \frac{12 - 0.7}{100} \approx 0.11 \, (\text{mA})$$

$$I_C = \beta I_B = 50 \times 0.11 = 5.5 \, (\text{mA})$$

$$U_{CE} = U_{CC} - I_C R_C = 12 - 5.5 \times 1 = 6.5 \, (\text{V})$$

得出：$V_B = 0.7\text{V}$，$V_E = 0\text{V}$，$V_C = 6.5\text{V}$。

可见：$V_B > V_E$，$V_C > V_B$。说明发射结正偏，集电结反偏，三极管静态工作点在放大区，只要输入信号大小适宜，该电路便可实现不失真放大。

若 $R_B = 47\text{k}\Omega$，设三极管工作在放大区，则 $I_B = \frac{U_{CC} - U_{BE}}{R_B} = \frac{12 - 0.7}{47} \approx 0.24 \, (\text{mA})$

$I_C = \beta I_B = 50 \times 0.24 = 12 \, (\text{mA})$ $U_{CE} = U_{CC} - I_C R_C = 12 - 12 \times 1 = 0 \, (\text{V})$

由上得出：$V_B = 0.7\text{V}$，$V_E = 0\text{V}$，$V_C = 0\text{V}$，   可见：$V_B > V_E$，$V_C < V_B$。

说明发射结正偏，集电结正偏，静态工作点进入饱和区，原假设不成立。此时

$$I_{CS} = \frac{U_{CC} - U_{CES}}{R_C} = \frac{12 - 0.3}{1 \times 10^3} = 11.7 \, (\text{mA})$$

当实际的基极电流 $I_B < I_{BS} = \frac{I_{CS}}{\beta}$ 时，三极管静态工作点才能在放大区，这是判断三极管工作在哪个区域的一种方法。

三极管在饱和时集电结正偏（NPN 型三极管为 $V_C \leqslant V_B$），故对于固定偏流共射放大电路的饱和条件可表示为 $(U_{CC} - I_C R_C) \leqslant (U_{CC} - I_B R_b)$，即 $R_B \leqslant \beta R_C$。$R_B = 47\text{k}\Omega$ 时，电路处于饱和状态。

综上所述，要使放大电路工作在放大区，不仅需要注意电源极性连接正确，而且电路参数的取值要合理。

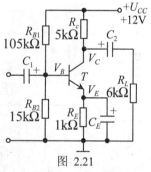

图 2.21

6 有 6 组如图 2.21 所示放大电路，实验时 6 组同学用直流表测出了 6 组数据如表 2.6 所示。试分析各组数据对应的电路工作情况是否正常；若不正常，指出其可能出现的问题(如元件短路或断路)。

表 2.6

组 V	1	2	3	4	5	6
V_B	0.00	0.75	1.40	0.00	1.50	1.40
V_E	0.00	0.00	0.70	0.00	0.00	0.70
V_C	0.00	0.30	8.50	12.00	12.00	4.30

【解题思路】这 6 组数据中，V_B、V_E、V_C 分别是电路中 T 的三极对地电位。首先算出在正常放大工作状态时的三极对地电位，再与这 6 组数据进行比较，就可以分析出电路工作状况

及问题。

解 正常放大工作时，由放大电路的直流通路（图略）可知：

$$V_B = \frac{R_{B2}}{R_{B1}+R_{B2}}U_{CC} = \frac{15}{105+15} \times 12 = 1.5\,(\text{V})$$

$$V_E = V_B - U_{BE} = 1.5 - 0.7 = 0.8\,(\text{V})$$

$$I_C \approx I_E = \frac{V_E}{R_E} = \frac{0.8}{1 \times 10^3} = 0.8(\text{mA})$$

$$U_{CE} = U_{CC} - I_C R_C = 12 - 0.8 \times 5 = 8\,(\text{V})$$

与表 2.6 各组实测数据相比较后，得出如下结论：

1 组：电路没有正常工作，可能是电源未接入；

2 组：电路处于饱和状态，可能是 R_E 或 C_E 短路；

3 组：与理论计算值基本相符，电路属于正常放大工作状态；

4 组：电路没有正常工作，可能是 R_{B1} 断路；

5 组：电路没有正常工作，可能是发射结断路，或 R_E 断路，或 U_{CC} 未接入；

6 组：V_C 与理论计算值不符，耦合电容 C_2 短路。

7 .画出图 2.22 (a)、(b)、(c)（d）所示的各电路的直流通路。

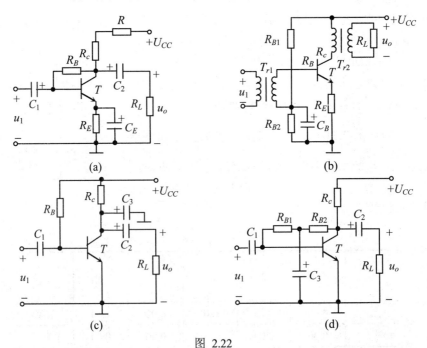

图 2.22

【解题思路】 将图 2.22 电路(a)、(b)、(c)和(d)所示放大电路中的电容作开路处理，电感作短路处理。

解 按解题思路处理后，得到对应的直流通路如图 2.23 (a)、(b)、(c)和(d)所示。

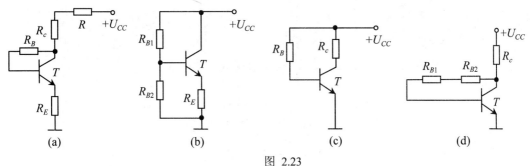

图 2.23

8　图 2.24（a）单管放大电路，已知三级管的 $\beta = 50$，$U_{BE} = 0.7\text{V}$，$U_{CES} = 0.5\,\text{V}$。

(1)判断电路在下述几种情况下是否正常工作？若不正常，分析产生故障的可能原因，并指出排除方法。

①测得：$U_{CE} = 12\text{V}$；②测得：$U_{CES} = 0.5\,\text{V}$；③测得：$V_E = 2.6\text{V}$，$V_B = 3.3\text{V}$。

(2)滑动 R_W 的滑动端，使静态工作点在最佳位置。问电路的上偏置电阻与下偏置电阻各是多少？

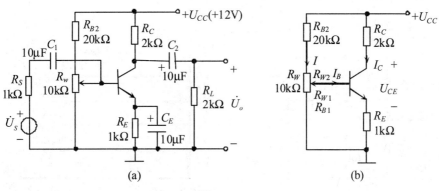

图 2.24

【解题思路】　对于（1）根据测得参数，判断三极管的工作状态，再分析其原因；对于（2）先确定静态工作点在最佳位置，再由其静态值算偏置电阻。

解　（1）①三极管处于截止状态，其原因可能是：基极支路断开；R_{B2} 开路；R_W 短路或下偏置电阻值太小；三极管损坏等。可先增加 R_W 对地的阻值，看放大电路能否正常工作，如果不行，再检查其他各种原因。

②三极管处于饱和状态。其原因可能是 R_{B2} 短路或 R_C 短路，或上偏置电阻值太小等。可先减小 R_W 对地的阻值，看能否正常放大，如果不行，再检查其他各种原因。

③三极管处于正常工作状态。

（2）放大电路的直流通路如图 2.24 (b)所示。当静态值 $U_{CE} = \dfrac{1}{2}U_{CC} = 6\,\text{V}$ 时，静态工作点在最佳位置。根据直流通路可知，因为：

$$U_{CE} = U_{CC} - I_C(R_C + R_E)$$

所以
$$I_C = \frac{U_{CC} - U_{CE}}{R_C + R_E} = \frac{12-6}{(2+1)\times 10^3} = 2(\text{mA})$$

$$I_B = \frac{I_C}{\beta} = \frac{2}{50} = 0.04(\text{mA})$$

$$V_E \approx I_C R_E = 2\times 1 = 2\,(\text{V})$$

$$V_B = V_E + U_{BE} = 2 + 0.7 = 2.7\,(\text{V})$$

因为 $I \gg I_B$，所以

$$V_B = \frac{R_{B1}}{R_{B1} + [R_{B2} + (R_W - R_{B1})]} U_{CC}$$

$$R_{B1} = \frac{V_B(R_{B2} + R_W)}{U_{CC}} = \frac{2.7\cdot(20+10)\text{k}\Omega}{12} = 6.75\text{k}\Omega$$

上偏置电阻： $R_{W1} = R_{B1} = 6.75\text{k}\Omega$

下偏置电阻： $R_{W2} = R_W - R_{W1} = 10\text{k}\Omega - 6.75\text{k}\Omega = 3.25\text{k}\Omega$

9 图 2.25 (a)所示放大电路，在三极管输出特性上作出的直流负载线和交流负载线如图 2.21(b)所示。试求：

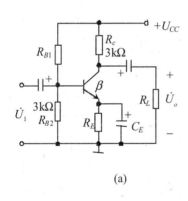

(a)

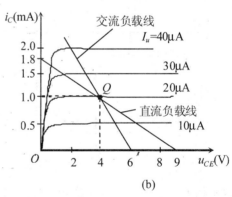

(b)

图 2.25

（1）电路中的 U_{CC}, R_E, R_L 和 R_{B1} 的值和三极管的 β 值。

（2）计算电压放大倍数 A_u、输入电阻 r_i 和输出电阻 r_0。

（3）如果输入信号逐渐增大，输出信号首先会出现何种失真?为保证不失真，输入信号的最大峰值电压应为何值(设三极管饱和压降 $U_{CES} = 0.5\text{V}$)？

【解题思路】 由电路参数可以求直流负载线和交流负载线；也可由直流负载线和交流负载线来求电路参数，本题属于后者。

解 （1）求 U_{CC}, R_E, R_L 和 R_{B1}：

①直流负载线与横坐标线交点的 $U_{CE} = U_{CC} = 9\text{V}$；

②交、直流负载线的交点 Q 即为静态工作点，由 Q 点得到：

$$I_B = 20\mu\text{A}, \quad I_C = 1\text{mA}, \quad U_{CE} = 4\,\text{V}, \quad \beta = \frac{I_C}{I_B} = \frac{1}{0.02} = 50$$

③直流负载线与纵坐标轴的交点是 $I_C = 1.8\text{mA}$，$U_{CE} = 0\text{V}$，满足下式：

$$U_{CC} = 1.8(R_C + R_E) \qquad R_E = \frac{U_{CC} - 1.8R_C}{1.8} = 2(\text{k}\Omega)$$

④交流负载线与横坐标轴的交点为 6V，6V 与静态管压降 4V 的差值是 $i_C R_L' = 6\text{V} - 4\text{V} = 2\text{V}$，其中，$R_L' = R_C /\!/ R_L$，由此解出 $R_L = 6\text{k}\Omega$。

⑤$V_B = U_{BE} + V_E = 0.7 + I_C R_E = 0.7 + 1 \times 2 = 2.7$　(V)

$$V_B = \frac{R_{B2}}{R_{B1} + R_{B2}} U_{CC} = \frac{3}{R_{B1} + 3} \times 9, \qquad \text{解得：} \ R_{B1} = 7\,\text{k}\Omega$$

（2）求 A_u，r_i，r_o：

①因为 $r_{be} = 200 + (1 + 50)\dfrac{26}{1} \approx 1.53$ (kΩ)，$R_L' = R_C /\!/ R_L = 2$ (kΩ)，所以

$$A_u = -\frac{\beta R_L'}{r_{be}} = -\frac{50 \times 2}{1.53} = -65$$

②$r_i = R_{B1} /\!/ R_{B2} /\!/ r_{be} = 23 /\!/ 10 /\!/ 1.53 = 1.25$ (kΩ)

③$r_o \approx R_C = 3\text{k}\Omega$

（3）求最大不失真输出电压峰值 u_{0m}：

$$u_{0m}' = i_C R_L' = 6 - 4 = 2\,(\text{V})$$

$$u_{im} = \frac{u_{om}}{A_u} = \frac{2}{65} = 30\,(\text{mV})$$

$$u_{0m}'' = U_{CE} - U_{CES} = 4 - 0.5 = 3.5\,(\text{V})$$

由于 $u_{0m}' < u_{0m}''$，如果输入信号逐渐增大，输出信号首先会出现截止失真。因此选小的电压，即 $u_{0m} = u_{0m}'$。

10　对于图 2.26 所示放大电路，画出微变等效电路，写出电压放大倍数 A_u 与 A_{uS}、输入电阻 r_i 和输出电阻 r_o 的表达式。

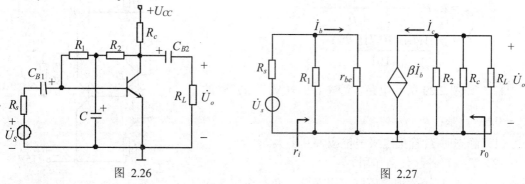

图 2.26　　　　　　　　　　　　　　　图 2.27

【解题思路】　画微变等效电路时，将电路中的耦合电容和旁路电容视为短路，直流电源也短路。三极管的 b-e 间用三极管的输入电阻 r_{be} 表示，c-e 间用受控电流源 βi_b 表示。

解　微变等效电路如图 2.27 所示。

电压放大倍数：$\qquad A_u = \dfrac{-\beta(R_2 /\!/ R_c /\!/ R_L)}{r_{be}}, \qquad A_{uS} = \dfrac{r_i}{R_S + r_i} A_u$

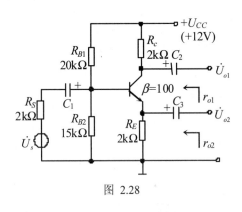

图 2.28

输入、输出电阻：
$$r_i = R_1 \,/\!/\, r_{be}$$
$$r_o = R_2 \,/\!/\, R_c$$

11 图 2.28 所示放大电路，已知三极管的静态集电极电流 $I_E = 2.2\text{mA}$，试求：

(1) 放大电路的输入电阻 r_i；

(2) 电压放大倍数 A_{uS1} 和 A_{uS2}；

(3) 与两个输出端相应的输出电阻 r_{o1} 和 r_{o2}。

【解题思路】 电路有两个输出端，可以分别求出其电压放大倍数和输出电阻。由于题目中已知静态集电极电流，因此，求输入电阻时，不需要求静态工作点，只需将此电流直接代入。

解 (1) 因为 $r_{be} = 200 + (1+100) \times \dfrac{26}{2.2} \approx 1.4 \times 10^3\ (\Omega) = 1.4\ \text{k}\Omega$，所以

$$r_i = R_{B1} \,/\!/\, R_{B2} \,/\!/\, [r_{be} + (1+\beta)R_E] = 20\,/\!/\,15\,/\!/\,[1.4 + 101 \times 2] = 8.2\ (\text{k}\Omega)$$

(2) $A_{u1} = -\dfrac{\beta R_C}{r_{be} + (1+\beta)R_E} = -\dfrac{100 \times 2}{1.4 + 101 \times 2} = -0.983$

$$A_{uS1} = A_{u1}\frac{r_i}{R_S + r_i} = A_{u1}\frac{8.2}{2 + 8.2} = -0.79$$

$$A_{u2} = \frac{(1+\beta)R_E}{r_{be} + (1+\beta)R_E} = \frac{100 \times 2}{1.4 + 101 \times 2} = 0.983$$

$$A_{uS2} = A_{u2}\frac{r_i}{R_S + r_i} = A_{u2}\frac{8.2}{2 + 8.2} = 0.79$$

(3) $r_{o1} \approx R_C = 2\text{k}\Omega$

$$r_{o2} = R_E \,/\!/\, \frac{r_{be} + (R_{B1} \,/\!/\, R_{B2} \,/\!/\, R_S)}{1 + \beta}$$

$$= 2 \,/\!/\, \frac{1.4 + (20\,/\!/\,15\,/\!/\,2)}{101} \approx 0.03\ (\text{k}\Omega)$$

12 如图 2.29 所示电路，静态 $U_A = 0\text{V}$，$T_1 \sim T_5$ 管的 $U_{BE} = 0.6\text{V}$。求：

(1) 静态时 T_3 管集电极电位应调到多大？

(2) $T_1 \sim T_5$ 各起什么作用？

(3) 若 T_1，T_2 管的饱和压降可以忽略，负载电阻上可得到的最大功率是多少？

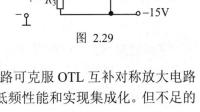

图 2.29

【解题思路】 图 2.29 所示为 OCL 电路。采用 OCL 电路可克服 OTL 互补对称放大电路的缺点，即输出不需要采用大容量的电容器耦合，不会影响低频性能和实现集成化。但不足的是电路需用正、负两个电源。

为了避免交越失真，OCL 电路工作在甲乙类状态。由于电路对称，静态时两管的电流相

等，负载中无电流通过，两管的发射极电位 $U_A = 0V$。

最大输出功率 $P_{om} = \dfrac{\left(\dfrac{U_{CC} - U_{ces}}{\sqrt{2}}\right)}{R_L}$，其中 U_{ces} 为集、射级饱压降，$U_{CC} - U_{ces}$ 为输出电压最

大值。如果忽略 U_{ces}，则 $P_{OM} = \dfrac{\left(\dfrac{U_{CC}}{\sqrt{2}}\right)^2}{R_L} = \dfrac{U_{CC}^2}{2R_L} = \dfrac{U_{om}^2}{2R_L}$。

解 (1)为使静态的 $U_A = 0V$，则 $V_{c3} = V_{b2} = -0.6V$。

(2)T_1，T_2 管组成互补对称电路作输出级，由于是射极输出，因而输出电阻小，带负载能力强；T_4，T_5 起二极管作用，静态时给 T_1，T_2 发射极提供一个偏置电压，使功率放大器工作在甲乙类状态，从而克服交越失真；T_3 为驱动级。

(3)负载上获得最大功率： $P_{om} = \dfrac{U_{om}^2}{2R_L}$

如果忽略晶体管饱和压降，则 $U_{om} \approx 15V$，所以

$$P_{om} = \frac{15^2}{2 \times 8} = 14(W)$$

13 在图 2.30 所示的复合管放大电路中，已知电源电压 $U_{CC} = 6V$，T_1，T_2 管的

$\beta_1 = \beta_2 = 20$，$R_B = 800k\Omega$，$R_C = 1.5k\Omega$，$R_E = 300\Omega$，
试求：

(1)静态工作点；(2)电压放大倍数 A_u；(3)输入电阻 r_i；
(4)输出电阻 r_0。

【解题思路】 在图 2.30 所示电路中，由 T_1，T_2 组合成复合管，目的在于增大放大电路中输入电阻。由于复合管的类型由 T_1 管决定，T_1 管是 NPN 管，则复合管也是 NPN型管；如果 T_1 管是 PNP 管，则复合管也是 PNP 型管。本电路复合管可用一个 NPN 型的管子等效，其电流放大系数近似为两管电流放大系数的乘积，即 $\beta \approx \beta_1 \beta_2$。求电路参数的方法不变。

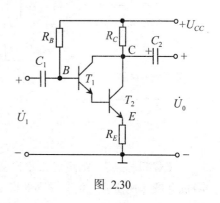

图 2.30

解 （1）求静态工作点：

复合管的电流放大系数为：$\beta \approx \beta_1 \beta_2 = 20 \times 20 = 400$

由输入回路得： $I_B = \dfrac{U_{CC} - (U_{BE1} + U_{BE2})}{R_B + (1 + \beta)R_E} = \dfrac{6 - 1.2}{800 + 401 \times 0.3} = 5.2\,(\mu A)$

由电流放大关系得： $I_C = \beta I_B = 400 \times 5.2 = 2.1\,(mA)$

由输出回路得： $U_{CE} \approx U_{CC} - (\dot{R}_C + R_E)I_C = 6 - (1.5 + 0.3) \times 2.1 = 2.22\,(V)$

（2）求电压放大倍数：$r_{be1} = 200 + (1+\beta_1)\dfrac{26}{I_{E1}} = 200 + \dfrac{26}{5.2\times10^{-3}} = 5.2\,(\text{k}\Omega)$

$$r_{be2} = 200 + (1+\beta_2)\dfrac{26}{I_{E2}} = 200 + 21\times\dfrac{26}{2.1} = 0.46\,(\text{k}\Omega)$$

$$r_{be} = r_{be1} + (1+\beta_2)r_{be2} = 5.2 + 21\times0.46 = 14.86\,(\text{k}\Omega)$$

$$A_u = -\dfrac{\beta R_C}{r_{be}+(1+\beta)R_E} = -\dfrac{400\times1.5}{14.86+401\times0.3} = -4.44$$

（3）输入电阻：$r_i = R_B\,//\,[r_{be}+(1+\beta)R_E] = 800\,//\,[14.86 + 401\times0.3] = 115.6\,(\text{k}\Omega)$

（4）输出电阻：$r_o \approx R_C = 1.5\,\text{k}\Omega$

14 图 2.31 (a)所示为两级射极输出器，设 $R_B = 400\text{k}\Omega$，$R_{E1} = R_{E2} = 4\text{k}\Omega$，$R_L = 500\Omega$，$\beta_1 = \beta_2 = 50$，$r_{be1} = r_{be2} = 1\text{k}\Omega$。求：

（1）R_L 接在第一级输出端(断开第二级)时的输入电阻 r_i；

（2）R_L 接在第二级输出端时的输入电阻 r_i'；

（3）空载时的 r_i 与 r_i'。

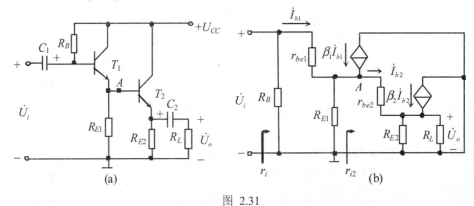

图 2.31

【解题思路】 两级射极输出器具有更高的输入电阻，并且隔离了负载对输入电阻的影响，阻抗变换作用更强，信号源负担减轻，电路的意义在于此。本题不仅是对单级和两级射极输出器的输入电阻进行比较，而且对带载和空载情况下，单级和两级输入电阻也进行了比较，以了解负载对输入电阻的影响。当电路为单级射极输出器时，断开第二级(电路中 A 处)，R_L 接在第一级的输出端。计算时按常规方法进行。

解 （1）画微变等效电路如图 2.31（b）所示。

$$r_i = R_B\,//\,[r_{be1}+(1+\beta_1)R_L'] = R_B\,//\,[r_{be1}+(1+\beta_1)(R_{E1}\,//\,R_L)] = 23.35\,(\text{k}\Omega)$$

（2）　$r_{i2} = r_{be2}+(1+\beta_2)(R_{E2}\,//\,R_L) = 1 + (1+50)(4\,//\,0.5) = 23.67\,(\text{k}\Omega)$

$$r_i' = R_B\,//\,[r_{be1}+(1+\beta_1)(R_{E1}\,//\,r_{i2})] = 400\,//\,[1+(1+50)(4\,//\,23.67)] = 121.27\,(\text{k}\Omega)$$

（3）空载时：$r_i = R_B\,//\,[r_{be1}+(1+\beta_1)R_{E1}] = 400\,//\,[1+(1+50)\times4] = 135.54\,(\text{k}\Omega)$

$$r_{i2} = r_{be2} + (1+\beta_2)R_{E2} = 1+(1+50)\times 4 = 205 \,(\text{k}\Omega)$$

$$r'_i = R_B \,//\,[r_{be1} + (1+\beta_1)(R_{E1} \,//\, r_{i2})] = 400 \,//\,[1+(1+50)(4//205)] = 154.27 \,(\text{k}\Omega)$$

15 图 2.32 (a)是两级放大电路，图 2.32 (b)是放大电路的微变等效电路。已知 $\beta_1 = \beta_2 = 50$，$r_{be1} = r_{be2} = 1\,\text{k}\Omega$，求：

（1）T_1，T_2 的静态工作点；

（2）输入电阻 r_i 和输出电阻 r_o；

（3）电压放大倍数 A_{u1}，A_{u2} 和 A_u。

【解题思路】 本题是两级直接耦合放大电路，因此两级间的静态工作点有着直接关系，即第二级的偏流 I_B 由第一级的集电极电位 U_{C1} 提供。动态参数的分析计算可由微变等效电路直接进行，但要注意前后级的相互影响。后级的输入电阻是前级的负载电阻；前级的输出电阻是后级的信号源内阻。

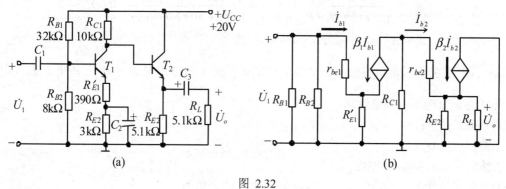

图 2.32

解 (1)静态工作点 Q_1，Q_2：

第一级静态工作点 Q_1：

$$U_{B1} = \frac{R_{B2}}{R_{B1}+R_{B2}} U_{CC} = \frac{8\times 10^3 \times 20}{(32+8)\times 10^3} = 4 \,(\text{V})$$

$$I_{C1} \approx I_{E1} = \frac{U_{B1}-U_{BE1}}{R_{E1}+R'_{E1}} = \frac{4-0.6}{0.39+3} \approx 1 \,(\text{mA})$$

$$I_{B1} = \frac{I_{C1}}{\beta_1} = \frac{1}{50} = 20 \,(\text{mA})$$

$$U_{CE1} = U_{CC} - I_{C1}(R_{C1}+R_{E1}+R'_{E1}) = 20-13.39 = 6.6 \,(\text{V})$$

第二级静态工作点 Q_2：

$$U_{B2} = U_{C1} = U_{CC} - I_{C1}R_{C1} = 20-10\times 1 = 10 \,(\text{V})$$

$$I_{C2} \approx I_{E2} = \frac{U_{B2}-U_{BE2}}{R_{E2}} = \frac{10-0.6}{5.1} = 1.84 \,(\text{mA})$$

$$I_{B2} = \frac{I_{C2}}{\beta_2} = \frac{2.1}{50} = 36.8 \, (\mu A)$$

$$U_{CE2} = U_{CC} - I_{E2}R_{E2} = 20 - 5.1 \times 1.84 = 10.62 \, (V)$$

(2)输入电阻 r_i 和输出电阻 r_o：

$$r_i = R_{B1} // R_{B2} // [r_{be} + (1+\beta_1)R_{E1}] = 32 // 8 // [1 + (1+50) \times 0.39] \approx 5 \, (k\Omega)$$

$$r_o = R_{E2} // \frac{r_{be2} + R_{C1}}{1+\beta_2} = 5.1 // \frac{1+10}{1+50} \approx 0.207 \, (k\Omega)$$

(3)电压放大倍数 A_{u1}，A_{u2} 和 A_u：

$$r_{i2} = r_{be2} + (1+\beta_2)(R_{E2} // R_L) = 1 + (1+50) \times (5.1 // 5.1) = 131.1 (k\Omega)$$

$$A_{u1} = -\frac{50 \times (10 // 131.1)}{1 + (1+50) \times 0.39} = -22.2$$

$$A_{u2} = \frac{(1+\beta_2)(R_{E2} // R_L)}{r_{be2} + (1+\beta_2)(R_{E2} // R_L)} = \frac{(1+50) \times (5.1 // 5.1)}{1 + (1+50)(5.1 // 5.1)} = 0.992$$

$$A_u = A_{u1} A_{u2} = -22.2 \times 0.992 = -22$$

16.图 2.33 所示是单端输入、双端输出的差分放大电路。已知 $\beta_1 = \beta_2 = 50$，输入电压 $U_s = 10\text{mV}$ 为正弦电压有效值，求：

(1)静态工作点；

(2)输出电压 U_o；

(3)输入电阻 r_i 和输出电阻 r_o；

(4)当输出端接有负载电阻 $R_L = 12\text{k}\Omega$ 时的电压放大倍数。

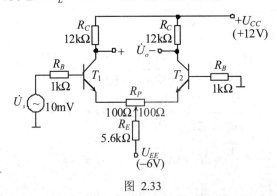

图 2.33

【解题思路】 由于差分放大电路的对称性，信号从单端输入时，作用在两个晶体管 T_1、T_2 的发射结上的电压仍为一差模信号，即 $u_{BE1} = -u_{BE2}$，与双端输入时一样，同样具有电压放大作用。只要电路对称，R_E 阻值足够大，T_1 和 T_2 管实际得到的输入信号与双端输入方式基本相同，其动态参数的分析计算与双端输入方式也相同，要注意的是电阻 R_E 对差模信号不起作用，由于 R_E 中的两信号电流近似相互抵消，其两端的电压降不变，故可将 R_E 视为短路。

差模电压放大倍数与输出方式有关，而与输入方式无关。双端输出时，其差模电压放大倍数等于每一边单管放大电路的电压放大倍数。单端输出时，差模电压放大倍数只有每一边单管放大电路的电压放大倍数的一半。无论是单端输入还是双端输入，输入电阻均相同。双端输出时的输出电阻 $r_o = 2R_C$，单端输出时的输出电阻 $r_o = R_C$。

解 (1)静态工作点：因为两边电路对称，所以只需求出单边电路即可。

$$I_B = \frac{U_{EE} - U_{BE}}{R_B + (1+\beta)(\frac{1}{2}R_P + 2R_E)} = 9.2 \, (\mu A)$$

$$I_{C1} = I_{C2} = \beta_1 I_{B1} = 50 \times 9.2 = 0.46 \, (mA)$$

$$2I_E \approx 2I_{C1} = 2 \times 0.46 = 0.92 \, (mA)$$

$$U_{C1} = U_{C2} = U_{CC} - I_{C1}R_C = 12 - 0.46 \times 12 = 6.48 \, (V)$$

$$U_E = I_{C1} \times \frac{1}{2}R_P + 2I_E \times R_E - U_{EE} = -0.8 \, (V)$$

$$U_{CE} = U_{C1} - U_E = 6.48 - (-0.8) = 7.28 \, (V)$$

(2)输出电压 U_o：

$$r_{be} = 200 + (1+\beta)\frac{26}{I_E} = 200 + (1+50) \times \frac{26}{0.46} = 3.08 \, (k\Omega)$$

$$A_d = \frac{-\beta R_C}{R_B + r_{be} + (1+\beta)\frac{1}{2}R_P} = \frac{-50 \times 12}{1 + 3.08 + 51 \times \frac{1}{2} \times 0.2} \approx -64.7$$

$$u_o = A_d u_S = -64.7 \times 10 = -0.647 \, (V)$$

$$U_o = 0.647 \, (V)$$

(3)输入电阻 r_i 和输出电阻 r_o：

$$r_i = 2[R_B + r_{be} + (1+\beta)\frac{1}{2}R_P] = 2 \times [1 + 3.08 + (1+50) \times \frac{1}{2} \times 0.2] = 18.36 \, (k\Omega)$$

$$r_o = 2R_C = 2 \times 12 = 24 \, (k\Omega)$$

(4)当接上负载电阻时，由于电路对称，R_L 的一半处必然是地电位。因此每边单管放大电路的负载电阻是 $\frac{1}{2}R_L$，其等效负载电阻为 $R_L' = R_C // \frac{1}{2}R_L = 4 \, k\Omega$。

$$A_d = -\frac{\beta R_L'}{R_B + r_{be} + (1+\beta)\frac{1}{2}R_P} = -\frac{50 \times 4}{1 + 3.08 + (1+50) \times \frac{1}{2} \times 0.2} = -21.55$$

17 图 2.34 所示为一场效应管放大电路，管子工作点处的互导 $g_m = 0.9mA/V$。试求：

（1）电压放大倍数 A_u；

（2）输入电阻 r_i；

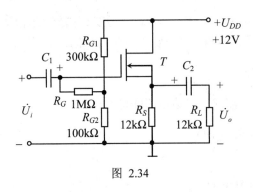

图 2.34

（3）输出电阻 r_o。

【解题思路】　对低频小信号进行放大的场效应管电路，可用微变等效电路分析法将其线性化，再用线性电路的分析方法求其动态参数。本电路为源极输出器，它与晶体管组成的射极输出器的特点基本相同。如：电压放大倍数近似等于 1；输入电阻高，但输出电阻比射极输出器大得多。

解　（1）求电压放大倍数，首先画出放大电路的微变等效电路，如图 2.35 (a)所示。

由于通常 $r_d \gg R_S$，r_d 可以忽略，因而有：

$$\dot{U}_o = g_m \dot{U}_{gS} R_L', \qquad \dot{U}_{gS} = \dot{U}_i - \dot{U}_o$$

$$R_L' = R_S /\!/ R_L, \qquad \dot{U}_o = g_m R_L' (\dot{U}_i - \dot{U}_o)$$

$$A_u = \frac{\dot{U}_o}{\dot{U}_i} = \frac{g_m \dot{U}_{gS} R_L'}{\dot{U}_{gS}(1 + g_m R_L')} = \frac{g_m R_L'}{1 + g_m R_L'} = \frac{0.9 \times (12 /\!/ 12)}{1 + 0.9 \times (12 /\!/ 12)} = 0.84$$

（2）输入电阻 r_i：　$r_i = R_G + R_{G1} /\!/ R_{G2} = 1 \times 10^3 + 100 /\!/ 300 = 2075 \,(\text{k}\Omega)$

（3）输出电阻 r_o：用输出端外加电压的方法求输出电阻。先将 $\dot{U}_i$ 短路，输出端外加电压后，其等效电路如图 2.27(b)所示，可求出相应电流：

$$\dot{I} = \frac{\dot{U}}{R_S} + \frac{\dot{U}}{r_d} + g_m \dot{U} = \dot{U}\left(\frac{1}{R_S} + \frac{1}{r_d} + g_m\right) \approx \dot{U}\left(\frac{1}{R_S} + g_m\right)$$

所以：
$$r_o = \frac{\dot{U}}{\dot{I}} = \frac{1}{\dfrac{1}{R_S} + g_m} = \frac{1}{\dfrac{1}{12} + 0.9} = 1 \,(\text{k}\Omega)$$

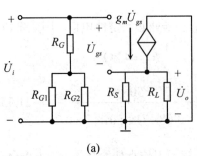

(a)

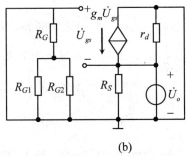

(b)

图 2.35

2.6 练 习

一、单项选择题:（将唯一正确的答案代码填入下列各题括号内）

1 在放大电路中，测得晶体管三个极的静态电位分别为 0V，–10V 和–9.3V ，该管为
（   ）。

（a）NPN 型硅管   （b）NPN 型锗管   （c）PNP 型硅管   （d）PNP 型锗管

2 图 2.36 电路中，当晶体管工作在饱和状态时，（   ）。

（a）$U_{CE} \approx 0, I_{CS} = \dfrac{U_{CC}}{R_C}, I_{BS} = \dfrac{I_{CS}}{\beta}, I_B > I_{BS}$

（b）$U_{CE} \approx U_{CC}, \quad I_{CS} = \dfrac{U_{CC}}{R_C}, I_{BS} = \dfrac{I_{CS}}{\beta}, I_B > I_{BS}$

（c）$U_{CE} \approx U_{CC}, I_{CS} = \dfrac{U_{CC} - U_{CB}}{R_C}, I_{CS} = \dfrac{U_{CC}}{R_C}, I_{BS} = \dfrac{I_{CB}}{\beta}, I_S > I_{BS}$

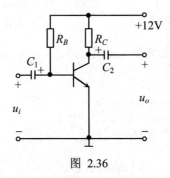

图 2.36

3 测得放大电路中 NPN 管三个极对地的电位分别为 U_C=12V，U_B=1.8V 和 U_E=0V，
该管处于（   ）工作状态。

（a）放大   （b）饱和   （c）截止   （d）已损坏

4 PNP 型和 NPN 型晶体管，其发射区和集电区均为同类型半导体（N 型或 P 型）。所
以在实际使用中发射极与集电极（   ）。

（a）可以调换使用

（b）不可以调换使用

（c）PNP 型可以调换使用，NPN 型则不可以调换使用

5 已知某晶体管的穿透电流 $I_{CEO}=0.32\text{mA}$，集基反向饱和电流 $I_{CBO}=4\mu\text{A}$，如要获得 2.69mA 的集电极电流，则基极电流 I_B 应为（   ）。

（a）0.3mA   （b）2.4mA   （c）0.03mA

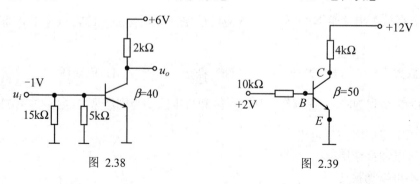

图 2.37

6 图 2.36 电路，已知晶体管 $\beta=60$，$R_C=2\ \text{k}\Omega$，忽略 U_{BE}，如果要将集电极电流 I_C 调整到 1.5mA，R_B 应取（   ）。

（a）480kΩ   （b）120kΩ
（c）240kΩ   （d）360kΩ

7 图 2.36 电路，要使晶体管工作在放大状态，当静态电流 I_C 减小时，则应（   ）。

（a）保持 U_{CC}，R_B 一定，减小 R_C
（b）保持 U_{CC}，R_C 一定，增大 R_B
（c）保持 R_B，R_C 一定，增大 U_{CC}

8 图 2.37 放大电路，由于 R_{B1} 和 R_{B2} 阻值选取得不合适而产生了饱和失真，为了改善失真，正确的做法是（   ）。

（a）适当增加 R_{B2}，减小 R_{B1} （b）保持 R_{B1} 不变，适当增加 R_{B2}
（c）适当增加 R_{B1}，减小 R_{B2} （d）保持 R_{B2} 不变，适当减小 R_{B1}

9 分压式偏置单管放大电路的发射极旁路电容 C_E 因损坏而断开，则该电路的电压放大倍数将（   ）。

（a）增大   （b）减小   （c）不变

10 在图 2.38 所示电路中，晶体管工作在（   ）。

（a）截止状态   （b）放大状态   （c）饱和状态

图 2.38

图 2.39

11 在图 2.39 所示电路中，三极管的 $U_{BE}=0.6\text{V}$，其临界饱和电流 I_{CS} 约为（   ）。

（a）7mA　　　　（b）10mA　　　　（c）3mA　　　　（d）4mA

12　在图 2.40 所示电路中，（　　）的电路能实现交流电压放大。

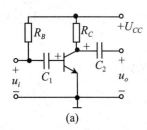 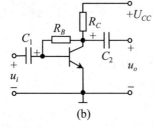 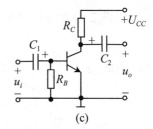

（a）　　　　　　　　　　（b）　　　　　　　　　　（c）

图 2.40

13　在图 2.41 所示电路中，若 U_{CC}=12V，R_{B1}=50kΩ，R_{B2}=10kΩ，，R_C=1kΩ，R_E=500Ω，U_{BE}=0.7V，则集电极电流 I_C 等于（　　）。

（a）14.6mA　　　　　（b）6.7mA　　　　　（c）2.6mA

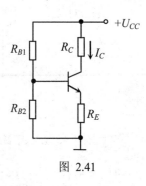

图 2.41

14　两个单管放大器的空载电压放大倍数分别为30和10，若将它们组成两级阻容耦合放大电路，其总的电压放大倍数（　　）。

（a）小于 300　　　　　　（b）等于 300　　　　　　（c）大于 300

15　两级共射极阻容耦合放大电路，若将第一级换成射极输出器，则第二级的电压放大倍数将（　　）。

（a）提高　　　　　　（b）降低　　　　　　（c）不变

16　无射极电阻 R_E 的差动放大电路，单端输出时将（　　）。

（a）不能抑制零点漂移　　　　　　（b）能很好地抑制零点漂移
（c）抑制零点漂移的效果不是很好

17　在图 2.42 所示放大电路中，因静态工作点不合适，使输出电压出现严重的截止失真。调整偏置电阻 R_B，使其（　　），可以改善输出电压的波形。

（a）增加　　　　　　（b）减小　　　　　　（c）等于零

18　在图 2.42 所示放大电路中，已知：U_{CC}=12V，R_B=240kΩ，R_C=3kΩ，晶体管 β=20，若三极管损坏，换上一个 β=40 的新管子，要保持原来的静态电流 I_C 不变，且忽略 U_{BE}，应把 R_B 调整为（　　）。

（a）480kΩ　　　　　　（b）240kΩ　　　　　　（c）120kΩ

19 在图2.42所示电路中,若U_{CE}=4V,当逐渐加大输入信号时,输出信号先出现（   ）。

（a）截止失真　　　　　（b）饱和失真　　　　　（c）截止和饱和失真

20 在图2.42所示电路中，若换上β=50的晶体管，要使静态时U_{CE}=6V，且忽略U_{BE}，则R_B应取（   ）。

（a）600kΩ　　　　　（b）300kΩ　　　　　（c）360kΩ

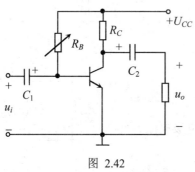

图 2.42　　　　　　　　　　　图 2.43

21 图2.43所示电路的功能特点是（   ）。

（a）有电流放大，没有电压放大　　（b）没有电流放大，有电压放大
（c）电流放大和电压放大都有

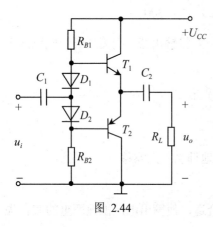

图 2.44

22 图2.44所示电路称之为（   ）功率放大电路。

（a）OCL　　　　　（b）OTL　　　　　（c）OBL

23 在图2.44所示电路中，三极管工作在（   ）状态。

（a）甲类　　　　　（b）乙类　　　　　（c）甲乙类

24 在图 2.44 电路中，二极管 D_1、D_2 的作用是（   ）。

（a）作开关接通电路　　　　　（b）消除非线性失真
（c）消除交越失真

二、非客观题

1 在放大电路中，测得三极管三个极的对地电位分别为：-6V，-3V，-3.2V。试判断该三极管是 NPN 型还是 PNP 型?是锗管还是硅管?并确定三个电极。

2 根据图2.45（a）、（b）、（c）、（d）所示的四个三极管三个极的对地电位，判断它们分别工作在何种状态?

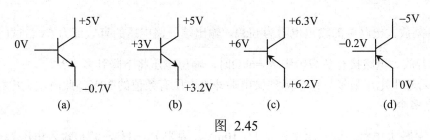

图 2.45

3 在图 2.46（a）所示电路中，晶体管 T 的输出特性如图 2.46(b)所示，已知 $U_{CC} = 20\text{ V}$，$R_C = 0.5\text{ k}\Omega$，晶体管工作在 Q 点时的 $I_B = 200\,\mu\text{A}$，要求：（1）试计算偏置电阻 R_B，此时的电流放大系数 β，晶体管的集射极电压降 U_{CE}。（设 $U_{BE} = 0.6\text{ V}$）；（2）若电路中其他参数不变，仅仅改变偏置电阻 R_B，试将集电极电流 I_C 和集射极电压降 U_{CE} 的关系曲线画在输出特性上。

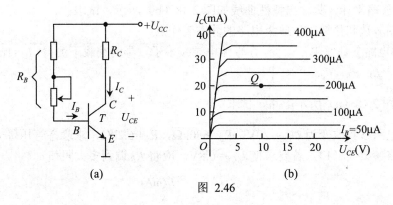

图 2.46

4 判断图 2.47 所示的各电路有无电压放大作用，并分析其原因。

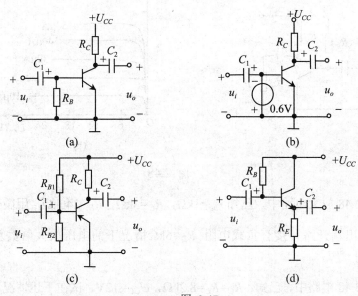

图 2.47

5 某放大电路中的输出电阻为 6kΩ，输出端开路电压的有效值为 6V。试问：

（1）若放大电路接有负载电阻 R_L=6kΩ时，输出电压将下降到多大？

（2）若输出电压最多只许下降到输出端开路电压有效值的 30%，此时放大电路允许接的负载电阻是多少？

6 某放大电路的信号源电压是 U_s=10mV，内阻 R_s=1kΩ。测得输入电压 U_i=8mV，空载输出电压 1.2V。带上 6kΩ 的负载时，输出电压下降至 0.8V。求该放大电路空载和有载（6kΩ）时的电压放大倍数、输入电阻和输出电阻。

7 在图 2.48（a）所示放大电路中，已知：U_{CC}=24V，R_B=800kΩ，R_C=6kΩ，R_L=3kΩ，三极管的 U_{BE} 忽略不计，其输出特性曲线如图 2.48（b）所示，试求：

（1）用图解法和估算法求放大电路的静态工作点；

（2）已知电路参数发生了改变，在直流电源减小了一半的空载下测得：I_C=1mA，U_{CE}=6V，求此时的 U_{CC}、β、R_B、R_c。

8 如图 2.48（a）所示电路，试求：

（1）若电路参数改变为 U_{CC}=20V，R_B=680kΩ，R_C=6.2kΩ，求静态管压降 U_{CE}。

（2）电路参数同（1），若要求使 U_{CE}=6.8V，应将 R_B 调到多大阻值？

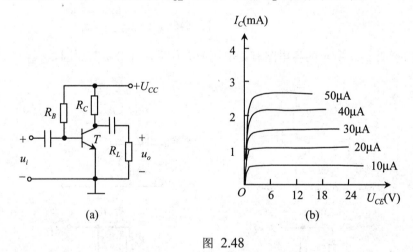

图 2.48

9 在图 2.48 放大电路中，已知 r_{be}=1kΩ，R_C=3kΩ，R_B=240kΩ，用微变等效电路分析法分别计算在输出端开路和接有负载电阻 R_L=6kΩ情况下的电压放大倍数及输入、输出电阻。

10 在图 2.48 电路中，已知：R_C=R_L=8.2kΩ，U_{CC}=12V，试在下述情况下计算电压放大倍数：（1）β=25，R_B=500kΩ；（2）β=50，R_B=1MΩ；（3）β=25，R_B=250kΩ。并由结果分

析 β、I_E 对 A_u、r_i 的影响。

11 在图 2.49 电路中，若三极管是 PNP 型锗管。（1）设 U_{CC}=12V，R_C=3kΩ，β=50，如果要将 I_C 调到 2mA，U_{BE} 忽略不计，问 R_B 应调到多大？（2）请将电容 C_1，C_2 的极性标在图上。

12 在图 2.50 电路中，已知：β=50，R_B=120kΩ，R_C=3kΩ，R_S=1kΩ，R_L=3kΩ，U_{CC}=12V。试求放大电路的静态工作点。

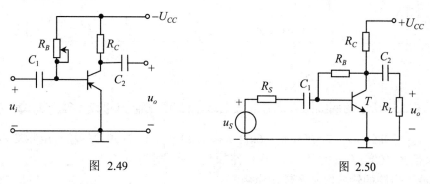

图 2.49   图 2.50

13 在图 2.51 电路中，已知：U_{CC}=12V，R_{B1}=33kΩ，R_{B2}=10kΩ，$R_C=R_E=R_L=R_S=3$kΩ，U_{BE}=0.7V，β=50。求：（1）静态工作点；（2）画微变等效电路；（3）输入电阻和输出电阻；（4）电压放大倍数 A_u 及 A_{us}。

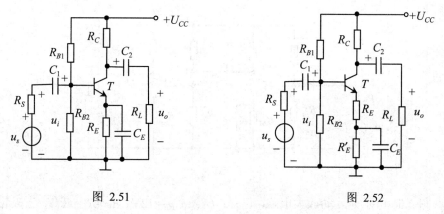

图 2.51   图 2.52

14 在图 2.52 放大电路中，已知：R_{B1}=120kΩ，R_{B2}=39kΩ，U_{CC}=12V，β=60，$R_S=R_E$=100Ω，R'_E=2kΩ，R_C=3.9kΩ，R_L=1kΩ，忽略 U_{BE}，求放大电路的 r_i, r_o, A_u 及 A_{us}。

15 图 2.53 所示电路是射极输出器。已知其中：U_{CC}=12V，β=50，R_S=75kΩ，R_B=75kΩ，R_E=1kΩ，R_L=1kΩ，U_{BE} = 0.7V。求静态工作点和放大电路的 r_i, r_o, A_u 及 A_{us}。

16 图 2.54 放大电路，已知 U_{DD}=18V，R_{G1}=250kΩ，R_{G2}=50kΩ，R_G=1MΩ，R_D=5kΩ，

R_S=5kΩ，R_L=5kΩ，g_m=5mA/V。求放大器的静态值（I_D，U_{DS}）、电压放大倍数 A_u、输入电阻 r_i 和输出电阻 r_o。

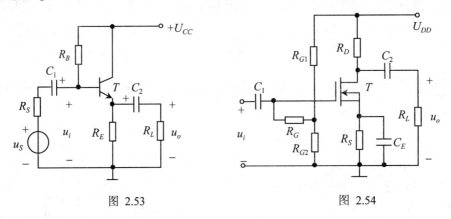

图 2.53   图 2.54

17 图 2.55 所示为两级阻容耦合放大电路，已知：R_{B1}=100kΩ，R_{B2}=30kΩ，R_{C1}=15kΩ，R_{E1}=5.1kΩ，R_{B3}=39kΩ，R_{B4}=7.5kΩ，R_{C2}=6kΩ，R_{E2}=2kΩ，R_L=3kΩ，两管的输入电阻均为 r_{be}=1kΩ，电流放大系数 β_1=100，β_2=60。画出放大电路的微变等效电路，并求：

（1）放大电路的输入电阻和输出电阻；

（2）各级放大电路的电压放大倍数和总的电压放大倍数；

（3）若信号源电压有效值 U_S=0.01mV，内阻 R_S=1kΩ 时，放大电路的输出电压为多少？

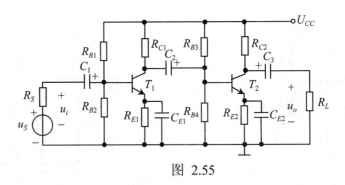

图 2.55

18 图 2.56 所示为差动放大电路，已知：U_{CC}=U_{EE}=12V，R_C=R_E=4kΩ，三极管的 β=80，r_{be}=1.6kΩ，U_{BE}=0.7V。试求：（1）静态工作点；（2）u_i=10mV，输出端不接负载时的输出电压 u_o；（3）u_i=10mV，输出端接负载电阻 R_L=8kΩ 时的输出电压 u_o。

19 在图 2.57 所示 OTL 电路中，已知：U_{CC}=15V，R_L=8Ω，求理想情况下，最大的输出功率 P_{OM}。

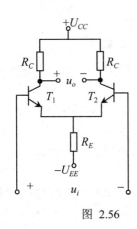

图 2.56

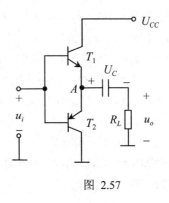

图 2.57

附：2.6 练习答案

一、单项选择题答案

1.（a）　2.（a）　3.（d）　4.（b）　5.（c）　6.（a）　7.（b）　8.（c）　9.（b）　10.（a）

11.（c）　12.（b）　13.（c）　14.（a）　15.（c）　16.（a）　17.（b）　18.（a）　19.（b）

20.（b）　21.（a）　22.（b）　23.（c）　24.（c）

二、非客观题答案

1. PNP 型，锗管。−6V 对应为集电极，−3.2V 对应为基极，−3V 对应为发射极。

2. （a）放大；（b）截止；（c）饱和；（d）放大。

3. （1） $R_B = \dfrac{U_{CC} - 0.6}{I_B} = \dfrac{20 - 0.6}{0.2} \text{kΩ} = 97 \text{ (kΩ)}$ 　　　　$\beta = \bar{\beta} = \dfrac{\Delta I_C}{\Delta I_B} = 100$

　　　 $U_{CE} = U_{CC} - I_C R_C = 20 - \beta I_B \times 0.5 = 10 \text{ V}$

　（2） Q 沿着直流负载线上下移动，图略。

4. （a） $I_B = 0$ ，无电压放大作用；

　（b）三极管截止，无电压放大作用；

　（c）电源电压极性接反，无电压放大作用；

　（d）有电压放大作用。

5. $U_O = 3V$ ， $R_L = 2.57 \text{kΩ}$

6. $A_u = 150$ ，　 $A' = 100$ ，　 $r_i = 4 \text{kΩ}$ ，　 $r_o = 3 \text{kΩ}$

7. （1） $I_B = 0.03 \text{mA}$ ， $I_C = 1.5 \text{mA}$ ， $U_{CE} = 15V$ ，　（2） $U_{CC} = 12V$ ， $\beta = 50$ ， $R_B = 600 \text{kΩ}$ ， $R_C = 6 \text{kΩ}$

8. $U_{CE} = 10.9V$ ， $R_B = 470 \text{kΩ}$

9. $A_u = -150$, 接负载后 $A_u = -100$, $r_i \approx 1 \text{kΩ}$ ，　 $r_o = 3 \text{kΩ}$

10. （1） $A_u = -80$, $r_i \approx 1.2 \text{kΩ}$ 　（2） $A_u = -86.6$, $r_i \approx 2.3 \text{kΩ}$ 　（3） $A_u = -138$, $r_i \approx 0.74 \text{kΩ}$

11. （1） $R_B = 300 \text{kΩ}$

12. I_B=0.044mA, I_C=2.2mA, U_{CE}=5.27V

13. （1）I_B=0.0139mA, I_C=0.7mA，U_{CE}=7.8V （2）略

    （3）r_i=1.7kΩ, r_o=3kΩ （4）A_u=−36.2，A_{us}=−13

14. r_i=1.4kΩ, r_o=3.9kΩ, A_u=−6.5, A_{us}=−6

15. I_B=89.7μA, I_C=4.57mA，U_{CE}=7.43V，r_i=19.3kΩ, r_o=0.43kΩ, A_u=0.98, A_{us}=0.2

16. U_G=3V, I_D=0.6mA, U_{DS}=12V, r_i=1.04MΩ, r_o=5kΩ, A_u=−12.5

17. （1）r_i=0.96kΩ, r_o=6kΩ （2）A_{u1}=−81.6, A_{u2}=−120, A_u=9792

    （3）A_{us}=4796, U_O=48mV

18. （1）I_B=0.0174(mA), I_C=1.4(mA)，u_{CE}=7.2(V) （2）u_o=−2(V) （3）u_o=−1(V)

19. P_{OM}=3.51(W)

第3章　运算放大器及其应用

3.1　目　　标

1.了解运算放大器的结构、原理、特点及主要参数。

2.理解理想运算放大器的特点及其分析依据。

3.熟练掌握理想运算放大器在信号运算方面的应用。

4.掌握理想运算放大器在信号处理方面的应用。

5.了解集成功率放大器及运算放大器电路中的负反馈。

6.了解在使用运算放大器时应注意的几个问题。

3.2　内　　容

3.2.1　知识结构框图

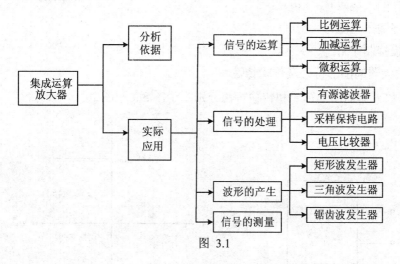

图 3.1

3.2.2　基本知识点

一、集成运算放大器

集成运算放大器是一种电压放大倍数很高的直接耦合的多级放大电路。

1. 电路的构成

集成运算放大器的结构如图 3.2 所示。

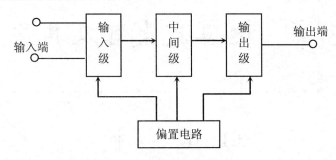

图 3.2　集成运算放大器的结构框图

输入级：采用差动放大电路，减少温度漂移，抑制干扰信号，提高输入电阻。

中间级：采用共发射极放大电路，提高电压放大倍数。

输出级：采用互补对称功率放大电路或射极输出器，减小输出电阻，提高带负载能力。

偏置电路：由各种晶体管恒流源电路组成，为各级放大电路提供合适而稳定的偏置电流。

2. 特点

具有开环电压放大倍数高、输入电阻大、输出电阻小、零点漂移小、抗干扰能力强、可靠性高、体积小的通用电子器件。

3. 理想化运算放大器的条件

（1）开环差模电压放大倍数 $A_{U0} \to \infty$；

（2）差模输入电阻 $r_{id} \to \infty$；

（3）开环输出电阻 $r_0 \to 0$；

（4）共模抑制比 $k_{CMRR} \to \infty$。

4. 运算放大器的图形符号及传输特性

集成运算放大器的图形符号和传输特性分别示于图 3.3 和图 3.4。

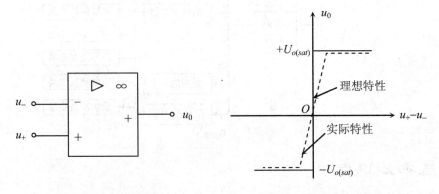

图 3.3　集成运放的图形符号　　　图 3.4　集成运放的传输特性

从图 3.3 中可见，把理想集成运算放大器作为电路中的元件而言，那么它是一个有两输入的电压控制电压源，其输出电压受控于两个输入端的电位差。即：

$$u_o = A_{uo}\left(u_+ - u_-\right)$$

表示运算放大器输出电压和输入电压之间关系的特性曲线称为传输特性，如图 3.4 所示，从图中得到运算放大器有两个工作区：线性区和饱和区。

二、运算放大器的分析依据

（1）运算放大器工作在线性区时的分析依据：

$$i_+ = i_- \approx 0 , \qquad u_+ \approx u_-$$

（2）运算放大器工作在饱和区时的分析依据：

①两个输入端的输入电流为零，即 $i_+ = i_- \approx 0$；

②输出电压只有两种可能 $+U_{o(sat)}$ 或 $-U_{o(sat)}$。当 $u_+ > u_-$ 时，$u_o = +U_{0(sat)}$；当 $u_+ < u_-$ 时，$u_o = -U_{0(sat)}$。

三、运算放大器的信号输入方式

反相输入——输入信号从反相输入端引入。

同相输入——输入信号从同相输入端引入。

差动输入——两个输入信号分别从同相输入端和反相输入端同时引入。

四、运算放大器在信号运算方面的应用

运算放大器在外部反馈网络的配合下，输出信号和输入信号之间可以灵活地实现各种特定的函数关系。运算放大器在信号运算方面的基本运算电路见表 3.1。

表 3.1

名称	电　路	输入输出的传输关系	说　明
反相比例运算电路		$u_o = -\dfrac{R_F}{R_1}u_i$	当 $R_1 = R_F$ 时，$u_o = -u_i$，此时构成反相器 平衡电阻： 　$R_2 = R_1 /\!/ R_F$ 反馈类型： 　电压并联负反馈
同相比例运算电路		$u_o = \left(1 + \dfrac{R_F}{R_1}\right)u_i$	当 $R_1 = \infty$ 或 $R_F = 0$ 时，$u_o = u_i$，此时构成电压跟随器 平衡电阻： 　$R_2 = R_1 /\!/ R_F$ 反馈类型： 　电压串联负反馈

名称	电 路	输入输出的传输关系	说 明
反相加法运算电路		$u_o = -\left(\dfrac{R_F}{R_1}u_{i1} + \dfrac{R_F}{R_2}u_{i2}\right)$	当 $R_1 = R_2 = R_F$ 时， 　　$u_o = -(u_{i1} + u_{12})$ 平衡电阻： 　　$R_3 = R_1 /\!/ R_2 /\!/ R_F$ 反馈类型： 　　电压并联负反馈
减法运算电路		$u_o = \left(1+\dfrac{R_F}{R_1}\right)\dfrac{R_3}{R_2+R_3}u_{i2}$ $\quad -\dfrac{R_F}{R_1}u_{i1}$	该电路为差动输入 当 $R_1 = R_2$，　$R_F = R_3$ 时， 　$u_o = \dfrac{R_F}{R_1}(u_{i2}-u_{i1})$ 当 $R_1 = R_F$ 时， 　$u_o = (u_{i2}-u_{i1})$ 平衡电阻： 　$R_2 /\!/ R_3 = R_1 /\!/ R_F$ 反馈类型： 　　对 u_{i1}，电压并联负反馈 　　对 u_{12}，电压串联负反馈
积分运算电路		$u_o = -\dfrac{1}{R_1C}\displaystyle\int u_i\mathrm{d}t$	当 u_i 为阶跃电压时， $u_o = -\dfrac{u_i}{R_1C}t$，$u_o$ 是时间 t 的 一次函数 如在电容支路中串一电阻， 构成比例—积分调节器 平衡电阻：$R_2 = R_1$ 反馈类型：电压并联负反馈
微分运算电路		$u_o = -R_FC\dfrac{\mathrm{d}u_i}{\mathrm{d}t}$	当 u_i 为阶跃电压时，u_o 为尖脉冲电压。如在电容两端并一电阻，构成比例—微分调节器 平衡电阻：$R_2 = R_F$ 反馈类型：电压并联负反馈

五、运算放大器在信号处理方面的应用

运算放大器在信号处理方面的应用主要突出了它对输入信号的处理功能，电路见表 3.2。

表 3.2

名称	电 路	输入输出的传输关系	特 点
有源低通滤波器		$T(\mathrm{j}\omega) = \dfrac{U_o(\mathrm{j}\omega)}{U_i(\mathrm{j}\omega)}$ $= \dfrac{1+\dfrac{R_F}{R_1}}{1+\mathrm{j}\dfrac{\omega}{\omega_o}}$	允许低频信号通过，抑制高频信号，并提高了带负载能力，但阻带衰减较慢，实际中可选用二阶低通滤波器
有源高通滤波器		$T(\mathrm{j}\omega) = \dfrac{U_o(\mathrm{j}\omega)}{U_i(\mathrm{j}\omega)}$ $= \dfrac{1+\dfrac{R_F}{R_1}}{1-\mathrm{j}\dfrac{\omega_o}{\omega}}$	允许高频信号通过，抑制低频信号，电路简单，但阻带特性差，仅适用于要求不高的场合
采样保持电路		采样：$u_o = u_c = u_i$ 保持：$u_o = u_c$	在某选定的时间内，可完成从模拟量到数字量的转换
电压比较器		当 $u_i < U_R$ $u_o = +u_{o(\mathrm{sat})}$ 当 $u_i > U_R$ $u_o = -u_{o(\mathrm{sat})}$	此时运放工作在非线性区，根据输出电压的正、负来说明输入电压的大小 当参考电压 $U_R = 0$ 时，构成过零比较器；当输出端到地间接有双向稳压管，则构成有限幅的过零比较器

六、运算放大器电路中的负反馈

要使运算放大器工作在线性区，就必须引入深度负反馈，即构成一个闭环电路，此时的输出电压受输入的差值电压（$u_+ - u_-$）控制。

七、使用运算放大器应注意的共性问题

（1）运算放大器两输入端的等效直流电阻应相等。

（2）消除自激振荡。

（3）零点调整。

（4）输入端、输出端及电源端的保护。

（5）输出电流的扩展。

3.3 要　点

> **主要内容：**
> · 集成运算放大器的理想化
> · 虚短、虚地、虚断的概念
> · 运算放大器线性应用电路的分析
> · 运算放大器工作在饱和区时的分析

一、集成运算放大器的理想化

由于实际运算放大器（以下简称"运放"）的一些技术参数、性能比较接近于理想运算放大器，故在分析、计算由运算放大器构成的应用电路时，常把达到一定指标的实际运放当作理想运放来处理，使分析过程大为简化，而这种近似分析所引入的误差是在工程允许范围之内，因此它是一种简便有效的分析方法。

二、虚地、虚短、虚断的概念

（1）虚地：当同相输入端接"地"，即 $u_+ = 0$，则 $u_- \approx u_+ = 0$，反相输入端的电位也近似为"地"电位，而实际上并未接"地"，故称为"虚地"。

（2）虚短：当 $u_+ \approx u_-$ 时，此时同相输入端和反相输入端之间无电压降，相当于短路。但实际上并没有短路，故称为"虚短"。

（3）虚断：由于运算放大器的差模输入电阻趋于无穷大，所以可以认为两个输入端的输入电流为零，因而这两个输入端之间相当于开路。但实际上并没有断开，故称为"虚断"。

注意：理想运算放大器是实际运算放大器的近似，在实际中切不可将两个输入端真的短路或断开。

三、运算放大器线性应用的分析

1. 线性应用的条件

运算放大器与外围电路构成负反馈电路，工作在闭环状态。

2. 分析方法

首先判断该电路是否为线性应用电路；其次列出各结点的电流方程；第三，将 $u_+ \approx u_-$，$i_+ = i_- \approx 0$ 代入结点电流方程并进行求解。

（1）$u_+ \approx u_-$；$i_+ = i_- \approx 0$；"虚短"和"虚断"的概念适用于同相输入和差动输入方式。

（2）$u_- \approx u_+ = 0$；$i_+ = i_- \approx 0$；即"虚地"和"虚断"的概念适用于反相输入方式。

说明：上述分析方法同样也适用于有多个运放组成的电路，一级一级分析，从输入到输出，最终得到输出和输入的函数关系。

四、运算放大器工作在饱和区时的分析

当运算放大器工作在饱和区时,即处于开环状态,这时"虚地"、"虚短"等概念已不再适用。因为,由于运放的开环电压放大倍数很高,所以在输入端上只需加一个很小的差值电压信号,即可使输出饱和,这时输出电压只有两种可能:为正、负饱和电压。当同相输入端的信号大于反相输入端的信号时,输出电压为正的饱和值;当同相输入端的信号小于反相输入端的信号时,输出电压为负的饱和值;并且两输入端的输入电流也等于零。

3.4 应 用

> **内容提示:**
> • 反相比例运算和同相比例运算的比较
> • 运算放大器的非线性应用的分析

一、反相比例运算和同相比例运算的比较

比例运算是运算放大器的基本形式,有反相输入和同相输入两种情况,它们之间的差别如表 3.3 所示。

表 3.3

电路	反相比例运算	同相比例运算
反馈电路构成	反馈电路接回到反相端	反馈电路接回到反相端
负反馈类型	电压并联负反馈	电压串联负反馈
相位关系	输出与输入反相	输出与输入同相
闭环电压放大倍数	$-\dfrac{R_F}{R_1}$	$1+\dfrac{R_F}{R_1}$
输入电阻	等于输入回路电阻	很高
共模输入电压	$u_- \approx u_+ = 0$;无共模电压	$u_- \approx u_+ = u_i$;有较大的共模电压
分析方法	借助"虚地""虚断"概念	借助"虚短""虚断"概念
使用特例	当 $R_F = R_1$ 时,$A_{uf} = -1$ 构成反相器	当 $R_F = 0$,或 $R_1 = \infty$ 时,$A_u F = 1$ 构成电压跟随器

二、运算放大器的非线性应用分析

1. 非线性应用的条件

运算放大器处于开环状态;或者运算放大器与外围电路构成正反馈电路;或者在输出端与运算放大器的反相输入端之间有非线性元件。

2. 分析方法

(1)当运算放大器处于开环状态时,如图 3.5 所示电压比较器,此时,输出电压只有两

种可能，分析方法前面已讨论，不再重复。

图 3.5 中，U_R 为参考电压，u_i 为输入信号。

当 $u_i < U_R$ 时，$u_o = +U_{o(sat)}$；

当 $u_i > U_R$ 时，$u_o = -U_{o(sat)}$。

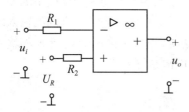 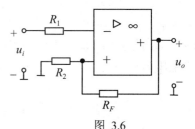

图 3.5　　　　　　　　　　　　　　　　图 3.6

（2）如在电路中接入适量的正反馈（如图 3.6 所示滞回比较器），在一定的条件下，输出状态的转换是跃变的，由正的饱和值迅速跃过线性放大区，到达负的饱和值；或者相反，由负的饱和值到达正的饱和值。

图 3.6 中，当 $u_o = +U_{o(sat)}$ 时，$u'_+ = \dfrac{R_2}{R_2 + R_F} U_{o(sat)}$；当 $u_o = -U_{o(sat)}$ 时，$u''_+ = -\dfrac{R_2}{R_2 + R_F} U_{o(sat)}$，所以：

当输入电压 $u_i \geqslant u'_+$ 时，u_o 由 $U_{o(sat)}$ 跃变为 $-U_{o(sat)}$；

当输入电压 $u_i \leqslant u''_+$ 时，u_o 由 $-U_{o(sat)}$ 跃变为 $+U_{o(sat)}$。

因此随着 u_i 的大小变化，u_o 为一矩形波。

（3）当运算放大器的输出端和反相输入端之间有非线性元件（如图 3.7 所示有源峰值检波器），输出有两种情况，一种是随输入变化；一种是保持原有值。在图 3.7 中，分两种情况讨论（D 为理想二极管）：

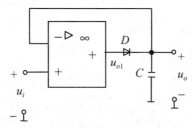

图 3.7

① 当 $u_i > u_o$，即 $u_+ > u_-$，所以 $u_{o1} > 0$，二极管导通，此时电路为一电压跟随器，输出跟随输入变化。

② 当 $u_i < u_o$，$u_+ < u_-$，所以 $u_{o1} < 0$，二极管截止，此时电容无放电回路，因此输出电压保持原值不变。

说明：在分析非线性应用时，其要点是找出使运算放大器发生跃变的条件，即找出状态转换点，而在状态转换过程中，运算放大器仍处于线性放大区。

3.5　例　　题

1　如图 3.8 所示电路：

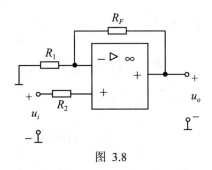

图 3.8

（1）试求输出电压 u_o；

（2）如在同相输入端对地之间接一电阻 R_3，试求输出电压 u_o'。

【解题思路】　该电路为同相输入比例运算电路，根据虚短（$u_+ \approx u_-$）和虚断（$i_+ = i_- \approx 0$）的概念即可得到输出电压的表达式。但必须注意同相输入端的电位对应不同的电路结构有不同的值。

解　（1）$\because i_+ = i_- \approx 0$　　$\therefore \dfrac{0 - u_-}{R_1} = \dfrac{u_- - u_o}{R_F}$

由此得到：

$$u_o = \left(1 + \frac{R_F}{R_1}\right) u_-$$

又因为 $u_- \approx u_+ = u_i$，所以

$$u_o = \left(1 + \frac{R_F}{R_1}\right) u_i$$

（2）因为此时同相输入端对地之间接入一电阻 R_3，所以 u_+ 的电位为 $u_+ = \dfrac{R_3}{R_2 + R_3} u_i$，即得到

$$u_o' = \left(1 + \frac{R_F}{R_1}\right) u_+ = \left(1 + \frac{R_F}{R_1}\right)\left(\frac{R_3}{R_2 + R_3}\right) u_i$$

2　电路如图 3.9 所示，已知：$R_1 = R_2 = R_3 = R_4 = 20\text{k}\Omega$；

$R_5 = R_F = 40\text{k}\Omega$，试求输出电压。

【解题思路】　图 3.9 所示电路为加、减混合运算电路，根据虚短和虚断的概念，利用叠加原理即可得到输出电压的表达式。

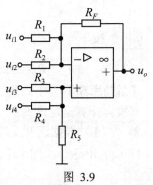

图 3.9

解 （1）先令 $u_{i3}=u_{i4}=0$，此时只有 u_{i1}、u_{i2} 作用，相当于一个反相输入的加法运算电路，则：

$$u_o' = -\left(\frac{R_F}{R_1}u_{i1}+\frac{R_F}{R_2}u_{i2}\right) = -(2u_{i1}+2u_{i2})$$

（2）再令 $u_{i1}=u_{i2}=0$，求出 u_{i3}、u_{i4} 作用时的 u_o''，此时为同相输入运算电路，则

$$u_+ = \frac{\dfrac{u_{i3}}{R_3}+\dfrac{u_{i4}}{R_4}}{\dfrac{1}{R_3}+\dfrac{1}{R_4}+\dfrac{1}{R_5}} = 0.4(u_{i3}+u_{i4})$$

$$u_o'' = \left(1+\frac{R_F}{R_1/\!/R_2}\right)u_+ = 2(u_{i3}+u_{i4})$$

（3）将 u_o'、u_o'' 叠加后得到输出电压 u_o：

$$u_o = u_o'+u_o'' = 2(u_{i3}+u_{i4})-2(u_{i1}+u_{i2})$$

3 电路如图 3.10 所示，试求 S 闭合时和 S 断开时的电压放大倍数。

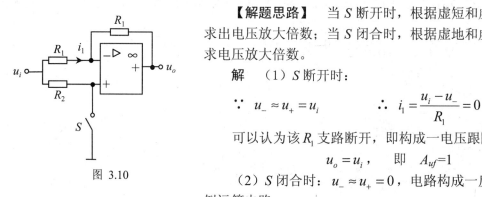

图 3.10

【解题思路】 当 S 断开时，根据虚短和虚断的概念求出电压放大倍数；当 S 闭合时，根据虚地和虚断的概念求电压放大倍数。

解 （1）S 断开时：

$$\because \quad u_- \approx u_+ = u_i \qquad \therefore \quad i_1 = \frac{u_i-u_-}{R_1}=0$$

可以认为该 R_1 支路断开，即构成一电压跟随器：

$$u_o = u_i, \quad 即 \quad A_{uf}=1$$

（2）S 闭合时：$u_- \approx u_+ = 0$，电路构成一反相输入比例运算电路：

$$u_o = -\frac{R_1}{R_1}u_i \qquad \therefore \quad A_{uf}=\frac{u_o}{u_i}=-1$$

4 按下列各运算关系式画出运算电路，并计算各电阻的阻值。

（1）$u_o=5u_i$，$R_F=20\text{k}\Omega$；　（2）$u_o=2u_{i2}-u_{i1}$，$R_F=10\text{k}\Omega$

【解题思路】 对于运算电路的设计，首先应根据已知的运算关系，确定待设计电路的性质，其次再计算满足该关系式的电路中的元件参数。

解 （1）根据运算关系式 $u_o=5u_i$，可确定该电路应为同相输入的比例运算电路，如图 3.11（a）所示。由图示电路得到：

$$u_o = \left(1+\frac{R_F}{R_1}\right)u_i = 5u_i$$

则
$$1+\frac{R_F}{R_1}=5, \quad R_1=\frac{1}{4}\,R_F=5\text{k}\Omega$$

平衡电阻
$$R_2 = R_1 \,/\!/\, R_F = 4\text{k}\Omega$$

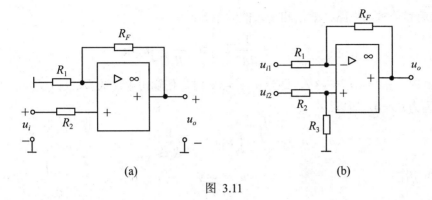

(a)   (b)

图 3.11

（2）根据运算关系 $u_o=2u_{i2}-u_{i1}$ ，可确定该电路应为差动输入的减法运算电路；如图 3.11（b）所示。由图示电路得到：

$$u_o = \left(1+\frac{R_F}{R_1}\right)u_+ - \frac{R_F}{R_1}u_{i1} = \left(1+\frac{R_F}{R_1}\right)\left(\frac{R_3}{R_2+R_3}\right)u_{i2} - \frac{R_F}{R_1}u_{i1}$$

根据题意得：

$$\frac{R_F}{R_1}=1, \qquad \left(1+\frac{R_F}{R_1}\right)\left(\frac{R_3}{R_2+R_3}\right)=2$$

$$R_1 = R_F = 10\text{k}\Omega; \quad R_2 = 5\text{k}\Omega; \quad R_3 = \infty$$

5 电路如图 3.12 所示，已知 $R_F=100\text{k}\Omega$；$R_1=50\text{k}\Omega$；$R_2=33\text{k}\Omega$；$R_3=R_4=100\text{k}\Omega$；

$R_5=50\text{k}\Omega$；C=100μF；$u_{i1}=1$V。试求：

（1）若使 $u_o=0$V 时，计算 u_{i2} 的值。

（2）设 $t=0$ 时，$u_{i1}=1$V；$u_{i2}=0$；$u_c(0_-)=0$；求 $t=10$s 后的输出电压。

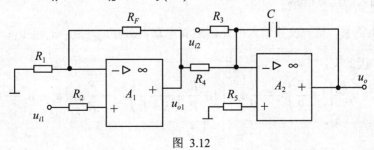

图 3.12

【解题思路】 该电路是由二级运放电路所组成，在分析多级运算放大电路时，应先找出各个级间的互相关系，即在本题中首先分析第一级输出和输入的关系，然后再分析第二级的输入信号和第一级输出信号的关系，逐级类推，最后可确定输入、输出之间的关系。

解 （1）第一级运算电路为同相输入的比例运算电路，所以有：

$$u_{o1} = \left(1 + \frac{R_F}{R_1}\right)u_{i1} = 3\,u_{i1} = 3\text{V}$$

第二级为积分求和电路，输出和输入的关系为：

$$u_o = -\frac{1}{R_3 C}\int u_{i2}\mathrm{d}t - \frac{1}{R_4 C}\int u_{o1}\mathrm{d}t$$

令 $u_o = 0$ 时，$u_{i2} = -u_{o1} = -3\text{V}$，即当 $u_{i2} = -3\text{V}$ 时，使输出电压为零。

（2）因为 $u_{i2} = 0$，所以：

$$u_o = -\frac{1}{R_4 C}\int_0^t u_{o1}\mathrm{d}t = -\frac{1}{R_4 C}u_{o1}t$$

当 $t = 10\text{s}$ 后：$\qquad\qquad\qquad u_o = -3\text{V}$

6 运算放大器电路如图 3.13 所示，已知 $R = 100\text{k}\Omega$，求输出电压 u_o 与输入电压 u_i 之间关系的表达式。

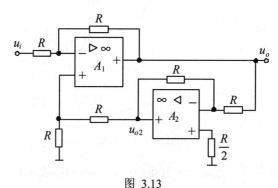

图 3.13

【解题思路】 该电路是由两级运放电路所组成，并且构成了一个大的闭环电路，先求 A_2 的输入与输出之间的关系，而 A_2 的输出电压经过分压又加到了 A_1 的同相输入端，对 A_1 而言，是一差动输入的运算电路。

解 对于 A_2 而言，是一反相输入的比例运算电路，则有 $u_{o2} = -\frac{R}{R}u_o = -u_o$；而 A_1 是差动输入的运算电路，因此有：

$$u_o = u_{o1} = \left(1 + \frac{R}{R}\right)u_+ - \frac{R}{R}u_i = \left(1 + \frac{R}{R}\right)\left(\frac{R}{R+R}\right)u_{o2} - \frac{R}{R}u_i = u_{o2} - u_i = -u_o - u_i$$

即：$\qquad\qquad\qquad u_o = -\frac{1}{2}u_i$

7 电路如图 3.14 所示，已知 $u_{i1} = 2\text{V}$，$u_{i2} = 1\text{V}$，试求 $t = 2\text{s}$ 时的输出电压 u_o。

【解题思路】 该电路由三级运放所组成，分析方法是首先搞清楚各级运算电路的性质，然后逐级分析，最后得到输出电压和输入电压之间的关系表达式。

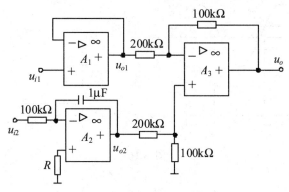

图 3.14

解 （1）A_1 是一电压跟随器，即： $\qquad u_{o1}=u_{i1}=2\text{V}$

（2）A_2 是一积分运算电路，即： $\qquad u_{o2}=-\dfrac{1}{RC}\int u_{i2}\mathrm{d}t=-10t$

（3）A_3 是差动输入的减法运算电路，所以

$$u_o=\left(1+\frac{100}{200}\right)\cdot\left(\frac{100}{200+100}\right)u_{o2}-\frac{100}{200}u_{i1}=-5t-1$$

当 t=2s 时，得： $\qquad u_o=-11\text{V}$

8　电路如图 3.15 所示，已知：运算放大器的最大输出电压 $U_{OPP}=\pm12\text{V}$，稳压管的稳定电压 $U_Z=6\text{V}$，其正向压降 $U_D=0.7\text{V}$，$u_i=12\sin\omega t(\text{V})$。试画出当 $U_R=+3\text{V}$ 时的输出电压 u_o 的波形及传输特性。

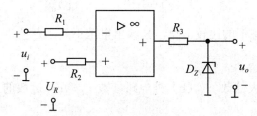

图 3.15

【解题思路】　该电路为一限幅的电压比较器，用来比较输入电压的大小，它工作在饱和区，输出电压值只有两种可能，分别为 $+U_Z$ 或 $-U_D$。

解　该电路可以分两种情况来讨论：

（1）当 $u_i>U_R$ 时， $\qquad u_o=-U_D=-0.7\text{V}$

（2）当 $u_i<U_R$ 时， $\qquad u_o=+U_Z=+6\text{V}$

利用上述结论即可画出输出波形和传输特性，如图 3.16 所示。

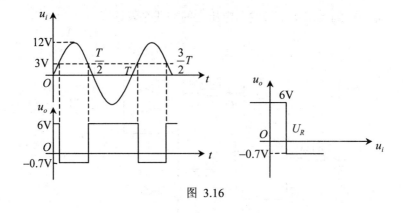

图 3.16

3.6 练 习

一、单项选择题（将唯一正确的答案代码填入下列各题括号内）

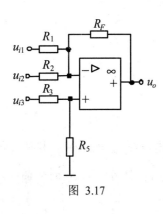

图 3.17

☐1 图 3.17 所示电路，是（ ）。

(a) 反相比例器 (b) 反相加法器

(c) 减法器 (d) 加减混合电路

☐2 理想运算放大器的开环电压放大倍数 A_{uo} 为

（ ），差模输入电阻 r_{id} 为（ ）；开环输出电阻 r_o 为

（ ）。

(a) ∞ (b) 0 (c) 不定

☐3 工作在开环状态下的比较电路，其输出电压不是 $+U_{o(sat)}$，就是 $-U_{o(sat)}$，它们的大小取决于（ ）。

(a) 运放的开环放大倍数 (b) 外电路参数 (c) 运放的工作电源

☐4 集成运放能处理（ ）。

(a) 交流信号 (b) 直流信号 (c) 交流信号和直流信号

☐5 由理想运放构成的线性应用电路，其电路增益与运放本身的参数（ ）。

(a) 有关 (b) 无关 (c) 有无关系不确定

☐6 在图 3.18 所示电路中，其输入输出的关系式为 $u_o = \left(1 + \dfrac{R_F}{R_1}\right)u_i$，显然和 R_2 无关，所以 R_2 的取值为（ ）。

（a）任意　　　　　　（b）$R_1 + R_F$　　　　（c）$R_1 \, /\!/ \, R_F$

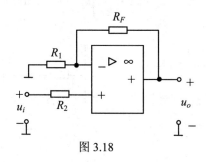

图 3.18

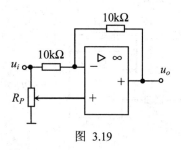

图 3.19

7　工作在放大状态下的理想运放电路，运放两个输入端的电流 $i_+ = i_- \approx 0$，称此为（　　）。

（a）虚短　　　　　　　（b）虚断　　　　　　　　　（c）虚地

8　集成运放一般分为两个工作区，它们是（　　）工作区。

（a）线性与非线性　　　（b）正反馈与负反馈　　　（c）虚短和虚断

9　电路如图 3.19 所示，这是一个电压放大倍数可调的电路。当电阻器的滑动端处于上端时，电路是（　　），当电阻器的滑动端处于下端时，电路变为（　　）。

（a）同相输入运算电路　　（b）反相输入运算电路　　（c）差动输入运算电路

10　图 3.19 所示电路中的电压放大倍数的调节范围是（　　）。

（a）$-1\sim0$　　　　　　（b）$0\sim1$　　　　　　（c）$-1\sim1$

11　理想运算放大器的两个输入端的输入电流等于零，其原因是（　　）。

（a）同相端和反相端的输入电流相等，而相位相反
（b）运放的差模输入电阻接近无穷大
（c）运放的开环电压放大倍数接近无穷大

12　集成运放实质是（　　）。

（a）直接耦合的多级放大电路　　（b）单级放大电路
（c）阻容耦合的多级放大电路　　（d）变压器耦合的多级放大电路

13　能将矩形波变成三角波的电路为（　　）。

（a）比例运算电路　　（b）微分运算电路
（c）积分运算电路　　（d）加法电路

14　电路如图 3.20 所示，u_o 和 u_i 的关系为（　　）。

（a）$u_o = -\dfrac{R_3}{R_2}u_i$　　　　（b）$u_o = -u_i$　　　　（c）$u_o = \left(1 + \dfrac{R_3}{R_2}\right)u_i$　　　　（d）$u_o = u_i$

图 3.20　　　　　　　　　　　　　图 3.21

15　电路如图 3.21 所示，运算放大器的电源电压为 ±12V，硅稳压管的稳定电压为 4V，正向导通电压为 0.6V，当输入电压 u_i=2V 时，输出电压 u_o 为（　　）。

（a）4V　　　　　　（b）2V　　　　　（c）–0.6V　　　　　（d）–4V

二、非客观题

1　如图 3.22 所示电路，已知 u_i=5V，$U_{CC} = 12$ V，$R_E = 1.8$kΩ，β=50，$U_{BE} = 0.7$V，试求流过晶体管的基极电流 I_B 的值。

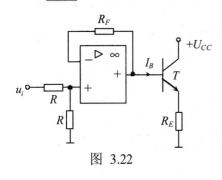

图 3.22

2　比较器电路如图 3.23 所示，U_R=3V，运放输出的饱和电压为 ±U_{om}，若 $u_i = 6\sin\omega t$ V，试画出 u_o 的波形，并分析其传输特性。

3　如图 3.24 所示电路，已知：$u_i = 2\sin\omega t$ V，二极管为理想二极管，运放饱和电压为 ±12V，试画出输出电压的波形。

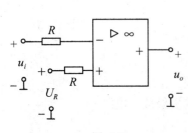

图 3.23

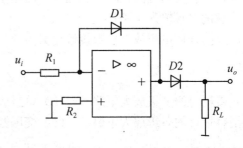

图 3.24

4　对于图 3.25 所示电路，试求输出电压 u_o 与输入电压 u_i 之间的关系表达式。

5　对于图 3.26 所示电路，（1）写出 u_{o2} 与 u_i 之间关系的表达式；（2）写出输入电阻

$r_i = \dfrac{u_i}{i_1}$ 的表达式。

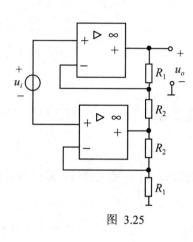

图 3.25

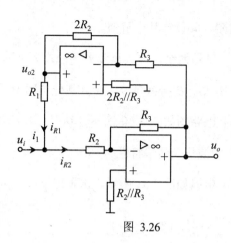

图 3.26

6 电路如图 3.27 所示，电路中有 3 个开关 S_1、S_2 和 S_3，若使 $u_o = u_i$，则三个开关应处于何种状态？（指开关是接通还是断开），若使 $u_o = -u_i$，则三个开关又应该处于何种状态？

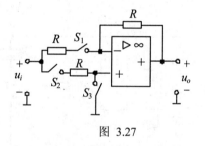

图 3.27

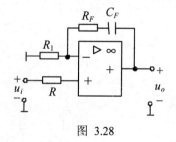

图 3.28

7 电路如图 3.28 所示，求输出电压 u_o 与输入电压 u_i 之间关系的表达式。

8 电路如图 3.29 所示，求输出电压 u_o 与输入电压 u_{i1}、u_{i2} 之间关系的表达式。

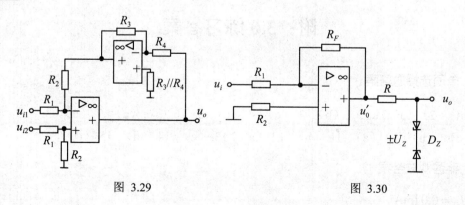

图 3.29

图 3.30

9　已知运算放大电路输出电压 $u_o = -10\int u_{i1}\mathrm{d}t - 5\int u_{i2}\mathrm{d}t$，$C_F = 1\mu F$，试画出运算放大器的电路图，并计算其电阻值。

10　试用两个运算大器及若干个电阻实现 $u_o = 3u_{i1} + 5u_{i2} - 6u_{i3}$ 运算关系。画出电路图，设反馈电阻 $R_{F1} = R_{F2} = 300k\Omega$，计算其他电阻值。

11　电路图如图 3.30 所示，这是一反相输入限幅器电路，已知 u_i 为正弦量，试画出输出电压 u_o 的波形及传输特性。

12　电路如图 3.31 所示，试画出 u_{o1}，u_{o2}，u_{o3} 的波形，设 u_i 是正弦波，R_1C 的数值远小于正弦波的周期。$(R_1C << \dfrac{T}{2})$

13　图 3.32 所示电路是利用运放组成的过温保护电路，图中 R_3 是热敏电阻，温度高时，电阻值变小。KA 是继电器，要求该电路在温度超过上限值时，继电器动作，自动切断加热电源。试分析该电路的工作原理。

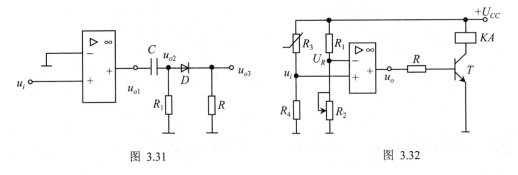

图 3.31　　　　　　　　　　　　　　　　图 3.32

附：3.6 练习答案

一、单项选择题答案

1.（d）　2.（a）；（a）；（b）　3.（c）　4.（c）　5.（b）　6.（c）　7.（b）　8.（a）
9.（c）；（b）　10.（c）　11.（b）　12.（a）　13.（c）　14.（d）　15.（d）

二、非客观题答案

1. $I_B = 0.02mA$

2. 当 $u_i > U_R$ 时，$u_o = -U_{om}$；当 $u_i < U_R$ 时，$u_o = +U_{om}$；根据上述结果可画出输出电压波形和传输特性（略）。

3. 当 u_i 在正半周时，$u_o = 0$；当 u_i 在负半周时，$u_o = +12\text{V}$（波形略）。

4. $u_o = \dfrac{u_i}{R_2}(R_1 + R_2)$

5. $u_{o2} = 2u_i$；$r_i = \dfrac{u_i}{i_1} = \dfrac{R_1 R_2}{R_1 - R_2}$

6. （1）若使 $u_o = u_i$，则 S_1、S_2 通、S_3 断或 S_1、S_3 断、S_2 通；

　　（2）若使 $u_o = -u_i$，则 S_1、S_2、S_3 全通或 S_1、S_3 通、S_2 断。

7. $u_o = \dfrac{1}{R_1 C_F}\displaystyle\int u_i \mathrm{d}t + \left(1 + \dfrac{R_F}{R_1}\right)u_i$

8. $u_o = \dfrac{R_2 R_4}{R_1 R_3}(u_{i1} - u_{i2})$

9. 该电路为反相输入（有两个输入信号）的积分求和运算电路。（图略）

　　　$R_1 = 100\text{k}\Omega$；$R_2 = 200\text{k}\Omega$；平衡电阻 $R_3 = 66.7\text{k}\Omega$

10. 该电路为两级运算放大电路所组成。（图略）

前一级运放所需电阻的阻值：$R_1 = 100\text{k}\Omega$；$R_2 = 60\text{k}\Omega$；$R_3 = 33.3\text{k}\Omega$

后一级运放所需电阻的阻值：$R_4 = 50\text{k}\Omega$；$R_5 = 300\text{k}\Omega$；$R_6 = 37.5\text{k}\Omega$

11. 输出电压的波形及传输特性略。

12. 波形图略。

13. 工作原理：

该电路中的运算放大器的作用为电压比较器，电源 U_{CC} 通过 R_1，R_2 分压得到参考电压 U_R，加到运放反相输入端。电源 U_{CC} 通过 R_3，R_4 分压得到 u_i，加到运放的同相输入端。

正常工作时，温度没有超过上限值。则 $u_i < U_R$，$u_o = -U_{OM}$，晶体管截止，继电器 KA 不动作。

当温度超过上限值时，R_3 的阻值下降，使 $u_i > U_R$，$u_o = +U_{OM}$，使晶体管饱和导通，继电器 KA 动作，切断加热电源，从而实现温度超限保护作用。

调节 R_2 可以改变参考电压 U_R。在某些复印机中可借助该电路来防止热辐温度过高而造成的损坏。

第4章 电子电路的闭环系统

4.1 目 标

1. 了解电子电路的闭环系统，理解反馈概念。
2. 掌握负反馈闭环系统的分析方法。
3. 理解负反馈对放大电路性能的影响。
4. 学会根据系统要求选择负反馈类型。
5. 了解自激振荡产生的条件与过程。
6. 了解各种正弦波振荡电路的组成、振荡原理和特点。
7. 学会根据振荡条件判断电路是否振荡并估算振荡频率。

4.2 内 容

4.2.1 知识结构框图

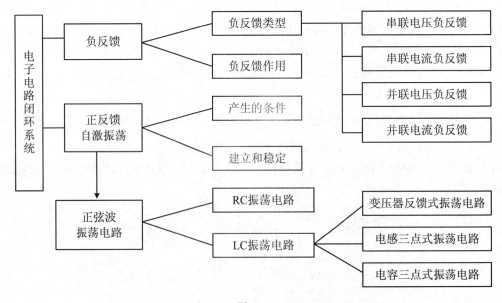

图 4.1

4.2.2　基本知识点

一、模拟电子闭环系统与反馈的概念

1. 反馈概念

（1）反馈：将输出信号的一部分(或全部)，通过反馈网络送回到输入端称为反馈。

（2）负反馈：反馈信号削弱了原来的输入信号，使输出电压降低，称为负反馈。负反馈能稳定放大系统，并改善其功能。

（3）正反馈：反馈信号加强于原有的输入信号，使输出电压增高，称为正反馈。正反馈能产生模拟电子电路所需的正弦波信号。

（4）开环放大器：不带反馈的放大器称开环放大器，其放大倍数称为开环放大倍数 A。

（5）闭环放大器：带有反馈的放大器称闭环放大器，其放大倍数称为闭环放大倍数 A_f，$A_f = \dfrac{A}{1+AF}$，深度负反馈放大倍数 $A_f \approx \dfrac{1}{F}$，其中，F 是反馈系数。

2. 闭环系统

图 4.2（a）是开环系统，$x_o = A\, x_i$。

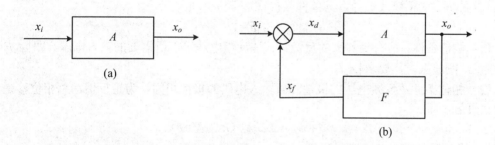

图 4.2

图 4.2（b）是闭环系统。闭环系统就是有反馈的系统。

若是负反馈，有 $x_d = x_i - x_f$，$x_o = A\, x_d$，$x_f = F\, x_o$，$x_o = A_f x_i$。

再若 $AF \gg 1$，有闭环放大倍数 $A_f = \dfrac{A}{1+AF} \approx \dfrac{1}{F}$。闭环放大倍数 A_f 只与反馈系数 F 有关，而与开环放大倍数 A 近似无关。

由以上分析可见，负反馈可以提高放大倍数的稳定性。

二、放大电路的负反馈

1. 反馈类型

放大电路的负反馈分为四种类型：串联电压负反馈；并联电压负反馈；串联电流负反馈；并联电流负反馈。

2. 负反馈的判断

在交、直流通路中找反馈元件，确定电路中是否存在反馈，并判断是交流反馈还是直流反馈？

（1）由输入回路判断是串联反馈还是并联反馈？

（2）由输出回路判断是电压反馈还是电流反馈？

（3）用瞬时极性法判断是正反馈还是负反馈？

3. 负反馈对电路的影响

（1）串联反馈提高闭环输入电阻；并联反馈减小闭环输入电阻。

（2）电压负反馈稳定输出电压，减小闭环输出电阻；电流负反馈稳定输出电流，提高闭环输出电阻。

（3）提高放大倍数的稳定性。

（4）减小非线性失真。

（5）稳定静态工作点。

（6）展宽频带（减小频率失真）。

（7）能抑制干扰和噪声（闭环内的）。

（8）降低放大倍数。

三、自激振荡产生的条件与过程

1. 产生的条件

自激振荡产生正弦波信号，其条件是：

$$A_u F = 1$$

（1）幅值条件：应有足够大的反馈量，使反馈电压等于所需要的输入电压。即 $|A_u F| = 1$。注意：刚起振时，要求 $|A_u F| > 1$。

（2）相位条件：反馈电压的极性和原输入电压的极性相同，为正反馈，总相位移是 2π 的整数倍，即：

$$\varphi_A + \varphi_F = \pm 2n\pi \quad (n \text{ 为整数})$$

2. 自激振荡的建立和稳定过程

不需外加输入信号，靠电路中本身的电量扰动（如接通电源或内部噪声），在扰动的电量中含有丰富的谐波，通过选频、正反馈来建立、维持正弦波信号的振荡波形。

四、正弦波振荡电路的组成

由四部分组成 $\begin{cases} \text{(1) 放大电路} \\ \text{(2) 正反馈网络} \end{cases}$ 共同满足振荡条件

$\begin{cases} \text{(3) 选频网络——用来产生单一的振荡频率} \\ \text{(4) 稳幅环节} \end{cases}$

五、四种正弦波振荡电路的比较

四种正弦波振荡电路的比较列于表4.1。

表 4.1

名称	RC 振荡电路	变压器反馈式振荡电路	电感三点式振荡电路	电容三点式振荡电路
电路图				
选频网络	R、C 串并联组成	L、C 组成	L_1、L_2、C 组成	L、C_1、C_2 组成
振荡频率	$f_0 = \dfrac{1}{2\pi RC}$	$f_0 = \dfrac{1}{2\pi\sqrt{LC}}$	$f_0 = \dfrac{1}{2\pi\sqrt{(L_1+L_2+2M)C}}$	$f_0 = \dfrac{1}{2\pi\sqrt{L\dfrac{C_1 C_2}{C_1+C_2}}}$
反馈元件	R、C、R_F、R_1	L_1	L_2	C_1
反馈类型	正反馈（R_F、R_1 负反馈）	正反馈	正反馈	正反馈
特点	频率调节方便，工作稳定，输出波形失真小常用于频率可调的音频信号发生器。频率可达几赫~几千赫	绕制变压器麻烦，且笨重，起振较困难、但输出波形较好、频率调节方便且范围宽。频率可达几百赫~几千赫	容易起振、频率调节方便且范围宽，频率可达几兆赫以上，但输出波形差、有高次谐波	输出波形好、振荡频率高，可达 100MHz 以上，频率较稳定，但频率调节不方便

4.3 要 点

> **主要内容：**
> - 负反馈闭环系统的作用
> - 正反馈闭环系统的作用
> - 自激振荡的建立和稳定过程
> - 分析正弦波振荡器能否振荡的步骤

一、负反馈闭环系统的作用

为了提高放大器放大倍数的稳定性，普遍采用的一种措施是加入合适的负反馈，组成负反馈闭环系统。加负反馈是以牺牲增益（放大倍数）为代价的，但它可以改善放大器的状况。譬如：串联反馈可提高闭环输入电阻；并联反馈能减小闭环输入电阻；电压负反馈稳定输出电压，减小闭环输出电阻；电流负反馈稳定输出电流，提高闭环输出电阻。

二、正反馈闭环系统的作用

正反馈用来构成正弦波振荡器，以产生正弦波信号。因此正反馈闭环系统主要用于正弦波信号发生器等。

三、自激振荡的建立和稳定过程

1. 起振

当振荡电路与电源接通时，电路中产生一个微小的扰动信号，从而使输出端输出一相应的信号。由于该信号中含有丰富的谐波，通过选频网络选择出频率为 f_o 的正弦波反馈到输入端，并使频率为 f_o 的正弦波满足自激振荡的条件。

2. 增幅

起振后，电路工作在线性区，处于放大状态，这时的电压放大倍数较大，$|A_uF|>1$，经过"放大—正反馈—再放大"的不断循环，使振荡幅度不断增大。

3. 稳幅

随着振荡电路幅度的不断加大，电路工作进入非线性区，电压放大倍数减小，由 $|A_uF|>1$ 逐渐变为 $|A_uF|=1$，从而达到稳定振荡。

振荡的建立和稳定过程可以用振荡电路的幅度特性和反馈特性来说明，见图 4.3。

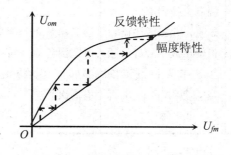

图 4.3

四、分析正弦波振荡器能否振荡的步骤

1. 判断幅值条件

一般放大电路的放大倍数都比较大，因而自激振荡的幅值条件基本上都是容易满足的。

2. 判断相位条件

要满足相位条件，必须是正反馈，分析方法可借助瞬时极性法。

4.4　应　　用

内容提示：
- 负反馈的判断技巧
- 正弦信号振幅的稳定措施
- 其他正弦波振荡电路的简介

一、负反馈的判断技巧

反馈判断中包括有、无反馈的判断；交、直流反馈的判断；正、负反馈的判断(反馈的极性)；电压、电流反馈的判断；串、并联反馈的判断。这些内容要求掌握，下面介绍一些判断技巧：

1. 判断有、无和交、直流反馈

反馈是将输出信号(电压或电流)的一部分或全部引回到输入回路，信号流程必须形成闭环才能叫做反馈。

如果信号流程不构成闭环，则不可能存在反馈。

如果在信号流程的闭环回路中有串联电容时，则只能有交流反馈。

如果在信号流程的闭环回路中有并联电容(或接地电容)时，则只能有直流反馈。

如果在闭环回路中，不存在上述两种电容，则就同时存在交、直流两种反馈。

如果两种电容均存在，则电路就不存在任何反馈。

2. 反馈性质(极性)的判断

反馈的性质可分为两种，即正反馈和负反馈。

负反馈——反馈量与输入量反相，在输入端相减，也就是说反馈量抵消一部分输入量，使净输入量减小。

正反馈——反馈量与输入量同相，在输入端叠加的结果使净输入量加大。

在判别反馈极性时，通常用瞬时极性法。应用此方法时，必须掌握三种基本组态的放大电路(共射、共集和共基)输入与输出的相位关系(是同相还是反相)。

3. 反馈类型的判断

由输入回路判断串联反馈还是并联反馈？

若反馈网络接加在输入端上，则输入量与反馈是电流叠加，就是并联反馈；否则是串联反馈。

由输出回路判断电压反馈还是电流反馈？

若反馈量与输出电压成比例，就是电压反馈；如果反馈量与输出电流成比例，就是电流反馈。换言之，如果使输出电压 $u_0=0$，若反馈不存在了，就是电压反馈，否则就是电流反馈。

二、正弦信号振幅的稳定措施

振幅的稳定有两种含义。一种是指要点提示中介绍的"起振→增幅→稳幅"的振荡建立过程，即从 $|A_uF|>1$ 到 $|A_uF|=1$ 的稳定过程。但通常所指的稳幅是另一种含义，它指的是当振荡

建立后，如温度变化、电源电压波动或元件参数变化时，振幅应几乎不变。

常用的稳幅措施有两种：

（1）引入交流负反馈，稳定放大倍数和输出电压，例如，RC 振荡电路中的 R_F、R_1 构成了一负反馈，当 R_F 为热敏电阻时，利用它的非线性实现自动稳幅，从而保证输出稳定。

（2）引入直流负反馈，稳定静态工作点，例如，LC 振荡电路中的 R_E，同样也起到稳定输出电压的作用。

三、其他正弦波振荡电路的简介

1. RC 移相振荡电路

RC 电路具有移相的作用，而一节 RC 电路的最大相移不超过 90°。因此，要想满足振荡条件，至少要用 3 节 RC 电路才行。RC 移相振荡电路如图 4.4 所示，其电路结构简单，经济方便，但选频作用较差，波形失真较大，振荡频率难以调节。因此，一般用于频率固定，但稳定性要求不高的场合，频率范围为几赫到数十千赫。

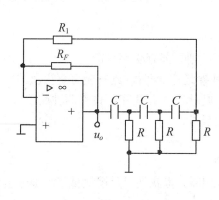

图 4.4

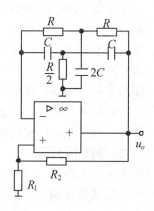

图 4.5

2. 双 T 选频网络振荡电路

由两个 T 型电路并联及放大电路组成，电路如图 4.5 所示。其中一个 T 型电路由电阻 R 和电容 $2C$ 组成，另一个 T 型电路由电容 C 和电阻 $\dfrac{R}{2}$ 组成。根据选频网络的带阻特性，在和放大电路组成振荡电路时，选频网络应处于负反馈的位置上，而运放和 R_1、R_2 构成正反馈。当 $f = f_0$ 时，负反馈最弱，而正反馈为最强状态。该电路选频特性好，但频率调节比较困难，适用于产生单一频率的振荡。

3. 石英晶体振荡电路

石英晶体具有 $\dfrac{L}{C}$ 比值高而 R 小的特点。因此 Q 值很高，且本身的固有频率稳定。因此，利用石英谐振器和放大电路来组成的振荡电路可以获得很高的频率稳定性。基本电路有两类，即并联晶体振荡电路和串联晶体振荡电路。它有两个谐振频率，在并联晶体振荡电路中，振荡频率 f_0 介于晶体谐振频率 f_s 和并联谐振频率 f_p 之间；在串联晶体振荡电路中，振荡频率 f_0 等于串联谐振频率 f_s。由于振荡频率取决于晶体的固有频率，因此使用方便。

4.5 例 题

1 在图 4.6 所示的各电路中是否引入了反馈，是直流反馈还是交流反馈，是正反馈还是负反馈？

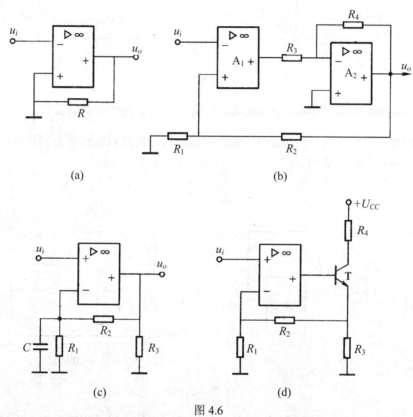

图 4.6

【解题思路】 按照上述"负反馈的判断技巧"，一步步分析判断。

解 图 4.6（a）电路中，电阻 R 不是反馈电阻，电路无反馈。

图 4.6（b）电路中，电阻 R_1、R_2 是反馈电阻。因为输出短路（输出端无电压），R_2 接地，无反馈，所以是电压反馈；又因为反馈元件不接在输入端分流，所以是串联反馈；电路的极性判断见图 4.7，带圆圈的正号反映了输出端电压的极性，也可以说反馈电流从高流向低时，在电阻 R_1 产生的电压极性。根据此电压极性有：$u_i' = u_i - u_f$，因此构成电压串联负反馈。

图 4.6（c）电路中，电阻 R_1、R_2 是反馈电阻。在交流通道中，电容 C 将电阻 R_1 短路，因此无交流反馈。在直流通道中，电容 C 开路，电阻 R_1、R_2 存在，构成直流反馈。

图 4.6（d）电路中，电阻 R_1、R_2 是反馈电阻，它们将后级晶体管的输出电流引回到前级运放构成反馈。若输出取自晶体管的集电极，该反馈是电流串联负反馈；若输出取自晶体管的

发射极，该反馈是电压串联负反馈。

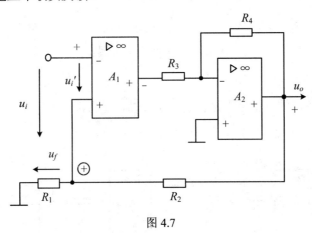

图 4.7

2 试判别图 4.8(a)和(b)两个两级放大电路中引入了何种类型的反馈。

【解题思路】 首先找到反馈元件，然后利用瞬时极性法判断电路是何种极性的反馈。如果是负反馈，继续判断其类型。

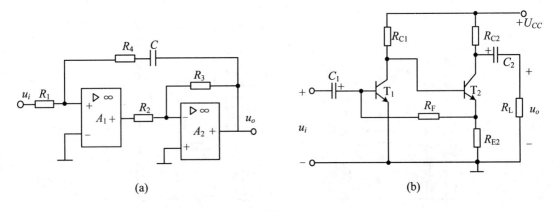

(a)   (b)

图 4.8

解 图 4.8（a）电路中，电阻 R_4、电容 C 是反馈元件，组成交流反馈。因直流输入时，电容 C 相当于开路，无反馈，所以该电路无直流反馈。电路反馈极性的判断见图 4.9（a），带圆圈的负号反映了输出端电压的极性，输出端低说明反馈电流从输入端流向输出端，并在输入端与输入信号相减，有：$i_i' = i_i - i_f$。因此构成负反馈（并联电压负反馈）。

图 4.8（b）电路中，电阻 R_F、R_{E2} 是反馈元件，电路反馈极性的判断见图 4.9（b），有：$i_i' = i_i - i_f$，构成负反馈。若输出短路（输出端无电压），依然有反馈存在，所以是电流反馈；又因为反馈元件接在输入端分流，所以是并联反馈；电阻 R_F、R_{E2} 引入电流并联负反馈。

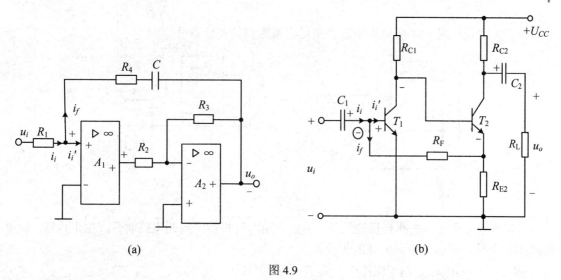

(a)　　　　　　　　　　　　　　(b)

图 4.9

3　为了分别实现下述两种情况的要求，在图 4.10 中应引入何种类型的交流负反馈?选择什么反馈元件？反馈元件如何连接？应从何处引至何处？

(1) 稳定输出电压，增大输入电阻，并说明此时输出电阻增大还是减小；

(2) 稳定输出电流，减小输入电阻，并说明此时输出电阻增大还是减小。

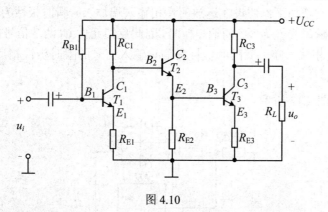

图 4.10

【解题思路】　本题是逆向思维训练，即根据要求来设计和选择反馈。

解　(1) 要增大输入电阻，选串联反馈。要稳定输出电压，选电压反馈。电压反馈使电路的输出电阻减小。

该电路是交流反馈，反馈元件选择电阻串电容的连接方式，并从输出电容和负载电阻 R_L 的连接处引回到第一个晶体管 T_1 的发射极 E_1，组成串联电压负反馈。

(2) 要减小输入电阻，选并联反馈。要稳定输出电流，选电流反馈。电流反馈使电路的输出电阻增大。

要引入交流反馈，反馈元件选择电阻串电容的连接方式，并从第三个晶体管的发射极 E_3 引回到第一个晶体管的基极 B_1，组成并联电流负反馈。

4　试判断图 4.11 所示电路能否满足自激振荡的相位条件。

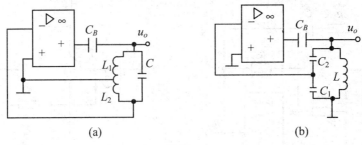

图 4.11

【解题思路】　首先找到反馈元件，然后利用瞬时极性法判断电路能否产生正反馈，如果能产生正反馈，则满足自激振荡的相位条件。

解　（1）在图 4.11（a）电路中，L_2 是反馈元件。

用瞬时极性法判断如下：假设在运放的反相输入端对地加一瞬时极性为"+"的信号，然而在运放的输出端产生一输出信号，极性为"−"，因 L_1 和 L_2 是一个中间抽头接地的线圈，所以反馈元件 L_2 两端的瞬时极性为上"−"下"+"，送回到反相输入端，其瞬时极性与假设输入信号的瞬时极性相同，所以满足了自激振荡的相位条件。

（2）在图 4.11（b）所示电路中，C_1 是反馈元件。

用瞬时极性法判断如下：假设在运放的反相输入端加入一瞬时极性为"+"的信号，在运放的输出端产生一瞬时极性为"−"的输出信号，因此反馈元件 C_1 两端信号的瞬时极性为上"−"下"+"，送回到反相输入端，其瞬时极性与假设输入信号的瞬时极性相反，所以不能满足自激振荡的相位条件。

5　电路如图 4.12 所示。

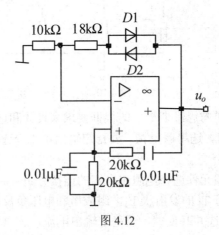

图 4.12

（1）试分析图中二极管的稳幅原理。

（2）估算振荡频率。

【解题思路】　应先找出电路中起稳幅作用的元件，然后根据电路来讨论稳幅的过程。其次，根据所对应的振荡电路来估算振荡频率。

解 （1）该电路是利用二极管的非线性特性起稳幅作用的。当u_o的幅度较小时，二极管的动态电阻很大，所以放大倍数很大，保证顺利起振；当u_o的幅度增大时，二极管的动态电阻减小，放大倍数减小，阻止振幅的增大，从而起到稳定增幅和减小失真的作用。用两只二极管正、反向并联，是为了当u_o超过某一定值时，不管电压是正是负，总有一只二极管导通。

（2）振荡频率：

$$f_0 = \frac{1}{2\pi RC} = \frac{1}{2 \times 3.14 \times 20 \times 10^3 \times 0.01 \times 10^{-6}} = 796 \, (\text{Hz})$$

6 一个正弦波振荡器的反馈系数 $F = \frac{1}{5}\angle 180^\circ$，若使该振荡器维持稳定振荡，则开环电压放大倍数 A_u 必须选择（a. $\frac{1}{5}\angle 360^\circ$　b. $\frac{1}{5}\angle 0^\circ$　c. $5\angle -180^\circ$）。而正弦波振荡器的振荡频率应选择由（a.基本放大电路　b.反馈网络　c.选频网络）而定。

【解题思路】 应根据自激振荡的条件来进行判断，必须满足 $A_uF=1$。

解 （1）根据题意要求，应选择（c. $5\angle -180^0$）才能维持稳定振荡。

（2）其振荡频率应选择由（c.选频网络）而定。

7 电路如图 4.13 所示，在调试电路时，发现下列现象，试解释其原因。

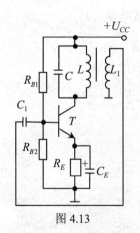

图 4.13

（1）对调反馈线圈的两个接头后就能起振。

（2）调 R_{B1}、R_{B2} 或 R_E 的阻值后就能起振。

（3）改用 β 较大的晶体管后就能起振。

（4）适当增加反馈线圈的圈数后就能起振。

（5）适当增加 L 值或减小 C 值后就能起振。

（6）反馈太强，波形变坏。

（7）调整 R_{B1}、R_{B2} 或 R_E 的阻值后可使波形变好。

（8）负载太大不仅影响输出波形，有时甚至不能起振。

【解题思路】 根据自激振荡的工作原理及幅值、相位等条件来进行分析。

解 （1）两接头原来的连接为负反馈，不满足相位条件。

（2）原来的静态工作点不合适，不满足幅值条件。

（3）因 A_u 和 β 成正比，原先 β 较小使 $|A_uF|<1$ 不满足幅值条件。

（4）因原先反馈线圈的圈数较少，从而使反馈量较小，不满足幅值条件。

（5）因 L 值、C 值和品质因数 Q 有关，适当增大 L 值或减小 C 值可使 Q 值加大，增大了反馈幅度，容易起振。

（6）反馈信号太强，使振荡电路进入了非线性区，导致波形变坏。

（7）调整参数可以改变静态工作点，使电路工作在线性区，从而使波形变好。

（8）如负载太大，使等效阻抗 $|Z_0| = \dfrac{L}{RC}$ 减小，从而使反馈的幅度减小，不易起振。

4.6　练　习

一、单项选择题（将唯一正确的答案代码填入下列各题括号内）

1　图 4.14 电路中，R_F 引入的反馈为（　　）。

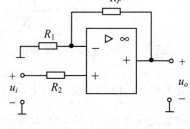

图 4.14

（a）串联电压负反馈

（b）并联电流负反馈

（c）串联电流负反馈

（d）并联电压负反馈

2　无射极电阻的固定式偏置放大电路（　　）。

（a）电路中无反馈

（b）电路中引入了直流反馈

（c）电路中引入了交流反馈

（d）电路中引入了交直流反馈

3　分压式偏置放大电路，有射极电阻，但在该电阻上并一旁路电容，其（　　）。

（a）电路中无反馈　　　　　　　　（b）电路中引入了直流反馈

（c）电路中引入了交流反馈　　　　（d）电路中引入了交直流反馈

4　有射极电阻但无射极旁路电容的分压式偏置放大电路（　　）。

（a）有串联电压负反馈

（b）有并联电压负反馈

（c）有串联电流负反馈

（d）有并联电流负反馈

5　射极输出器（　　）。

（a）有串联电压负反馈

（b）有并联电压负反馈

（c）有串联电流负反馈

（d）有并联电流负反馈

6　如图 4.15 所示电路中，以下说法正确的是（　　）。

（a）电路中无反馈　　　　　　　　（b）电路中引入了直流反馈

（c）电路中引入了交流反馈　　　　（d）电路中引入了交直流反馈

7　电路如图 4.16 所示，R_F 引入的反馈为（　　）。

（a）串联电压负反馈　　　　　　（b）并联电压负反馈
（c）串联电流负反馈　　　　　　（d）并联电流负反馈

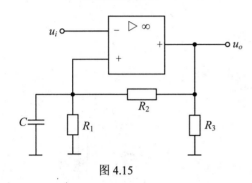

图 4.15

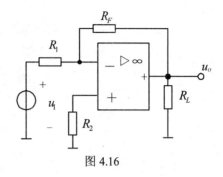

图 4.16

8　反相加法运算放大器（　　）。

（a）有串联电压负反馈　　　　　（b）有并联电压负反馈
（c）有串联电流负反馈　　　　　（d）有并联电流负反馈

9　同相加法运算放大器（　　）。

（a）有串联电压负反馈　　　　　（b）有并联电压负反馈
（c）有串联电流负反馈　　　　　（d）有并联电流负反馈

10　如果要稳定放大电路的输出电流，同时希望增大放大电路的输入电阻，则应该引入的负反馈类型是（　　）。

（a）串联电压　　　（b）串联电流　　　（c）并联电压　　　（d）并联电流

11　如果要稳定放大电路的输出电压，同时希望减小放大电路的输入电阻，则应该引入的负反馈类型是（　　）。

（a）串联电压　　　（b）串联电流　　　（c）并联电压　　　（d）并联电流

12　自激正弦波振荡器是用来产生一定频率和幅度的正弦波信号的装置，此装置之所以能输出信号是因为（　　）。

（a）有外加输入信号　　　　　　　（b）满足了自激振荡的条件
（c）先施加输入信号激励振荡起来，然后去掉输入信号

13　电感三点式振荡电路的振荡频率为（　　）。

（a）$f_0 \approx \dfrac{1}{\sqrt{(L_1 + L_2 + 2M)C}}$　　　　　（b）$f_0 \approx \dfrac{1}{\pi\sqrt{(L_1 + L_2 + 2M)C}}$

(c) $f_0 \approx \dfrac{1}{2\pi\sqrt{(L_1+L_2+2M)C}}$

14 反馈放大器的方框图如图 4.17 所示，当 $\dot{U}_i=0$ 时，要使放大器维持等幅振荡，其幅度条件是（　　）。

（a）反馈电压 U_f 要大于所需的输入电压 U_{be}

（b）反馈电压 U_f 要等于所需的输入电压 U_{be}

（c）反馈电压 U_f 要小于所需的输入电压 U_{be}

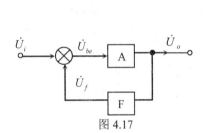

图 4.17

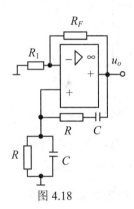

图 4.18

15 正弦波振荡电路如图 4.18 所示，若使电路能维持稳定的振荡，则同相输入的运算放大器的电压放大倍数应等于（　　）。

（a）2　　　　　　　　（b）3　　　　　　　　（c）1

16 电路如图 4.18 所示，该电路振荡频率为（　　）。

（a）$\dfrac{1}{2\pi\sqrt{RC}}$　　　　（b）$\dfrac{1}{2\pi RC}$　　　　（c）$\dfrac{1}{3\pi RC}$　　　　（d）$\dfrac{1}{RC}$

17 正弦波振荡电路的输出信号最初是由（　　）中而来。

（a）基本放大电路　　（b）干扰或噪声信号　　（c）选频网络

18 为了易于起振，正弦波振荡电路一般要求 $|A_uF|>1$，则输出波形的振幅（　　）。

（a）不能稳定　　　　（b）由振幅的非线性特性来选定

（c）由反馈特性来稳定

19 正弦波振荡电路一般由（　　）组成。

（a）基本放大电路和反馈网络

（b）基本放大电路和选频网络

（c）基本放大电路、反馈网络和选频网络

20 正弦波振荡电路的振荡频率由（　　）而定。

（a）基本放大电路　　　　（b）反馈网络　　　　（c）选频网络

二、非客观题

1 图 4.19 所示为两级放大电路，试问：

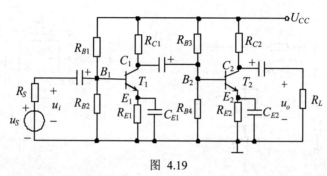

图 4.19

（1）电路应做什么改动，并采用何种反馈方式，反馈网络如何接？才能在两级放大电路中，达到下述目的：①增大输入电阻；②稳定输出电压；③稳定电压放大倍数 A_u；④减小输出电阻但不影响输入电阻。

（2）若要接交流串联电压负反馈，如何接？电路应做如何改动？

（3）若要接交流并联电流负反馈，如何接？电路应做如何改动？

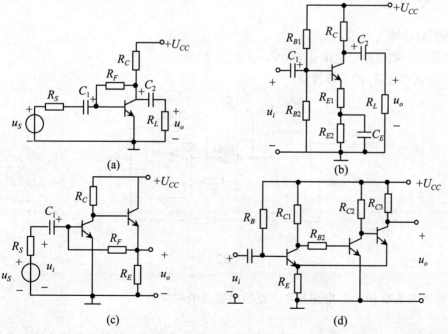

图 4.20

2 指出图 4.20 所示各放大器中的反馈环节，并判断其反馈类型和反馈极性。

3 说明图 4.20 各反馈放大器的输入电阻、输出电阻和输出电压（或输出电流）稳定性方面的特点。

4 判断图 4.21 所示各电路的反馈类型。

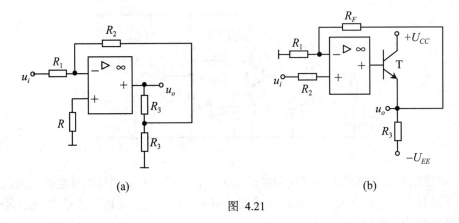

(a)   (b)

图 4.21

5 图 4.22 所示电路中各运算放大器工作时的电源电压为 ±15V，饱和电压为 ±12V，输入信号 u_i=+0.5V；试求：

（1）S 断开时的输出电压 u_o；

（2）S 闭合时，如使输出电压 u_o=10V，计算 R_F 的值；

（3）判别级间电阻 R_F 的反馈性质。

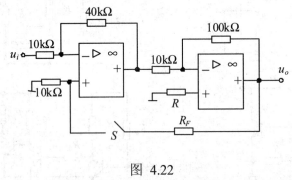

图 4.22

6 试判断图 4.23 所示各电路是否满足自激振荡的相位条件。

7 请正确连接图 4.24 所示电路中所标志的各点，使电路能满足产生自激振荡的相位条件。

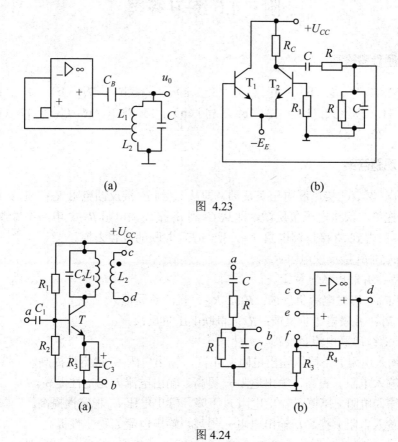

(a)   (b)

图 4.23

(a)   (b)

图 4.24

8 当振荡电路的输出电压 u_o =10V，电压放大倍数 A_u=20 时，为了维持振荡，求反馈系数 F 应为多大，其最小的反馈量为多少？

9 试检查图 4.25 所示电路中的 LC 正弦波振荡电路有哪些错误并加以改正。

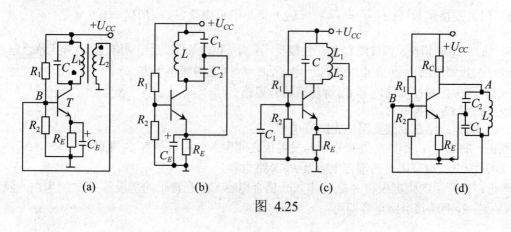

(a)   (b)   (c)   (d)

图 4.25

附：4.6 练习答案

一、选择题参考答案

1.（a）　2.（a）　3.（b）　4.（c）　5.（a）　6.（b）　7.（b）　8.（b）　9.（a）
10.（b）　11.（c）　12.（b）　13.（c）　14.（b）　15.（b）　16.（b）　17.（b）　18.（b）
19.（c）　20.（c）

二、非客观题答案

1.（1）①、②、③接串联电压负反馈，即从 C_2 到 E_1 接反馈电阻 R_{F1}，把与 R_{E1} 并联的电容去掉；④只在第二级接电压负反馈，即从 C_2 到 B_2 接反馈电阻 R_{F2}。电路不做改动。

（2）从负载端到 E_1 接反馈电阻 R_{F3}，把与 R_{E1} 并联的电容去掉。

（3）从 E_2 到 B_1 接反馈电阻 R_{F4}。

2.（a）R_F：并联电压负反馈。

（b）R_{E1}：串联电流负反馈；R_{E1}、R_{E2}：直流负反馈。

（c）R_F：并联电压负反馈；R_E：串联电压负反馈。

（d）R_E：串联电流负反馈。

3.（a）输入电阻 r_i 下降，输出电阻 r_o 下降，输出电压 U_o 稳定性提高。

（b）输入电阻 r_i 提高，输出电阻 r_o 提高，输出电流 I_o 稳定性提高。

（c）输入电阻 r_i 下降，输出电阻 r_o 下降，输出电压 U_o 稳定性提高。

（d）输入电阻 r_i 提高，输出电阻 r_o 提高，输出电流 I_o 稳定性提高。

4.（a）图：并联电流负反馈；（b）图：串联电压负反馈。

5.（1）$u_o = 12\text{V}$；（2）$R_F = 490\text{k}\Omega$；（3）串联电压负反馈。

6.（a）图不能满足；（b）图能满足。

7.（a）图中：a 端和 d 端相连；c 端和 b 端相连。

（b）图中：a 端和 d 端相连；b 端和 e 端相连；c 端和 f 端相连。

8.（1）反馈系数 $|F| \geq \dfrac{1}{|A_u|} = \dfrac{1}{20}$；　（2）最小的反馈量 $U_f = |F| U_o = 0.5\ \text{V}$。

9.（a）图中：错在反馈线圈 L_2 的极性接反，不满足相位条件；反馈网络与输入端无耦合电容。
改正：反馈线圈 L_2 和 B 点间接入一电容 c_1；L_2 同名端调至下方。

（b）图中：错在旁路电容 C_E 将反馈信号短路。
改正：将 C_E 去掉即可。

（c）图中：错在反馈支路中无隔直电容。
改正：将 L_1、L_2 的抽头处和管子的发射极之间串入一隔直电容 C_2 即可。

（d）图中：没有隔直的耦合电容及 R_E 旁路电容。
改正：在管子的集电极和 A 之间串入一耦合电容 C；在管子的基极和 B 之间串入一隔直电容 C；在 R_E 两端接旁路电容即可。

第5章　现代电源与电力电子

5.1　目　　标

1. 理解稳压管稳压电源的组成原理和应用；了解运算放大器恒压源的组成原理和应用。
2. 理解三端集成稳压片组成的各种电源原理和应用。
3. 了解晶闸管、功率晶体管、功率场效晶体管、绝缘栅双极晶体管、IGBT 等功率器件的构造、工作原理、伏安特性和主要参数。
4. 了解串联调整型稳压电源的组成结构和工作原理。
5. 了解串联开关型稳压电源的组成结构和工作原理。
6. 了解直流斩波调压电源的组成结构和工作原理。
7. 了解晶闸管交、直流调压电源的组成结构和工作原理。
8. 了解电压型桥式逆变电源的组成结构和工作原理。
9. 了解正弦波脉宽调制电源的组成结构和工作原理。

5.2　内　　容

5.2.1　知识结构框图

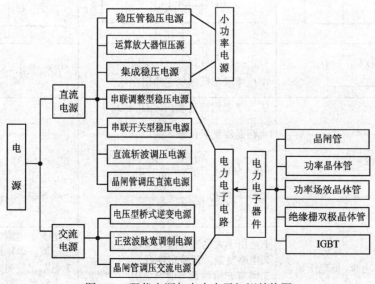

图 5.1　现代电源与电力电子知识结构图

5.2.2 基本知识点

一、小功率的稳压电源

小功率的稳压电路有三种：稳压管稳压电路、运算放大器稳压电路、集成稳压电路。因为稳压管、运算放大器、集成电路的输出电流都比较小，所以由它们组成的电路受器件的限制其输出电流较小。虽然有一些扩展输出电流的方法，但也是很有限的。若要输出电流大，可采用如下电路。

二、大功率的稳压电路

大功率的稳压电路有两种：串联调整型稳压电路、串联开关型稳压电路。其中前一种的晶体管工作在线性区，处于放大调整状态，晶体管损耗大；而后一种的晶体管工作在非线性区，处于开关工作状态，晶体管损耗小，但电路复杂，对这部分内容只做了解。

三、常用的三种稳压电源比较

常用的三种稳压电路比较见表 5.1。

表 5.1 常用的三种稳压电路

	并联型稳压电路	串联型稳压电路（晶体管、运算放大器）	集成稳压电路（集成芯片）
电路结构图			
工作原理	$U\uparrow \to I_Z\uparrow \to U_R\uparrow \to U_o$ 不变	$U_{o\downarrow}\uparrow \to U_F\uparrow \to U_B\downarrow \to U_{CE}\uparrow$ 电压串联负反馈稳定输出电压	U_1, R_L 变化 $\to U_o$ 不变
输出电压	$U_o = U_Z = (2 \sim 3)U_i$	因为 T 是射极性输出，$U_o \approx U_B$ 电路是深度负反馈，所以 $A \approx \dfrac{1}{F}$ $U_F \approx U_R$，$F = \dfrac{U_F}{U_o} = \dfrac{R_2}{R_1 + R_2}$ $U_o = \left(1 + \dfrac{R_1}{R_2}\right)U_R$	$U_o = (2 \sim 3)V + U_1$
电路特点	1.电路简单 2.适合于小电流,低电压场合	1.可用于大电流、高电压场合 2.电路复杂，但稳定性好 3.调节 F 值可调节输出电压	1.用于小电流，低电压场合 2.电流，电压可适当扩大 3.电路比较简单，连接方便 4.电路性能好，内有保护

四、常用的功率器件

1. 晶闸管

晶闸管又称可控硅。

1) 基本结构

它由 PNPN 四层半导体，三个 PN 结构成。它有三个
电极——阳极 A、阴极 K、控制极 G。

2) 伏安特性

晶体闸流管的伏安特性如图 5.2 所示。

（1）晶闸管加正向电压，不加控制电压($I_G=0$)。

晶闸管内有一个 PN 结处于反向截止，只有很少的电

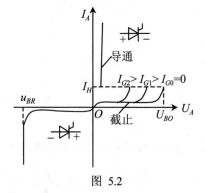

图 5.2

流流过，称为正向漏电流。

外加正向电压大于 U_{BO}，即使不加控制电压，漏电流也会突然增大，导致晶闸管由截止状
态突然导通。U_{BO} 称为正向转折电压。

晶闸管导通后，管压降 ΔU 约在 0.6V~1.2V 范围，电流可以很大。

（2）晶闸管加正向电压，同时加上适当控制电压($I_G>0$)，晶闸管触发导通，特性与上述
导通特性相同。

（3）晶闸管加反向电压，与二极管的伏安特性相似。

晶闸管相当于一个受控的二极管。

3) 晶闸管导通和关断的条件

（1）在阳极和阴极之间外加正向电压，但控制极不加触发电压时，晶闸管一般不会导通。

（2）晶闸管导通需要同时满足两个条件：第一，阳极和阴极外加正向电压；第二，控制
极外加一定幅度的正触发电压。

（3）普通的晶闸管一旦导通，触发信号则失去控制作用。

（4）晶闸管关断的方法是减小阳极电流，或切断正向电压，或加反向电压。

2. 其他功率器件

功率器件分不控型器件、半控型器件与全控型器件。典型的不控型器件是电力二极管；
典型的半控型器件是普通晶闸管；全控型器件称为现代电力电子器件，主要有电力晶体管
（GTR）、可关断晶闸管（GTO）、功率场效应管（MOSFET）、结缘栅双极型晶体管（IGBT）、
MOS 门极晶闸管（MCT）、静电感应晶体管（SIT）等全控型高频电力电子器件。特别是
以 IGBT、SIT 等为代表的全控型复合器件的问世，它们集 MOSFET 管驱动功率小、开关
速度快和 GTR（或 GTO）载流能力大的优点于一身，在大容量、高频率的电力电子电路中
表现出非凡的性能。

五、串联调整型稳压电源

1. 串联调整型稳压电路的组成结构：

串联调整型稳压电路主要由四部分组成——采样环节、基准环节、放大环节和调整环节。
串联调整型稳压电路如图 5.3 所示。

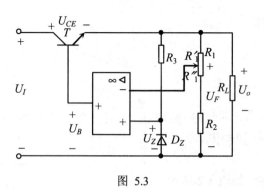

图 5.3

2. 串联调整型稳压电路的工作原理:

$$U_{o\downarrow}^{\uparrow} \rightarrow U_F^{\uparrow} \rightarrow U_B^{\downarrow} \rightarrow I_B^{\downarrow} \rightarrow I_C^{\downarrow} \rightarrow U_{CE}^{\uparrow}$$

从整个 U_o 的调整过程来看,串联调整型稳压电路引入电压串联负反馈。

六、串联开关型稳压电源

由于串联调整型稳压电路中的调整管 T 工作在线性放大状态,有一定的功耗,所以效率比较低。为了提高效率,使调整管工作在开关状态,即饱和导通时,$U_{CE} \approx 0$,截止关断时,$I_C \approx 0$,这样效率可达 70%~90%。此电路称为串联开关型稳压电源。它的典型电路如图 5.4 所示,部分波形见图 5.5。

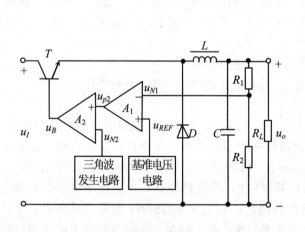

图 5.4　串联开关型稳压电源图

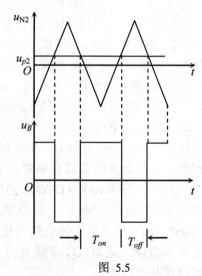

图 5.5

七、晶闸管整流电路

常用的单相可控整流电路见表 5.2。

表 5.2

名称	单相半波（阻性负载）	单相半波（感性负载）	单相桥式（阻性负载）
电路图			
工作原理	在 u_2 正半周，如果在时刻 t_1 给晶闸管 T 的控制极加上触发脉冲，且 a 端电位高于 b 端电位，那么 T 从时刻 t_1 开始导通 在 u_2 负半周，b 端电位高于 a 端电位，故 T 截止	电感产生感应电动势，使电流不能跃变 电流由零逐渐上升，达到最大时，感应电动势为零。而后电流减少，感应电动势改变极性 当交流电压减为零时，感应电动势维持晶闸管的电流。直到交流电压值变向上升后，使晶闸管电流小于其维持电流后而关断	u_2 正半周，a 端电位高于 b 端电位，故 T_1、D_2 导通，T_2、D_1 截止，电流流经路径为 a 端→T_1→R_L→D_2→b 端（如图中实线箭头所指） u_2 负半周，b 端电位高于 a 端电位，T_2、D_1 导通，T_1、D_2 截止，电流路径为 b 端→T_2→R_L→D_1→a 端
波形图			
输出电压	$U_o = 0.45 U_2 \cdot \dfrac{1+\cos\alpha}{2}$	略	$U_o = 0.9 U_2 \cdot \dfrac{1+\cos\alpha}{2}$
输出电流	$I_o = 0.45 \dfrac{U_2}{R_L} \cdot \dfrac{1+\cos\alpha}{2}$	略	$I_o = 0.9 \dfrac{U_2}{R_L} \cdot \dfrac{1+\cos\alpha}{2}$

注：单相半波整流电路带电感性负载时，其输出电压、电流值与电感大小有关。

5.3　要　　点

主要内容：
- 电源器件及其分类
- 常用的几种换流电路
- 直流稳压电源
- 开关稳压电源

一、电源器件及其分类

电源器件就是电力电子器件。现代电力电子器件主要有单极型、双极型、复合型三种。

单极型的电力电子器件有功率场效应管（MOSFET）、静电感应晶体管（SIT）等；双极型的电力电子器件有电力晶体管（GTR）、可关断晶闸管（GTO）等；复合型的电力电子器件有结缘栅双极型晶体管（IGBT）、MOS门极晶闸管（MCT）等高频电力电子器件，见图5.6。

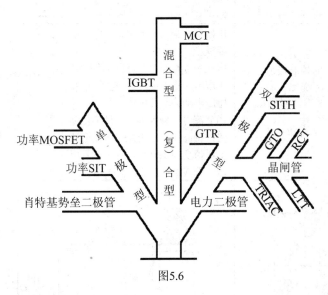

图5.6

二、常用的换流电路

1. 常用的换流电路分类

（1）整流电路称为交流／直流（AC/DC）变换电路。

（2）直流斩波电路称为直流／直流（DC/DC）变换电路。

（3）逆变电路称为直流／交流（DC/AC）变换电路。

（4）交流变换电路称为交流／交流（AC/AC）变换电路。

2. 换流电路之间关系

常用的换流电路之间的关系见图5.7。这些电路在电力电子中有很多应用，它们是电力电子技术的基础电路。电源技术属于电力电子技术范畴，因此它们也是电源技术的基础电路。

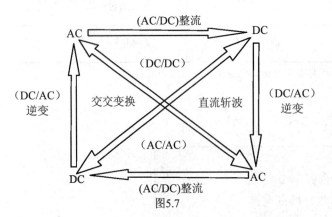

图5.7

三、直流稳压电源

1. 小功率直流稳压电源

（1）并联型稳压电源。并联型稳压电源多指稳压管稳压电源。它是利用稳压管的稳压特性来稳压的。它只能用于小功率直流稳压电源中，且输出电压受稳压管的稳压值限制。本书第一章整流电路，叙述过其稳压原理，不再赘述。

（2）集成稳压电源。集成稳压电源是用三端集成稳压芯片组成的稳压电源。由于其芯片内集成了稳压、保护等电路，因此它的外围电路很简单，使用方便，它是目前使用最多的稳压电源。它的电路特点见本章表 5.1。

（3）恒压源。恒压源是用稳压管和运算放大器组成的，用在一些需要的场合。实现恒压源的电路见本章 5.4 节。

2. 串联型稳压电源

串联型稳压电源是由晶体管和运算放大器组成的。由于晶体管工作在线性区，因此又把这种电源称为直流线性稳压电源。当使用大功率晶体管时，该稳压电源可以输出较大的功率。

四、开关稳压电源

1. 直流开关稳压电源

直流开关稳压电源通常用 AC-DC 变换电路与 DC-DC 变换电路来实现。AC-DC 变换电路的主要作用是把交流变换成直流；而 DC-DC 变换电路的作用则是稳压，该电路能自动调节开关电路的占空比，来控制输出电压的波动，使输出电压稳定。

2. 交流开关稳压电源

交流开关稳压电源通常用 AC-AC 变换电路或 AC-DC-AC 变换电路来实现。AC-DC-AC 变换电路应用较多，该电路有整流和逆变两个环节。

5.4　应　　用

> **内容提要：**
> - 恒压源的实现
> - 集成稳压电源
> - 晶闸管直流调压电源

一、恒压源的实现

恒压源的实现如图 5.8 所示。

（1）反相式恒压源：

$$U_o = -\frac{R_F}{R_1}U_Z$$

（2）同相式恒压源：
$$U_o = \left(1 + \frac{R_F}{R_1}\right) U_Z$$

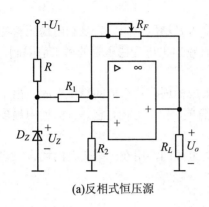

(a)反相式恒压源

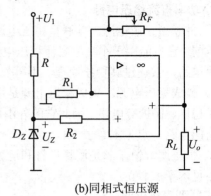

(b)同相式恒压源

图 5.8

二、集成稳压电源

1. 集成稳压器的类型

集成稳压器的类型如图 5.9 所示。

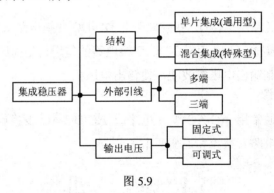

图 5.9

2. 三端集成稳压器

W7800 直流稳压器接线图如图 5.10 所示。

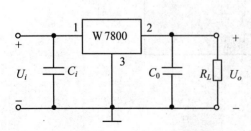

图 5.10 W7800 直流稳压器接线图

图 5.11 提高输出电压的电路

3. 三端集成稳压器的应用电路

1) 提高输出电压电路

提高输出电压电路如图 5.11 所示。因为 $U_0 = U_R + U_Z$，所以 $U_0 > U_Z$。

2) 输出电流扩展电路

当电路需要的电流大于 1A~2A 时，可以用外接功率晶体管的方法来扩展电流，如图 5.12 所示。因为 $I_3 \approx 0$，所以

$$I_2 \approx I_1 = I_R + I_B = -\frac{U_{BE}}{R} + \frac{I_c}{\beta}$$

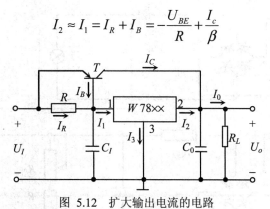

图 5.12 扩大输出电流的电路

设 $\beta = 10, U_{BE} = -0.3V, I_2 = 1A$，则

$$-\frac{U_{BE}}{R} + \frac{I_c}{\beta} = 1$$

解得 $I_c = 4A, I_o = I_2 + I_c = 5A$，使 I_o 扩大了 5 倍，提高了 I_o。

3) 输出电压可调电路

图 5.13 用了一个三端稳压器和一个运放，其中运放的输出端与稳压器的"3"端相连，而稳压器的"2"端与运放反相输入端相连，运放的同相输入端经分压电路对 U_o 进行调压。

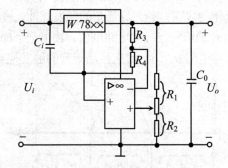

图 5.13 输出电压可调电路

对运放而言，因为 $U_- = U_+$，所以

$$U_{XX} \frac{R_3}{R_3 + R_4} = \frac{R_1}{R_1 + R_2} U_o$$

$$U_o = (1 + \frac{R_2}{R_1}) \cdot \frac{R_3}{R_3 + R_4} U_{XX}$$

可见，调节 R_2 的大小可以改变 U_o 的大小。

还有扩展输入电压电路、正负电压跟踪电路、恒流源电路，等等。

三、晶闸管直流调压电源

晶闸管直流调压电源如图 5.14 所示。图上部是主回路,下部是控制回路触发电路。

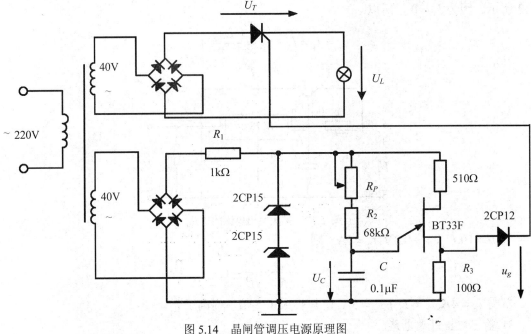

图 5.14 晶闸管调压电源原理图

主回路中,变压器的次级绕组提供的 40V 交流电压经桥式整流后输出一脉动直流电压 u_D,再经单向晶闸管控制输出电压 u_L,以达到调节负载灯泡的明暗。

触发电路用来产生控制晶闸管（可控硅）导通角的触发脉冲。变压器另一次级绕组输出的交流电压经桥式整流后,又经 R_1 和稳压管组成的电路削波,输出一个梯形波电压给单结晶体管弛张振荡电路。振荡器输出触发脉冲电压 u_g,将 u_g 送往晶闸管的触发控制端,就可控制其导通。

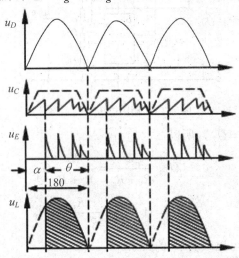

图 5.15 晶闸管调压电源电路电压波形

晶闸管的控制角取决于充电时间常数 $\tau = (R_P + R_2)C$。触发脉冲的宽度取决于电容 C 的放电时间常数 $\tau' = R_3C$。而脉冲电压的幅度取决于直流电源电压和单结晶体管的分压比。

5.5 例 题

1 在图 5.16 所示电路中，已知输出电压的最大值 $U_{O\max}$ 为 25V，$R_1 = 240\Omega$；W117 的输出端和调整端间的电压 $U_{R1} = 1.25$V，允许加在输入端和输出端的电压为 $(3\sim40)$V。试求解：

（1）输出电压的最小值 $U_{O\min}$；

（2）R_2 的取值；

（3）若 U_I 的波动范围为 $\pm 10\%$，为保证输出电压的最大值 $U_{O\max}$ 为 25V，U_I 至少应取多少伏？为保证 W117 安全工作，U_I 的最大值为多少伏？

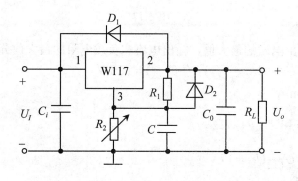

图 5.16

【解题思路】 由 R_2 的大小，决定输出电压的高低。R_2 等于零，输出电压是最小值。

解 （1）输出电压的最小值 $U_{O\min} = 1.25$ V

（2）因为 $U_{O\max} = \left(1 + \dfrac{R_2}{R_1}\right) \times 1.25$ V $= 25$ V，$R_1 = 240\Omega$，所以 $R_2 = 4.56$ kΩ

（3）输入电压的取值范围为：

$$U_{I\min} \approx \frac{U_{O\max} + U_{12\min}}{0.9} \approx 31.1 \text{ V} \qquad U_{I\max} \approx \frac{U_{O\min} + U_{12\max}}{1.1} \approx 37.5 \text{ V}$$

2 两个恒流源电路分别如图 5.17（a）、（b）所示。

（1）求解各电路负载电流的表达式。

（2）设输入电压为 20V，晶体管饱和压降为 3V，B-E 间电压数值 $|U_{BE}| = 0.7$V；W7805 输入端和输出端间的电压最小值为 3V；稳压管的稳定电压 $U_Z = 5$V；$R_1 = R = 50\Omega$。分别求出两电路负载电阻的最大值。

解 （1）设图 5.17（b）中 W7805 的输出电压为 U_O'，图示两个电路输出电流的表达式分别为：

(a) $\qquad I_O = \dfrac{U_Z - U_{EB}}{R_1}$

(b) $\qquad I_O = \dfrac{U_O'}{R}$

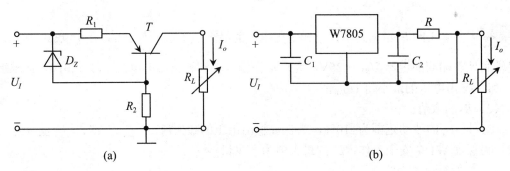

$$图\ 5.17$$

（2）两个电路输出电压的最大值、输出电流和负载电阻的最大值分别为：

(a) $\qquad U_{O\max} = U_I - (U_Z - U_{EB}) - (-U_{CES}) = 12.7\,\text{V}$

$\qquad I_O = 86\,\text{mA}$

$\qquad R_{L\max} = \dfrac{U_{O\max}}{I_O} \approx 147\,\Omega$

(b) $\qquad U_{O\max} = U_I - U_{12} = 17\,\text{V}$

$\qquad I_O = 100\,\text{mA}$

$\qquad R_{L\max} = \dfrac{U_{O\max}}{I_O} = 170\,\Omega$

3 已知交流电源电压 $U=220\text{V}$，频率 $f=50\text{Hz}$，负载 $R=50\Omega$。设计一单相桥式整流电路，要求输出直流电压 $U_0 =24\text{V}$。求：

（1）选择整流二极管的型号。

（2）选择滤波电容的型号。

（3）求出电源变压器的电压和电流。

【解题思路】 根据带电容滤波的单相桥式整流电路的工作原理，其输出电压平均值 $U_o =1.2U$，其中，U 为整流电路变压器副边电压有效值。

解 （1）流过二极管的平均电流 I_D 为：

$$I_D = \frac{1}{2}I_o = \frac{1}{2} \times \frac{U_o}{R} = 240\,\text{mA}, \quad U = \frac{U_o}{1.2} = 20\,\text{V}$$

$U_{DRM} = \sqrt{2}U = 28.2\text{V}$，实际选取要有余量，所以取型号为 2CZ11A 的二极管，其额定电压为 100V，额定电流为 1000mA。

（2）在单相桥式整流电路中，为得到平滑的负载电压，通常取 $RC \geqslant (3\sim5)T/2$。又因为

频率 f=50Hz，所以 T=0.02s。

$$C = \frac{(3 \sim 5)T/2}{R} = 600\mu F \sim 1000\mu F$$

电容两端的承受电压为 $U_C = \sqrt{2}U = 28.28V$

根据上面得出的参数可取 $1000\mu F / 50V$ 电容。

（3）电源变压器的副边电压的有效值为 U=20V

其电流的有效值为 $I = 1.5I_o = 1.5\dfrac{U_o}{R} = 720mA$

4 　在图 5.18 中所示的稳压电路中，$R_1 = 0.5k\Omega$，$R_2 = R_3 = R_4 = 2.5k\Omega$，$R_P = 1.5k\Omega$。求出输出电压 U_o 的可调范围。

【解题思路】　这是一个输出电压可调的稳压电路，调节电阻 R_P 可改变输出电压 U_o 的范围。

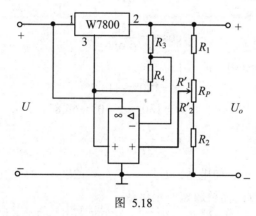

图 5.18

解　三端集成稳压器输出电压为 5V，所以集成运算放大器反向输入端电压为：

$$U_- = U_o - U_{R3} = U_o - \frac{R_3}{R_3 + R_4} \times 5$$

同相输入端电压为：

$$U_+ = \frac{R_2 + R_2'}{R_1 + R_2 + R_P} U_o$$

根据运算放大器的虚短特性，可求出稳压电路输出电压 U_o 为：

$$U_o = \frac{R_1 + R_2 + R_P}{R_1 + R_1'} \times \frac{R_3}{R_3 + R_4} \times 5$$

当 R_P 调到最上端时，$R_1' = 0, R_2' = R_P$，U_o 有最大值，$U_{O\min} = 22.5V$

当 R_P 调到最下端时，$R_1' = R_P, R_2' = 0$，U_o 有最小值，$U_{O\min} = 5.625V$

5 　单相半控桥式整流电路如图 5.19 所示。电源 $U = 220V$，负载 $R_L = 5\Omega$，输出电压平均值在 0~60V 范围内。试求出：

（1）晶闸管导通角 θ；

（2）当输出平均电压为 60V 时，晶闸管平均电流 I_T；

（3）晶闸管承受的最大正、反向电压。

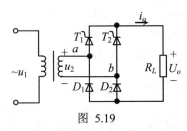

图 5.19

【解题思路】 根据公式可直接求出 θ；由于两个晶闸管轮流导通，所以晶闸管平均电流为负载电流的一半。

解 （1）由公式 $U_o = 0.9U_2 \dfrac{1+\cos\alpha}{2}$，可得：

$$\cos\alpha = \frac{2U_o}{0.9U} - 1$$

将 $U=220$V，$U_o = (0\sim60)$V 带入上式可得：

$$\alpha = 180° \sim 113.2°$$

所以晶闸管的导通角

$$\theta = 180° - \alpha = 0° \sim 66.8°$$

（2）晶闸管平均电流：

$$I_T = \frac{U_o}{2R_L} = 6\text{A}$$

（3）晶闸管承受最大正反向电压：$U_{FM} = U_{RM} = \sqrt{2}U = \sqrt{2} \times 220\text{V} = 310\text{V}$

实际选取晶闸管型号时，需要放宽一定倍数：

$$U_{FRM} = U_{RRM} = 3U_{FM} = 930\text{V}, \quad I_F = 2I_T = 12\text{A}$$

6 晶闸管在关断时突然损坏，可能是哪些原因？

解 （1）输出大电流：输出端发生短路或因过载电流过大；输出接电容滤波时，电流上升率太大而造成损坏。

（2）电压：因无适当过电压保护导致正向或反向过压而损坏。

（3）门极电路：所加门极电压、电流或平均功率超过允许值；门极与阳极发生短路；门极所加反向电压过高。

（4）散热冷却：散热器故障、风机或冷却水泵停转等造成元件温度过高，超过允许值。

5.6 练 习

一、单项选择题（将唯一正确的答案代码填入下列各题括号内）

1 电路如图 5.20 所示，变压器副边电压 $U_2=20$V，稳压管稳压值 $U_{DZ}=15$V，且 $R_L >> R$，

R 可忽略不计。当开关 S_1、S_2 都断开时,输出电压 U_o 为(   )。

    (a) 15V   (b) 18V   (c) 20V   (d) 24V

  2 电路如图 5.20 所示,变压器副边电压 $U_2=20V$,稳压管稳压值 $U_{DZ}=15V$,且 $R_L \gg R$,R 可忽略不计。当开关 S_1 合、S_2 断时,输出电压 U_o 为(   )。

    (a) 15V   (b) 18V   (c) 24V   (d) 28V

  3 电路如图 5.20 所示,变压器副边电压 $U_2=20V$,稳压管稳压值 $U_{DZ}=15V$,且 $R_L \gg R$,R 可忽略不计。当开关 S_1 断、S_2 合时,输出电压 U_o 为(   )。

    (a) 15V   (b) 18V   (c) 24V   (d) 28V

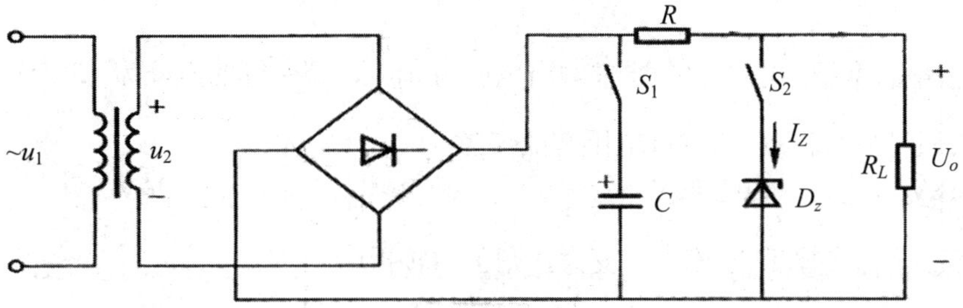

图 5.20

  4 电路如图 5.20 所示,变压器副边电压 $U_2=20V$,稳压管稳压值 $U_{DZ}=15V$,且 $R_L \gg R$,R 可忽略不计。当 S_1、S_2 都合上时,输出电压 U_0 为(   )。

    (a) 15V   (b) 18V   (c) 24V   (d) 28V

  5 电路如图 5.20 所示,变压器副边电压 $U_2=20V$,稳压管稳压值 $U_{DZ}=15V$,不接负载电阻 R_L。当开关 S_1 合、S_2 断时,输出电压 U_0 为(   )。

    (a) 15V   (b) 18V   (c) 24V   (d) 28V

  6 电路如图 5.21 所示,输出电压 U_o 的极性(   )。

    (a) 为正   (b) 为负   (c) 可为正或可为负   (d) 由输入确定

  7 电路如图 5.21 所示,输出电压 U_o 的大小由(   )确定。

    (a) 输入电压 U_i (b) 三端稳压器本身输出

    (c) 输出电阻 R_L (d) 三端稳压器的连接方式

  8 电路如图 5.22 所示,输出电压 U_o 的大小由(   )确定。

    (a) 输入电压   (b) U_i 稳压管电阻电压 U_Z

    (c) 电阻电压 U_R (d) 三端稳压器本身输出和 U_Z

  9 电路如图 5.22 所示,稳压管接反时的输出电压 U_o 等于 (   )。

    (a) U_R (b) U_Z (c) $U_R+0.7$ (d) U_R+U_Z

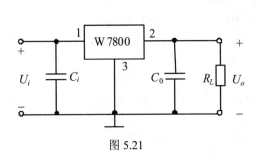

图 5.21

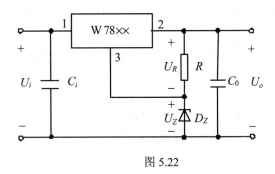

图 5.22

10 在串联型稳压电路中，要求输出电压为 18V，调整管的压降为 6V，整流电路之后采用电容滤波，则电源变压器次级电压有效值为（　　）。

（a）18V 　　　　（b）20V 　　　　（c）24V 　　　　（d）26V

11 若晶闸管的控制电流由小变大，则正向转折电压（　　）。

（a）由大变小 　　　　（b）由小变大 　　　　（c）保持不变

12 带感性负载的单相半波可控整流电路中，控制角为 $\dfrac{\pi}{3}$，则晶闸管的导通角为（　　）。

（a）$\dfrac{2\pi}{3}$ 　　　（b）$>\dfrac{2\pi}{3}$ 　　　（c）$<\dfrac{2\pi}{3}$ 　　　（d）$\pi+\dfrac{2\pi}{3}$

13 在图 5.19 所示电路中，已知输入电压 $u=200\sqrt{2}\sin\omega t$ （V），当控制角 $\alpha=\dfrac{\pi}{2}$ 时，输出电压的平均值 U_o 为（　　）。

（a）120V 　　　　（b）90V 　　　　（c）45V 　　　　（d）60V

14 下列信号中不能作为晶闸管的门极控制信号的是（　　）。

（a）尖脉冲 　　　（b）矩形脉冲 　　　（c）强触发脉冲 　　　（d）三角波脉冲

15 在单相半控桥式整流电路中，已知变压器副边有效值为 U，则晶闸管承受的反向最大电压为（　　）。

（a）U 　　　　（b）$\sqrt{2U}$ 　　　　（c）$\sqrt{3}U$ 　　　　（d）$\sqrt{2}U$

16 对于单相桥式半控整流电路，发生下列哪种情况时，电路可以作为单相半波整流电路工作。（　　）

（a）晶闸管短路 　（b）一个晶闸管断路 　（c）二极管短路 　（d）两个晶闸管断路

17 下列元件中哪个元器件属于半控型器件。（　　）

（a）整流二极管 　（b）晶闸管 　　　（c）双向晶闸管 　（d）可关断晶闸管

18　导致开关管损坏的原因不可能是（　　）。

（a）过流　　　　（b）过压　　　　（c）过热　　　　（d）电压波动

二、非客观题

1　在图 5.23 所示电路中，已知变压器副边电压有效值 U=10V，问：

（1）开关 S_1 闭合，S_2 断开时电压表的读数。
（2）开关 S_1、S_2 均闭合时电压表的读数。
（3）开关 S_1 断开，S_2 闭合时电压表的读数。

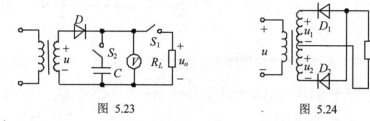

图 5.23　　　　　　　　　　图 5.24

2　图 5.24 所示电路为单相全波整流电路，已知 u_1，u_2 的有效值 U_2=10V，R_L=100Ω，问：

（1）负载电阻 R_L 上的电压平均值 U_O 与电流平均值 I_O 各为多少？并在图中标出 U_O、I_O 的实际方向。
（2）如果 D_2 脱焊，U_O，I_O 各为多少？
（3）如果 D_2 接反，会出现什么情况？
（4）如果在输出端并接一滤波电解电容，试将它按正确极性画在电路图上，此时输出电压 U_O 约为多少？

3　分别判断图 5.25 所示各电路能否作为滤波电路，简述理由。

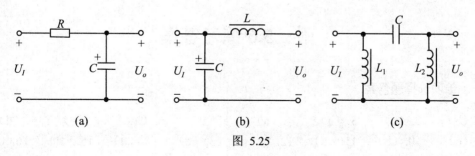

(a)　　　　　　　　(b)　　　　　　　　(c)

图 5.25

4　电路如图 5.26 所示，已知稳压管的稳定电压为 6V，最小稳定电流为 5mA，允许耗散功率为 240mW；输入电压为 20V～24V，R_1＝360Ω。试问：

（1）为保证空载时稳压管能够安全工作，R_2 应选多大？

（2）当 R_2 按上面原则选定后，负载电阻允许的变化范围是多少？

5 在如图 5.27 所示电路中，设 $I_i' \approx I_O' = 1.5A$，晶体管 T 的 $U_{EB} \approx U_D$，$R_1=1\Omega$，$R_2=2\Omega$，$I_D \gg I_B$。求解负载电流 I_L 与 I_O' 的关系式。

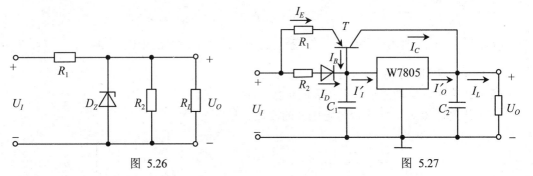

图 5.26   图 5.27

6 图 5.28 所示为带续流二极管的单相半波可控整流电路，负载为大电感，且电流连续。试求输出整流电压平均值。并画出控制角为 α 时整流输出电压值 U_d，晶闸管两端电压值 U_T 的波形。

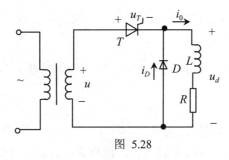

图 5.28

7 在单相桥式半控整流电路中，试分析晶闸管因为过电流而烧成短路和断路两种情况下，电路会有什么情况发生？

附：5.6 练习答案

一、单项选择题答案

1.（b） 2.（c） 3.（a） 4.（a） 5.（d） 6.（a） 7.（b） 8.（d）
9.（c） 10.（b） 11.（a） 12.（b） 13.（c） 14.（d） 15.（d） 16.（b）
17.（b） 18.（d）

二、非客观题答案

1.（1）属于半波整流电路，$U_0=0.45U=4.5V$，电压表的读数为 4.5V。

（2）属于半波整流、电容滤波电路，$U_o=U=10V$，电压表的读数为 10V。

（3）属于半波整流、电容滤波电路，负载开路，$U_o=U_m=14.14V$，电压表的读数为 14.14V。

2.（1）$U_o=9V$　　　　$I_o=U_o/R_L=90mA$，U_o 的方向为下正上负。

（2）$U_o=4.5V$　　　$I_o=U_o/R_L=45mA$

（3）如果 D_2 接反，会使变压器副边短路，将 D_1 或 D_2 烧毁。

（4）并接在输出端的电解电容极性与输出电压极性应一致，下正上负。$U_o=1.2U_2=12V$。

3. 图 5.25（a）、（b）所示电路可用于滤波，图 5.25（c）所示电路不能用于滤波。因为电感对直流分量的电抗很小、对交流分量的电抗很大，所以在滤波电路中应将电感串联在整流电路的输出和负载之间。因为电容对直流分量的电抗很大、对交流分量的电抗很小，所以在滤波电路中应将电容并联在整流电路的输出或负载上。

4.（1）$I_{R1}=\dfrac{U_I-U_Z}{R_1}\approx 39mA\sim 50mA$

$I_{Z\max}=\dfrac{P_{ZM}}{U_Z}=40mA$

$R_2=\dfrac{U_Z}{(I_{R1\max}-I_{Z\max})}=600\Omega$

（2）$I_{L\max}=I_{R1\min}-I_{R2}-I_{Z\min}=24mA$

$R_{L\min}=\dfrac{U_Z}{I_{L\max}}=250\Omega$

$R_{L\max}=\infty$

5. 因为 $U_{EB}\approx U_D$，$I_ER_1\approx I_DR_2\approx I'_I R_2\approx I'_O R_2$，，$I_C\approx I_E$，所以

$$I_C\approx \dfrac{R_2}{R_1}\cdot I'_O;\qquad I_L\approx (1+\dfrac{R_2}{R_1})\cdot I'_O=4.5A$$

6. $U_o=\dfrac{1}{2\pi}\displaystyle\int_{\alpha}^{\pi}\sqrt{2}U_2\sin\omega t\,\mathrm{d}(\omega t)=\dfrac{\sqrt{2}U_2}{2\pi}(-\cos\omega t)\Big|_{\alpha}^{\pi}=\dfrac{\sqrt{2}U_2}{\pi}\cdot\dfrac{1+\cos\alpha}{2}=0.45U_2\cdot\dfrac{1+\cos\alpha}{2}$

波形如图 5.29 所示。

7. 如果有一晶闸管因为过电流而断路，则单相桥式半控整流电路会变为单相半波可控整流电路。如果这只晶闸管被烧成短路，那就会导致电源短路而引起二极管烧毁。严重时，使得输入变压器过流而损坏。因此在电路设计时，变压器二次侧与晶闸管之间应串联快速熔断器，对电路起到过电流保护的作用。

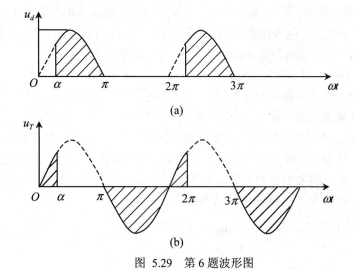

图 5.29　第 6 题波形图

第6章　门电路和组合逻辑电路

6.1　目　　标

1.掌握各种门电路的逻辑功能。

2.了解 TTL 门电路及 MOS 门电路的功能。

3.掌握逻辑函数的表示方法，并能应用逻辑代数运算法则化简逻辑函数。

4.掌握分析组合逻辑电路的方法，能够设计简单的组合逻辑电路。

5.理解加法器、编码器、译码器的工作原理。

6.2　内　　容

6.2.1　知识结构框图

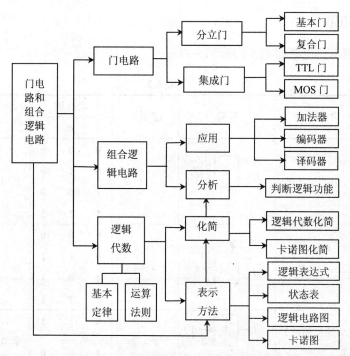

图 6.1　门电路和组合电路的知识结构框图

6.2.2 基本知识点

一、基本概念

1. 数字电路

（1）定义：输入和输出信号均为脉冲信号的电子电路称为数字电路。

（2）研究的目标：输入与输出的逻辑关系。

（3）研究的工具：二进制数及逻辑代数。

2. 晶体管的开关作用

在数字电路中，晶体管是以开关形式工作的。在不同的外部条件下，它工作在截止状态或饱和状态，如表 6.1 所示。

表 6.1 晶体管开关状态的条件和特征

	条 件	特 征	备 注
饱和状态	$I_B > \dfrac{I_{C(sat)}}{\beta}$	$I_{C(sat)} \approx \dfrac{U_{CC}}{R_C}$	发射结和集电结均正向偏置 $U_{CES} \approx 0$（相当于开关闭合）
截止状态	$I_B \leqslant 0$	$I_C = I_{CEO} \approx 0$	发射结和集电结均反向偏置 $U_{CE} \approx U_{CC}$（相当于开关打开）

说明：在数字电路中晶体管在饱和和截止两种状态之间转换，瞬间经过放大状态。

二、逻辑门电路

常用的几种逻辑门电路如表 6.2 所示。

表 6.2

逻辑门	含义	符号	逻辑式	状态表			记忆口诀
				A	**B**	**Y**	
与	条件 A、B 同时成立，则 Y 才能成立	A B —&— Y	$Y = A \cdot B$	0 0 1 1	0 1 0 1	0 0 0 1	有 0 出 0，全 1 出 1
或	条件 A、B 只有一个成立，则 Y 就成立	A B —≥1— Y	$Y = A + B$	0 0 1 1	0 1 0 1	0 1 1 1	有 1 出 1，全 0 出 0
非	条件 A 成立时，Y 不成立	A —1○— Y	$Y = \overline{A}$	0 1		1 0	非 0 则 1，非 1 则 0

（续）表 6.2

逻辑门	含义	符号	逻辑式	状态表			记忆口诀
				A	B	Y	
与非	条件 A、B 成立时，则 Y 不成立	A B & Y	$Y=\overline{A \cdot B}$	0 0 1 1	0 1 0 1	1 1 1 0	有 0 出 1，全 1 出 0
或非	条件 A、B 中有一个成立时，则 Y 不成立	A B ≥1 Y	$Y=\overline{A+B}$	0 0 1 1	0 1 0 1	1 0 0 0	有 1 出 0，全 0 出 1
异或	条件 A、B 中有一个成立，另一个不成立，则 Y 成立	A B =1 Y	$Y=A \oplus B$	0 0 1 1	0 1 0 1	0 1 1 0	相异出 1，相同出 0
同或	条件 A、B 同时不成立或同时成立，则 Y 成立	A B =1 Y	$Y=A \odot B$	0 0 1 1	0 1 0 1	1 0 0 1	相同出 1，相异出 0

三、集成门电路

1. TTL 门电路（见表 6.3）

表 6.3　TTL 门电路

TTL 门电路	逻辑符号	逻辑表达式	应　　用
TTL 与非门	A B C & Y	$Y=\overline{A \cdot B \cdot C}$	主要用于计算机、数字仪表及程序控制系统中，运算速度较高，该电路电源为+5V
三态输出与非门	A B E &▽ BN Y	$E=0$，Y 为高阻状态 $E=1$，$Y=\overline{A \cdot B}$	广泛用于计算机中，由一条总线轮流传输多路数据，各三态门的 E 端只能轮流为 1

2. MOS 门电路

MOS 型集成门电路是由绝缘栅场效应管组成。它有 N 沟道和 P 沟道两类，每一类又有增强型和耗尽型之分。

四、逻辑函数

1. 逻辑函数的概念

输出变量 Y 与输入变量 A，B，C……之间的逻辑关系。输入变量取 **1** 称原变量，取 **0** 称反变量；输出变量取 **1** 称原函数，取 **0** 称反函数。

2. 逻辑函数的表示方法

1）逻辑状态表

将全部输入变量的所有取值组合与其相应的输出结果值列成一表称为逻辑状态表。

1 个输入变量有 **0**、**1** 两种取值组合；2 个输入变量有 **00**、**01**、**10**、**11** 四种取值组合；n 个输入变量有 2^n 种取值组合。

为确保输入变量取值组合的唯一性和全面性，通常按照二进制递增的顺序排列。

2）逻辑式

用"与"、"或"、"非"等运算来表示逻辑函数的表达式称为逻辑式。

（1）由逻辑状态表写出逻辑式的方法：

①取 $Y=1$（或 $Y=0$）列逻辑式。

②对一种组合而言，输入变量之间是"与"的逻辑关系。对应于 $Y=1$，如果输入变量为"1"，则取其原变量（如 A）；如果输入变量为"0"，则取其反变量（如 $\overline{A}$）。

③各种组合之间，是"或"的逻辑关系。

（2）最小项：当表达式中的"与"项包含函数的全部变量，且每个输入变量（原变量或反变量）在"与"项中只出现一次时该"与"项成为最小项。若有三个输入变量，就有八种组合，每种组合都以原变量（A、B、C）的形式或反变量（$\overline{A}$、$\overline{B}$、$\overline{C}$）的形式出现一次。

【例 6.1】 含有 3 个变量的逻辑函数 $Y=AB+C$，画出其状态表。

表 6.4 例 6.1 的逻辑状态表

A	B	C	Y
0	0	0	0
0	0	1	1
0	1	0	0
0	1	1	1
1	0	0	0
1	0	1	1
1	1	0	1
1	1	1	1

【例 6.2】 将例 6.1 状态表（表 6.4）写成逻辑式：

$$Y=\overline{A}\,\overline{B}C + \overline{A}BC + A\overline{B}C + AB\overline{C} + ABC$$

例 6.2 中的逻辑式是逻辑函数 $Y=AB+C$ 的五个最小项的**与或**表达式。

3）逻辑图

用逻辑符号表示的基本逻辑元件实现逻辑函数功能的电路图称为逻辑图。

同一个逻辑问题的函数可以写成多种表达式，例如，例 6.1 中 $Y=AB+C$，例 6.2 中 $Y=\overline{A}\,\overline{B}C + \overline{A}BC + A\overline{B}C + AB\overline{C} + ABC$ 都具有相同的逻辑功能，可以用不同的逻辑元件实现，画出多种形式的逻辑电路图。但在组合逻辑电路的设计中，按照逻辑要求，须将逻辑式化成最简表达式，以求用最少的逻辑元件画逻辑图。

4）卡诺图

它是逻辑函数的图像表示方法，是在状态表的基础上，将输入变量的各种组合及对应的输出值按一定的规则排列画出的阵列图。

优点：用几何位置相邻表达了构成函数的各个最小项在逻辑上的相邻性，从而很容易求出函数的最简与或式。

缺点：随输入变量的增加，图形迅速复杂化。

以上各种逻辑函数的表示方法可以互换使用。状态表、最小项与或表达式、卡诺图是唯一的。

3. 逻辑函数的化简

1）应用逻辑代数运算法则化简逻辑函数

（1）逻辑代数的基本运算法则、基本定律：表 6.5 列出了逻辑运算法则和基本定律。

表 6.5　逻辑运算法则、基本定律

基本运算法则		$A+0=A$，$A+1=1$，$A+A=A$
		$A \cdot 0=0$，$A \cdot 1=A$，$A \cdot A=A$
		$A+\overline{A}=1$，$A \cdot \overline{A}=0$，$\overline{\overline{A}}=A$
基本定律	交换律	$A+B=B+A$，$AB=BA$
	结合律	$A+（B+C）=（A+B）+C=（A+C）+B$
		$A（BC）=（AB）C=（AC）B$
	分配律	$A（B+C）=AB+AC$，$（A+B）（A+C）=A+BC$
	吸收律	$A（A+B）=A$，$A（\overline{A}+B）=AB$，$A+\overline{A}B=A+B$，$A+AB=A$
	反演律（摩根定律）	$\overline{AB}=\overline{A}+\overline{B}$，$\overline{A+B}=\overline{A} \cdot \overline{B}$

（2）化简方法：

并项法：利用公式 $AB+A\overline{B}=A$，将两项合并为一项，消去一个变量。

配项法：将逻辑函数的某一项乘以 $（A+\overline{A}）$，然后拆成两项分别与其他项合并、化简。

加项法：利用公式 $A+A=A$，在逻辑式中重复加相同的项，而后合并化简。

吸收法：利用公式 $A+AB=A$，消去多余的乘积项。

消因子法：利用公式 $A+\overline{A}B=A+B$，消去多余的变量。

2）卡诺图化简

方法详见本章 6.4 节。

五、组合逻辑电路分析和综合

1. 组合逻辑电路的含义

由若干个门电路组成，其输出状态仅仅取决于输入当时状态的复杂逻辑电路。

2. 组合逻辑电路的分析

（1）目的：已知组合逻辑电路，分析输出与输入之间的逻辑关系，找出其逻辑功能。

（2）步骤：已知逻辑电路图→写出逻辑式→化简（或变换）表达式→列出逻辑状态表→判断出逻辑功能。

3. 组合逻辑电路的综合（设计）

（1）目的：根据题目要求的逻辑功能，设计出逻辑电路。

（2）步骤：已知逻辑要求→列出逻辑状态表→写出逻辑表达式→化简（或变换）表达式

→画出逻辑电路图。

六、常用组合逻辑电路

1. 加法器

1）半加器的设计

（1）逻辑要求：设计只求本位和，暂不管低位送来的进位数的组合逻辑电路。

（2）列出半加器逻辑状态表：

根据逻辑要求，设 A、B 两个加数为输入变量，C 进位数，S 半加和为输出变量，见表6.6。

表 6.6　半加器的逻辑状态表

A	B	C	S
0	0	0	0
0	1	0	1
1	0	0	1
1	1	1	0

（3）写出逻辑表达式：　　　$S = \overline{A}B + A\overline{B} = A \oplus B$，$C = AB$

（4）画出逻辑电路图：

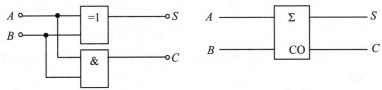

图 6.2　半加器的逻辑图及图形符号

2）全加器

多位数相加时，考虑低位来的二进制加法电路。用半加器组成的全加器逻辑电路图如图6.3（a），全加器符号如图6.3（b），其中 A_i B_i 表示任意一位的两个加数；C_{i-1} 表示来自低位的进位；S_i 表示本位和；C_i 表示向高位的进位。

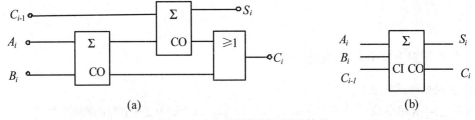

(a)　　　　　　　　　　　　　　　　(b)

图 6.3　全加器逻辑图及图形符号

2. 编码器

编码是用数字或某种文字和符号对某一对象或信号进行编号。

（1）二进制编码器：将输入信号用二进制数进行编码的组合逻辑电路。

（2）二一十进制编码器：将十进制的十个数码0~9编成二进制代码的组合逻辑电路。

（3）优先编码器：根据问题的需要，依照输入信号的优先级别，按次序编码输出的电路。

2^n 个输入信号，用 n 位二进制表示。10个数码要 4 位二进制代码编码，而 4 位二进制代码共有 16 种状态，故编码方案很多。最常用的是 8421 编码方式。

3. 译码器和数字显示器

译码和编码的过程相反。它是将二进制代码按其编码时的原意译成对应的信号或十进制数码。

典型的 2 线/4 线译码器是 CT74LS139，典型的 3 线/8 线译码器是 CT74LS138。

数字显示译码器：把数字电路中测量数据和运算结果用十进制数显示出来的电路。

（1）显示器件：半导体数码管，液晶数码管和荧光数码管等。

（2）半导体数码管（LED 数码管）由发光二极管组成。它有共阴极，共阳极两种接法。

（3）七段显示译码器：它将 8421BCD 码译成对应于数码管的七个（a~g）字段信号，驱动数码管，显示出相应的十进制数码器。数码管若采用共阴极接法，阳极加高电平二极管发光；若采用共阳极接法，阴极加低电平二极管发光。

注意：七段数码管 a~g 的排列方式。

6.3 要 点

> **主要内容：**
> • 晶体管在电子电路中工作状态的判断方法
> • 逻辑函数表示方法的互换性

一、判断晶体管在电路中的工作状态

计算电路中 I_B 的值：

（1）若电路中 $U_{BE} \leqslant 0$ 时，$I_B \leqslant 0$，晶体管工作在截止状态。

（2）若电路中 $I_B > I_{B(sat)}$ 时，晶体管工作在饱和状态。

（3）若电路中 $0 < I_B < I_{B(sat)}$ 时，晶体管工作在放大状态。

其中，晶体管临界饱和状态 $I_{B(sat)} = \dfrac{I_{C(sat)}}{\beta}$，$I_{C(sat)} \approx \dfrac{U_{cc}}{R_c}$。

【例 6.3】 在图 6.4 所示各电路中，$U_{BE(sat)} = 0.7V$，$U_{CE(sat)} = 0.1V$，晶体管处于何种工作状态？

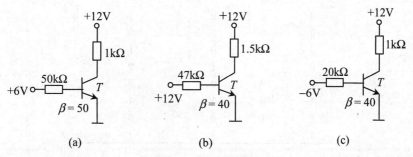

图 6.4 例 6.3 的图

解 （1）在图 6.4（a）所示电路中，处于临界饱和状态时：

$$I_{C(sat)} = \frac{U_{CC} - U_{CE(sat)}}{R_C} = \frac{12 - 0.1}{1} = 11.9(\text{mA})$$

$$I_{B(\text{sat})} = \frac{I_{C(\text{sat})}}{\beta} = \frac{11.9}{50} = 0.238(\text{mA})$$

而电路中 $I_B = \frac{6-0.7}{50} = 0.106(\text{mA})$, $0 < I_B < I_{B(\text{sat})}$

故晶体管工作在放大状态。

（2）在图 6.4（b）所示电路中，T 处于临界饱和状态时：

$$I_{C(\text{sat})} = \frac{U_{CC} - U_{CE(\text{sat})}}{R_C} = \frac{12-0.1}{1.5} \approx 7.93(\text{mA})$$

$$I_{B(\text{sat})} = \frac{I_{C(\text{sat})}}{\beta} = \frac{7.93}{40} \approx 0.198(\text{mA})$$

而电路中 $I_B = \frac{12-0.7}{47} = 0.24(\text{mA})$ $I_B > I_{B(\text{sat})}$

故晶体管工作在饱和状态。

（3）在图 6.4（c）所示电路中，$U_{BE} < 0$，发射结、集电结均反向偏置，晶体管工作在截止状态。

二、逻辑函数表示方法的互换性

逻辑函数的表示方法除逻辑式、状态表、逻辑图、卡诺图外，还常常用输入、输出的波形图来表示。

1. 根据逻辑状态表写出逻辑式

方法：取 $Y=1$（或 $Y=0$）的逻辑变量组合列出逻辑式。对一种组合而言，输入变量间是与的逻辑关系，若输入变量为 **1**，取其原变量，若输入变量为 **0**，取其反变量。各种组合之间是或的逻辑关系。

【例 6.4】 已知逻辑状态表（表 6.7），写出逻辑式。

表 6.7 例 6.4 逻辑状态表

A	B	C	Y
0	0	0	1
0	0	1	0
0	1	0	1
0	1	1	0
1	0	0	0
1	0	1	1
1	1	0	0
1	1	1	1

解 按照已知逻辑状态表写出逻辑式的方法，可写出：

$$Y = \overline{A}\,\overline{B}\,\overline{C} + \overline{A}B\overline{C} + A\overline{B}C + ABC$$

2. 根据逻辑图列出逻辑状态表

方法：给出输入变量的一组取值组合，经逐级逻辑运算，得出相应输出变量的逻辑值，并将每组取值组合及运算结果填入逻辑状态表中。

【例 6.5】　已知逻辑图（图 6.5），列出逻辑状态表。

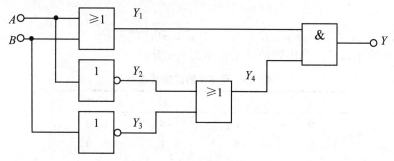

图 6.5　例 6.5 的逻辑图

解　根据图 6.5，列出逻辑状态表，如表 6.8 所示。

表 **6.8**　例 **6.5** 的逻辑状态表

A	B	Y
0	0	0
0	1	1
1	0	1
1	1	0

3. 根据逻辑图写出逻辑式

方法：从输入端到输出端，依次写出各个门的逻辑式，最后写出输出量 Y 的逻辑式。

由例 6.5 逻辑图（见图 6.5）写出逻辑式：

$$Y_1 = A + B，\quad Y_2 = \overline{A}，\quad Y_3 = \overline{B}，\quad Y_4 = Y_2 + Y_3 = \overline{A} + \overline{B}，$$

$$Y = Y_1 \cdot Y_4 = (A + B)(\overline{A} + \overline{B}) = A\overline{B} + B\overline{A}$$

4. 根据逻辑式画出逻辑图

方法：逻辑乘用**与**门实现，逻辑加用**或**门实现，求反运算用**非**门实现。

【例 6.6】　已知逻辑式 $Y = A\overline{B} + A\overline{C} + \overline{A}BC$，画出逻辑图。

解　由已知逻辑式，画出逻辑图如图 6.6 所示。

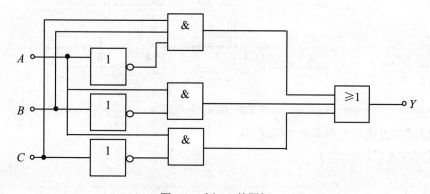

图 6.6　例 6.6 的图解

5. 根据逻辑式列出逻辑状态表

方法：列出输入变量的各种取值组合，代入逻辑式运算，得出输出变量的值，填入状态表中。

【例6.7】 已知逻辑式 $Y = A\overline{B} + A\overline{C} + \overline{A}BC$，列出状态表。

解 由已知的逻辑式，列出逻辑状态表如表6.9所示。

表 6.9 例 6.7 的逻辑状态表

A	B	C	Y
0	0	0	0
0	0	1	0
0	1	0	0
0	1	1	1
1	0	0	1
1	0	1	1
1	1	0	1
1	1	1	0

6. 根据逻辑式画出波形图

逻辑函数可以波形图的形式反映输出变量对输入变量各种取值的响应。

方法：将逻辑式化为最简，根据输入波形图状态的不同，分段进行逻辑运算，画出输出波形图。

【例6.8】 已知逻辑函数 $Y = AB + C$ 的输入变量 A、B、C 波形，画出输出变量 Y 的波形。

解 根据题意画出输出变量 Y 的波形示于图6.7。

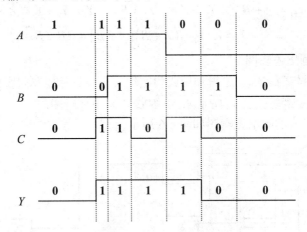

图 6.7 例 6.8 的图解

7. 根据逻辑式或状态表画出卡诺图

详见本章 6.1.4 节。

6.4　应　用

> **主要内容：**
> - 利用卡诺图化简逻辑函数
> - 数据分配器
> - 数据选择器

一、利用卡诺图化简逻辑函数

1. 变量卡诺图的画法

$A \backslash B$	0	1
0	$\bar{A}\bar{B}$	$\bar{A}B$
1	$A\bar{B}$	AB

$A \backslash BC$	00	01	11	10
0	$\bar{A}\bar{B}\bar{C}$	$\bar{A}\bar{B}C$	$\bar{A}BC$	$\bar{A}B\bar{C}$
1	$A\bar{B}\bar{C}$	$A\bar{B}C$	ABC	$AB\bar{C}$

$AB \backslash CD$	00	01	11	10
00	m_0	m_1	m_3	m_2
01	m_4	m_5	m_7	m_6
11	m_{12}	m_{13}	m_{15}	m_{14}
10	m_8	m_9	m_{11}	m_{10}

图 6.8　卡诺图的画法

注意：

（1）变量状态顺序是 **00**、**01**、**11**、**10**，这样排列是为了使任意两个相邻最小项之间只有一个变量改变。

（2）m_0，m_1，m_2，……对应的是变量的最小项的编号。

2. 画出逻辑函数的卡诺图

（1）已知逻辑函数的状态表（表 6.10），画出卡诺图（图 6.9）。

方法：将状态表中的输入变量的各种组合及对应的输出值，填入卡诺图的阵列图中。

表 6.10

A	B	C	Y
0	0	0	0
0	0	1	0
0	1	0	0
0	1	1	1
1	0	0	1
1	0	1	1
1	1	0	1
1	1	1	0

$A \backslash BC$	00	01	11	10
0	0	0	1	0
1	1	1	0	1

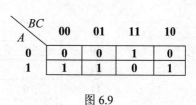

图 6.9

（2）已知逻辑函数表达式，画出卡诺图。

方法：首先将函数变换成**与或**表达式（不必变换成最小项之和的形式），然后在变量卡诺图中，把每一个乘积项所包含的那些最小项（该乘积项就是这些最小项的公因子）处都填上 **1**，剩下的填上 **0**，就得到了函数的卡诺图。

【例 6.9】 试画出函数 $Y = \overline{(A \oplus B)(C + D)}$ 的卡诺图。

解 先将 Y 展开成**与或**表达式 $Y = \overline{(A \oplus B)(C + D)} = \overline{(A \oplus B)} + \overline{(C + D)} = \overline{A}\,\overline{B} + AB + \overline{C}\,\overline{D}$，再画图。

卡诺图

AB \ CD	00	01	11	10
00	1	1	1	1
01	1	0	0	0
11	1	1	1	1
10	1	0	0	0

图 6.10 例 6.9 的图解

3. 应用卡诺图化简逻辑函数的方法

（1）将取值为 **1** 的相邻小方格圈成矩形或方形，相邻小方格包括最上行与最下行及最左列与最右列同行或同列两端的两个小方格，所圈取值为 **1** 的相邻小方格的个数应为 2^n（$n = 0$，1，2，3……）。

（2）圈的个数应最少，圈内小方格个数应尽可能多。每圈一个新的圈时，必须包含至少一个在已圈过的圈中未出现过的最小项，每一个取值为"1"的小方格可以被圈多次，但是不能遗漏。

（3）相邻的两项可以并为一项，并消去一个因子；相邻的四项可以并为一项，并消去两个因子；相邻的 2^n 项可并为一项，并消去 n 个因子。

将合并的结果相加，即为所求的最简"**与或**"式。

对卡诺图化简法讲，就是保留一个圈内最小项的相同变量，而除去不同的变量。

【例 6.10】 用卡诺图化简逻辑函数。

$$Y = A\overline{B}\,\overline{C} + \overline{A}\,\overline{B} + \overline{A}D + C + BD$$

【解题思路】 第一步根据逻辑式画 4 个变量的卡诺图；第二步按照已知逻辑式画卡诺图的方法填入 1 或 0；第三步按照卡诺图化简逻辑函数的方法化简，如图 6.11 所示。

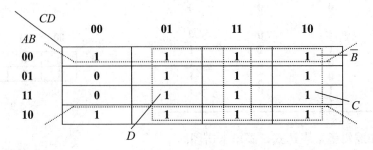

图 6.11 例 6.10 的图解

可将取值为 **1** 的小方格圈成三个圈，得出：

$$Y = \overline{B} + C + D$$

二、数据分配器

（1）功能：将一个输入数据在不同时刻分别送到多个不同的输出端，即一路输入多路输出。

（2）设计思路与具有控制端的译码器相同，只是将控制端作数据的输入端，用二进制输入端作为选通控制信号的输入端，以数据 D 分别分配给四个输出端为例：

因有四个输出端，故将二位二进制数码（有四种不同组合）作为译码器输入端，译码器的控制端输入数据 D，这样当选通信号 $A_1A_0 =$ **00** 时，则 Y_0 输出数据 D；当选通信号 $A_1A_0 =$ **01** 时，则 Y_1 输出数据 D；当选通信号 $A_1A_0 =$ **10** 时，则 Y_2 输出数据 D；当选通信号 $A_1A_0 =$ **11** 时，则 Y_3 输出数据 D；显然各输出端在不同时刻获得数据 D。

【例 6.11】　2/4 线译码器芯片如图 6.12 所示，其功能表见表 6.11。若将它改作 4 路分配器使用，将如何处置？

解　只需将译码器的使能端 $\overline{S}$ 改作数据输入端，而输入端 A、B 作为数据分配器的选择（地址）端即可。

图 6.12

表 6.11

$\overline{S}$	A	B	$\overline{Y_3}$	$\overline{Y_2}$	$\overline{Y_1}$	$\overline{Y_0}$
1	×	×	1	1	1	1
0	0	0	0	1	1	1
0	0	1	1	0	1	1
0	1	1	1	1	0	1
0	1	1	1	1	1	0

三、数据选择器

功能：在一些选择信号的控制下，从多个输入数据中选择一个作为输出。

【例 6.12】　用 CT74LS151 型 8 选 1 数据选择器实现 $Y = A\overline{B} + AC$。

解　将函数变换成最小项形式：

$$Y = A\overline{B} + AC = A\overline{B}\overline{C} + A\overline{B}C + ABC$$

根据 CT74LS151 的功能（见表 6.12）及结构图，将 D_7，D_5，D_4 接高电平“1”，其余数据输入端 D_0，D_1，D_2，D_3，D_6 及 $\overline{S}$ 端均接“地”，令 $A_0=C$，$A_1=B$，$A_2=A$，则输出端 $Y = A\overline{B} + AC$。电路如图 6.13 所示。

表 **6.12　CT74LS151 型数据选择器的功能表**

选　　　择			选通	输出
A_2	A_1	A_0	$\overline{S}$	Y
×	×	×	×	×
0	0	0	1	D_0
0	0	1	0	D_1
0	1	0	0	D_2
0	1	1	0	D_3
1	0	0	0	D_4
1	0	1	0	D_5
1	1	0	0	D_6
1	1	1	0	D_7

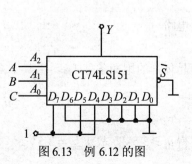

图 6.13　例 6.12 的图

6.5 例   题

1 电路如图 6.14（a）所示。晶体管 $\beta = 30$，$R_1 = 2\text{k}\Omega$，$R_2 = 10\text{k}\Omega$，$R_C = 1\text{k}\Omega$，在晶体管饱和导通时，$U_{BE} = 0.7\text{V}$，$U_{CE} = 0.3\text{V}$。求：

（1）保证晶体管截止的 $u_{i\max}$。

（2）保证晶体管饱和导通的 $u_{i\min}$。

【解题思路】 根据晶体管截止条件 $U_{BE} \leqslant 0$ 和晶体管饱和导通条件 $I_B \geqslant \dfrac{I_{C(\text{sat})}}{\beta}$ 来求解。

解 （1）当晶体管截止时，$I_B = 0$，此时输入回路等效电路如 7.14（b）所示。

$$U_{BE} = \frac{u_i - U_{BB}}{R_1 + R_2} R_2 + U_{BB}$$

由晶体管的截止条件 $U_{BE} \leqslant 0$，得：

$$\frac{u_i + 10}{2 + 10} \times 10 - 10 \leqslant 0$$

解得 $u_i \leqslant 2\text{V}$，故 $u_{i\max} = 2\text{V}$。

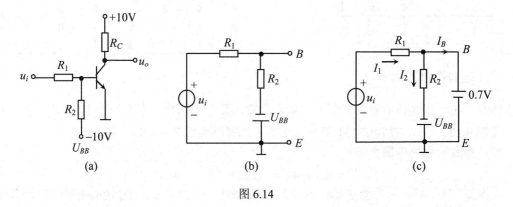

图 6.14

（2）当晶体管饱和导通时，$U_{BE} = 0.7\text{V}$，此时输入回路等效电路如 6.14（c）所示。

$$I_B = \frac{u_i - U_{BE}}{R_1} - \frac{U_{BE} - U_{BB}}{R_2}$$

而电路

$$I_{B(\text{sat})} = \frac{I_{c(\text{sat})}}{\beta} = \frac{U_{CC} - U_{CES}}{\beta R_C}$$

由晶体管的饱和条件 $I_B \geqslant \dfrac{I_{C(\text{sat})}}{\beta}$，得：

$$\frac{u_i - 0.7}{2} = \frac{0.7 + 10}{10} \geqslant \frac{10 - 0.3}{30 \times 1}$$

解得 $u_i \geqslant 3.5\text{V}$，故 $u_{i\min} = 3.5\text{V}$。

2 已知逻辑图及输入 A、B、C 的波形如图 6.15 所示，试画出输入 F 的波形，并写出逻辑式。

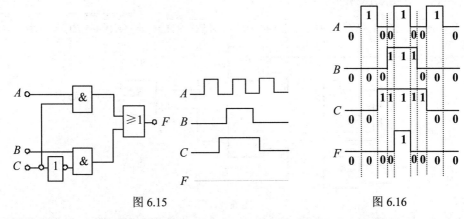

图 6.15　　　　　　　　　　　图 6.16

【解题思路】　首先根据逻辑图写出逻辑式（不是最简表达式要对其化简），再根据输入波形分段（每段便是一种取值组合）进行逻辑运算，得出 F 值。

解　由逻辑图得：
$$F = AC + B\overline{C}$$

由 A、B、C 的波形分段进行逻辑运算，可得到 F 的波形，图 6.16 所示。

3 逻辑电路如图 6.17 所示，试用逻辑代数证明图 6.17（a）、（b）两图具有相同的逻辑功能。

【解题思路】　根据逻辑图分别写出逻辑式并对其化简，若得到两个相同的表达式，证明两图具有相同的逻辑功能。

解　$F_1 = \overline{\overline{\overline{A\overline{B}} \cdot \overline{BC}}} = A\overline{B} + BC$（摩根定律）

$F_2 = A(\overline{B} + C) + BC = A\overline{B} + AC(B + \overline{B}) + BC$（配项法）

　　$= A\overline{B} + A\overline{B}C + ABC + BC = A\overline{B}(1 + C) + BC(1 + A) = A\overline{B} + BC$

F_1、F_2 逻辑表达式相同，故具有相同的逻辑功能。

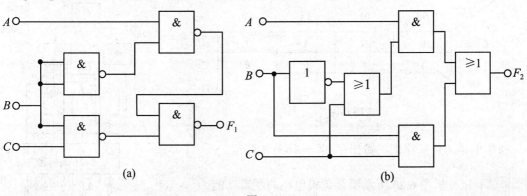

图 6.17

4 已知逻辑函数 $Y = A\overline{B} + A\overline{C} + \overline{A}BC$，画出用"与非"门实现的逻辑图。

【解题思路】 将逻辑式化为"与非"表达式，即可画出用与非门实现的逻辑图。

解 逻辑图见图 6.18 所示。

$$Y = A\overline{B} + A\overline{C} + \overline{A}BC = A\left(\overline{B} + \overline{C}\right) + \overline{A}BC = A\overline{BC} + \overline{A}BC = \overline{\overline{A\overline{BC}} + \overline{\overline{A}BC}} = \overline{\overline{A\overline{BC}} \cdot \overline{\overline{A}BC}}$$

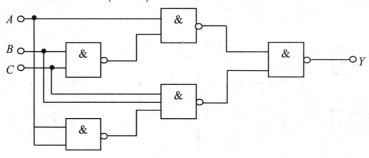

图 6.18

注意："非"的逻辑关系用"与非"门实现时，通常采用将"与非"门的多个输入端相并接的方法处理。

5 试用逻辑代数运算法则和卡诺图化简逻辑函数 $Y = \overline{A + \overline{BC}} + A\overline{B} + \overline{ABC}$

【解题思路】 化简逻辑函数有两种方法，一是利用逻辑代数化简，这要根据逻辑函数具体情况，灵活应用法则、定理、定律；二是利用卡诺图化简，方法简单但要掌握化简原则。

解 方法一：利用逻辑代数运算法则化简：

$$Y = \overline{A + \overline{BC}} + A\overline{B} + \overline{ABC} = \overline{A} \cdot \overline{\overline{BC}} + A\overline{B} + \overline{ABC} \quad (\text{摩根定律})$$

$$= \overline{A}BC + A\overline{B} + \overline{AB}\overline{C} = \overline{A}B(C + \overline{C}) + A\overline{B} \quad (\text{配项法})$$

$$= \overline{A}B + A\overline{B}$$

方法二：利用卡诺图化简：

首先将函数 Y 化成与或形式：$\quad Y = \overline{A + \overline{BC}} + A\overline{B} + \overline{AB}\overline{C} = \overline{A}BC + A\overline{B} + \overline{AB}\overline{C}$

画卡诺图，将函数中乘积项所含有的最小项处填 **1**，其余填 **0**。

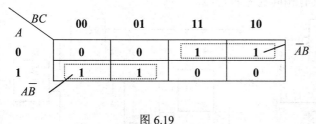

图 6.19

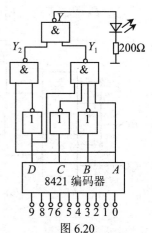

图 6.20

按照卡诺图化简原则，得出：$\quad Y = \overline{A}B + A\overline{B}$

6 试分析图 6.20 所示组合逻辑电路的逻辑功能。

【解题思路】 分析组合电路的步骤：已知逻辑图→写出逻辑

表达式→化简逻辑表达式→列逻辑状态表→分析逻辑功能。

本电路由三部分组成：第一部分是 8421 编码器，将十进制数码（0～9）编成二进制数 $DCBA=0000～1001$。第二部分是译码电路，输入 $DCBA$，输出 Y。第三部分是显示电路。

解　（1）由译码电路逻辑图写出逻辑表达式并化简：

$$Y_1 = \overline{AB\overline{C}D} \qquad Y_2 = \overline{A\overline{D}}$$

$$Y = \overline{Y_1 \cdot Y_2} = \overline{\overline{AB\overline{C}D} \cdot \overline{A\overline{D}}} = AB\overline{C}D + A\overline{D}$$

$$= A\overline{D} + AB\overline{C}D = A\overline{D} + AB\overline{C}$$

（2）由逻辑表达式列出逻辑状态表，如表 7.13 所示。

表 6.13

十进制数	D	C	B	A	Y
0	0	0	0	0	0
1	0	0	0	1	1
2	0	0	1	0	0
3	0	0	1	1	1
4	0	1	0	0	0
5	0	1	0	1	1
6	0	1	1	0	0
7	0	1	1	1	1
8	1	0	0	0	0
9	1	0	0	1	1

（3）分析逻辑功能：

从状态表分析可知，当十进制为奇数时，Y 为"**1**"，发光二极管亮；当十进制为偶数（包括 0）时，Y 为"**0**"，发光二极管不亮，故该电路为"判奇电路"。

7　某汽车驾驶员培训班进行结业考试，有三名评判员，其中 A 为主评判员，B 和 C 为副评判员。在评判时，按照少数服从多数的原则通过，但主评判员认为合格，亦可通过。试用"与非"门构成逻辑电路实现此评判规定。

【**解题思路**】　逻辑组合电路的设计步骤：已知逻辑要求→列逻辑状态表→写逻辑表达式→化简表达式→画逻辑图。

解　设：A、B、C 为输入变量，合格为 **1**，不合格为 **0**；Y 为输出变量，通过为 **1**，不通过为 **0**。

（1）根据逻辑要求列状态表，如表 6.14 所示。

（2）根据状态表列逻辑表达式并化简。

$$Y = \overline{A}BC + A\overline{B}\overline{C} + A\overline{B}C + AB\overline{C} + ABC = \overline{A}BC + A\overline{B} + AB \quad （并项法）$$

$$= \overline{A}BC + A = A + BC \quad （吸收律）$$

（3）若用**与非**门电路实现，应将上式变换为与非逻辑表达式，则有：

$$Y = \overline{\overline{A} + \overline{BC}} = \overline{\overline{A} \cdot \overline{BC}}$$

（4）画出用**与非门**实现的逻辑电路图，如图 6.21 所示。

表 6.14

A	B	C	Y
0	0	0	0
0	0	1	0
0	1	0	0
0	1	1	1
1	0	0	1
1	0	1	1
1	1	0	1
1	1	1	1

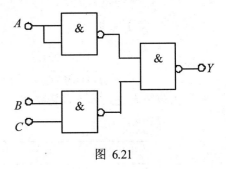

图 6.21

8 逻辑电路如图 6.22 所示，当开关 S 拨在"1"位时：

（1）写出 a，b，c，d，e，f，g 的逻辑状态。

（2）七段共阴极显示器显示何字符（未与开关 S 相连的各"与非"门输入端均悬空）？

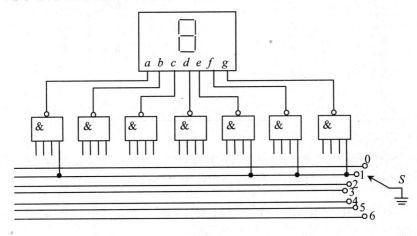

图 6.22

【解题思路】 （1）与非门输入端悬空为高电平，$a \sim g$ 的逻辑状态由"与非"门输出决定。

（2）七段共阴极显示器，当输入端为高电平时二极管发光，同时要清楚 $a \sim g$ 的排列顺序。

解 （1）当开关 S 拨在"1"位时，该线为低电平 **0**，故 $a = 1$，$b = 0$，$c = 0$，$d = 0$，$e = 1$，$f = 1$，$g = 1$。

（2）七段共阴极显示器中 a，e，f，g 输入的是高电平，故显示字符为"⌐"。

6.6 练 习

一、单项选择题（将唯一正确答案代码填入下列各题括号内）

1 数字电路中的工作信号为（　　）。

（a）随时间连续变化的电信号　　（b）脉冲信号　　　　（c）直流信号

2 脉冲信号的幅度 A 是（　　）。

（a）脉冲信号的最大值　　（b）脉冲信号的最小值　　（c）脉冲信号的中间值

3 由开关组成的逻辑电路如图 6.23 所示，设开关接通为"1"，断开为"0"。电灯亮为"1"，电灯暗为"0"。则该电路为（　　）。

（a）"与"门　　　　　　　　（b）"或"门　　　　　　（c）"非"门

4 图 6.24 所示逻辑式是（　　）。

（a）$F = ABC$　　　　　（b）$F = A + B + C$　　　　（c）$Y = \overline{ABC}$

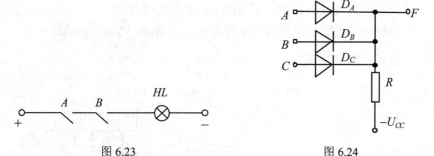

图 6.23　　　　　　　　　　　　　图 6.24

5 逻辑式 $F = \overline{A + B + C}$ 可变换为（　　）。

（a）$F = \overline{ABC}$　　　　　（b）$F = \overline{A} + \overline{B} + \overline{C}$　　　　（c）$F = \overline{A}\,\overline{B}\,\overline{C}$

6 逻辑图和输入 A、B 波形如图 6.25 所示，分析 t_1 时刻输出 F 为（　　）。

（a）"1"　　　　　　　　（b）"0"　　　　　　　　（c）不定

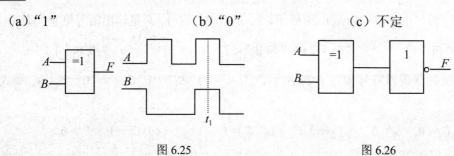

图 6.25　　　　　　　　　　图 6.26

7 如图 6.26 所示逻辑电路的逻辑式为（　　）。

（a）$F = A\bar{B} + \bar{A}B$ （b）$F = \overline{\bar{A}B} + \overline{\overline{AB}}$ （c）$F = AB + \overline{AB}$

8 NPN 型晶体管截止条件是（　　）。

（a）$U_{BE} \leqslant 0V$ （b）$U_{BE} \geqslant 0.7V$ （c）$U_{BE} \geqslant U_{CE}$

9 组合电路的输出取决于（　　）。

（a）输入信号的状态
（b）输出信号的状态
（c）输入信号的状态和输出信号变化前的状态

10 在编码电路和译码电路中，（　　）电路输出是二进制代码。

（a）编码 （b）译码 （c）编码和译码

11 半加器是指（　　）。

（a）两个二进制数相加
（b）二个同位的二进制数相加，不考虑来自低位的进位
（c）二个同位的二进制数及来自低位的进位三者相加

12 图 6.27 所示脉冲宽度为（　　）。

（a）t_1 （b）t_2 （c）t_3

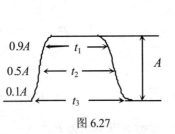

图 6.27

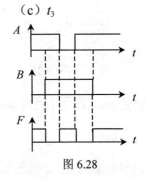

图 6.28

13 逻辑门电路波形如图 6.28 所示，A、B 是输入信号，F 是输出信号则它们是（　　）。

（a）"与"门 （b）"与非"门 （c）"或非"门

14 全加器逻辑符号如图 6.29 所示，当 A_i = "1" B_i = "1" C_{i-1} = "0" 时，C_i 和 S_i 分别为（　　）。

（a）$C_i = 0$，$S_i = 0$ （b）$C_i = 1$，$S_i = 1$ （c）$C_i = 1$，$S_i = 0$

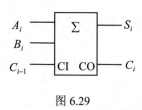

图 6.29

15　逻辑图和输入 A、B 的波形如图 6.30 所示，分析 t_1 时刻输出 F 为（　　）。

（a）0　　　　　　　　（b）1　　　　　　　　（c）不定

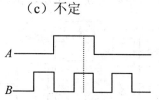

图 6.30

16　将二进制代码"0101"输入到七段显示译码器中，数码管将显示字符（　　）。

（a）⊟　　　　　　（b）⊇　　　　　　（c）⊋

二、非客观题

1　电路如图 6.31 所示，试写出输出 F 与输入 A、B 间的逻辑式，并画出逻辑图。

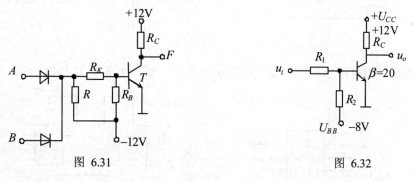

图 6.31　　　　　　　　　　　　　　　图 6.32

2　电路如图 6.32 所示，若三极管临界饱和时 $U_{CES}=U_{BES}=0.7\text{V}$，临界截止时 $U_{BE}=0.5\text{V}$，$R_1=4\text{k}\Omega$，$R_2=8\text{k}\Omega$，$R_C=1\text{k}\Omega$，试计算三极管进入饱和和截止时 u_i 的值。

3　用逻辑代数运算法则或卡诺图化简下列逻辑函数：

（1）$Y = AB + \overline{A}BC + \overline{A}B\overline{C}$

（2）$Y = \overline{\overline{A}BC + AC + \overline{B}C} + AB\overline{C}$

（3）$Y = \overline{A} + \overline{B} + \overline{AB} + B\overline{C} + ABC$

（4）$Y = AB + BCD + \overline{A}C + \overline{B}C$

4　应用逻辑代数运算法则推证下列各式：

（1）$\overline{AB} + A\overline{B} + \overline{A}\overline{B} = \overline{A} + \overline{B}$　　　　（2）$\overline{\overline{(\overline{A} + B)} + \overline{(A + \overline{B})}} + \overline{(\overline{AB})(\overline{A\overline{B}})} = 1$

（3）$A\overline{B} + \overline{A}C + B\overline{C} = \overline{A}B + A\overline{C} + \overline{B}C$

（4）$\overline{AB + \overline{A}\overline{B} + A\overline{B} + \overline{A}B} = \overline{\overline{A\overline{B} + ABC} + A(B + A\overline{B})}$

5　逻辑电路如图 6.33 所示，试用逻辑代数证明两图具有相同的逻辑功能。

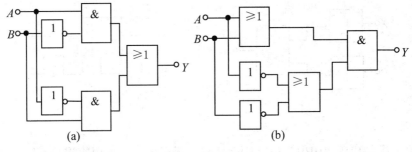

图 6.33

6　已知逻辑图及输入 A、B 的波形如图 6.34 所示，试画出 F 的波形。

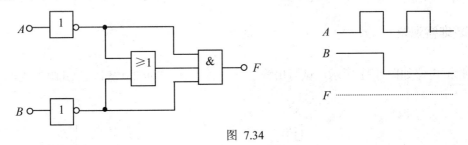

图 7.34

7　已知全加器符号及输入波形如图 6.35 所示，试画出 S_i 和 C_i 的波形图。

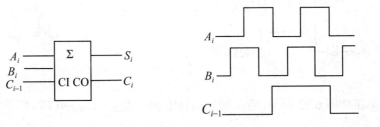

图 6.35

8　画出逻辑式 $F = \overline{AB + (A + B)C}$ 的逻辑图。

9　用与非门实现下列逻辑关系，画出逻辑图。

（1） $F = A\bar{B} + \bar{A}B$

（2） $F = \bar{A}B + AC + \bar{B}C$

10 图 6.36 所示为某逻辑电路的输入—输出波形图。试列出状态表，写出逻辑式并化简成与非式，画出逻辑图。

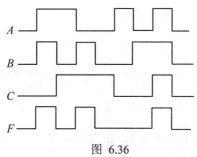

图 6.36

11 逻辑电路如图 6.37（a）、（b）所示，写出逻辑式并化简之。

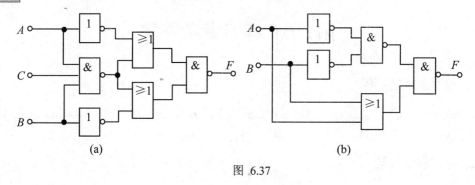

(a)   (b)

图 6.37

12 分析图图 6.38、图 6.39 所示组合逻辑电路的逻辑功能。

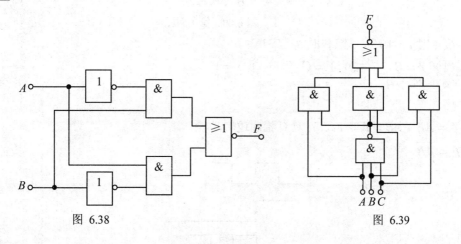

图 6.38   图 6.39

13 已知某逻辑命题的状态表如表 6.15 所示，试写出表达式并化简，画出逻辑图。

表 6.15 第 13 题状态表

A	B	C	F_1	F_2	F_3
0	0	0	0	0	0
0	0	1	0	0	0
0	1	0	0	0	0
0	1	1	0	1	0
1	0	0	0	0	0
1	0	1	0	0	1
1	1	0	1	0	0
1	1	1	1	1	1

14　试用与非门设计一个有三个输入端和一个输出端的组合逻辑电路，其功能是输入的三个数码中有偶数个 1 时，电路输出为 1，否则为 0。

15　试用双 2/4 线译码器 74LS139 连接成一个 3/8 线译码器电路。

附：6.6 练习参考答案

一、单项选择题答案

1.（b）　2.（a）　3.（a）　4.（b）　5.（c）　6.（b）　7.（c）　8.（a）　9.（a）
10.（a）　11.（b）　12.（b）　13.（b）　14.（c）　15.（a）　16.（a）

二、非客观题答案

1. $F = \overline{A+B}$

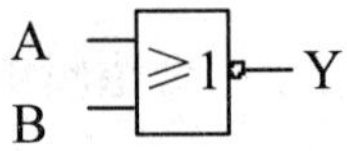

图 6.40 第 1 题图解

2. 截止时 u_i=4.75V，饱和时 u_i=7.31V

3.（1）$Y = B$　　（2）$Y = \overline{C}$　　（3）$Y = 1$
　（4）$Y = AB + C$

4. 略。

5. $Y_1 = A\overline{B} + \overline{A}B = Y_2$，$Y_1$、$Y_2$ 具有相同逻辑功能

6. $F = \overline{AB}$

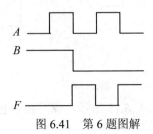

图 6.41 第 6 题图解

7.

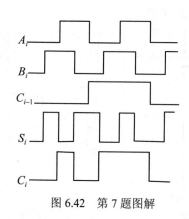

图 6.42　第 7 题图解

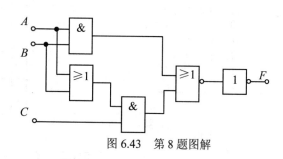

图 6.43　第 8 题图解

8. 见图 6.43 图解。

9. （1）$F = \overline{\overline{\overline{AB} \cdot \overline{\overline{AB}}}}$ 　　（2）$F = \overline{\overline{\overline{AB} \cdot \overline{C}}}$

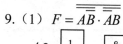

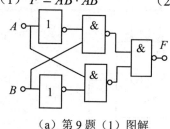

（a）第 9 题（1）图解

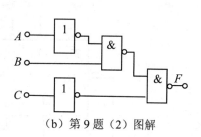

（b）第 9 题（2）图解

图 6.44

10. $F = \overline{A}BC + A B\overline{C} + ABC = \overline{\overline{AB} \cdot \overline{BC}}$

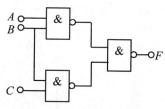

图 6.45　第 10 题图解

11. （a）$F = ABC$

　　（b）$F = \overline{\overline{\overline{AB} \cdot (A+B)}} = \overline{AB}$

12. 图 6.38 电路为**同或**门电路，图 6.39 电路为判一致电路。

13. $F_1 = AB\overline{C} + ABC = AB$

　$F_2 = \overline{A}BC + ABC = BC$

　$F_3 = A\overline{B}C + ABC = AC$

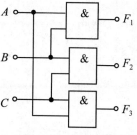

图 6.46　第 13 题图解

14. $F = \overline{A}BC + A\overline{B}C + AB\overline{C} = \overline{\overline{\overline{A}BC + A\overline{B}C + AB\overline{C}}} = \overline{\overline{\overline{A}BC} \cdot \overline{A\overline{B}C} \cdot \overline{AB\overline{C}}}$

A	B	C	F
0	0	0	0
0	0	1	0
0	1	0	0
0	1	1	1
1	0	0	0
1	0	1	1
1	1	0	1
1	1	1	0

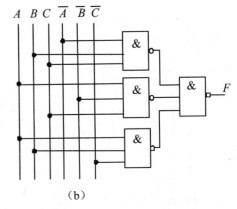

（a）　　　　　　　　　　（b）

图 6.47　第 14 题图解

15.

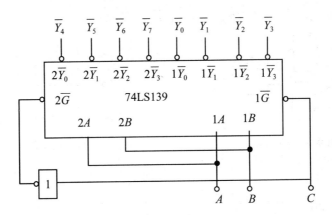

图 6.48　第 15 题图解

第7章 触发器和时序逻辑电路

7.1 目　　标

1. 掌握 RS，JK，D，T 和 T'触发器的逻辑功能。
2. 了解各种触发器的逻辑功能转换方法。
3. 理解数码寄存器和移位寄存器的工作原理。
4. 理解二进制计数器和二－十进制计数器的工作原理。
5. 了解集成计数器的组成原理及集成 N 进制计数器的实现方式。
6. 了解集成定时器的工作原理。
7. 了解用集成定时器组成的单稳态触发器和多谐振荡器的工作原理。

7.2 内　　容

7.2.1 知识结构框图

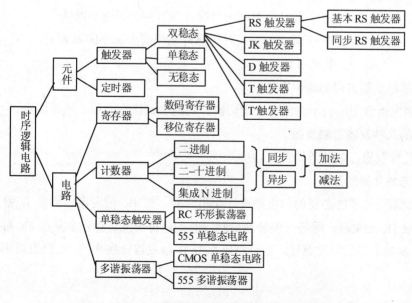

图 7.1　触发器和时序逻辑电路内容框架

7.2.2　基本知识点

一、双稳态触发器

1. 双稳态触发器的功能特点

（1）具有"0"态和"1"态两种稳定状态，1 个触发器能存储 1 位二进制数码。

（2）在外部信号作用下能实现状态转换，即翻转。

（3）外部信号消失时，存储的信号不变，具有记忆功能。

2. 双稳态触发器的组成特点

（1）通常双稳态触发器是由"**与非**"门构成的。因此，**与非逻辑关系**"有 0 出 1，全 1 出 0"是分析时的重要依据。

（2）由两个与非门构成的基本 RS 触发器，是各种触发器的基本单元。要理解两点：

①两个输入端 $\overline{R}_D$ 和 $\overline{S}_D$ 的功能：$\overline{R}_D$ 是置 0 端，$\overline{S}_D$ 是置 1 端。它们都是直接置 0、置 1 端，不受 CP 时钟脉冲的控制。$\overline{R}_D$ 和 $\overline{S}_D$ 对低电平有效，即基本 RS 触发器低电平翻转。

②两个输出端 Q 和 $\overline{Q}$ 的关系：Q 与 $\overline{Q}$ 是状态相反的两个输出端。如果 Q 与 $\overline{Q}$ 状态相同，那就出现逻辑混乱，如 $\overline{R}_D = \overline{S}_D = 0$ 时，可能出现这种现象，是不允许的。

（3）触发器输出状态能保持不变，即触发器具有记忆功能。

在结构上两个"与非"门交叉反馈，相互制约，成了双稳态触发器。

3. 双稳态触发器常用的触发方式

① 无 CP 控制，如基本 RS 触发器。

② 有 CP 控制：　a. CP 上升沿触发，时钟脉冲端有箭头但无小圆圈。

　　　　　　　　　b. CP 下降沿触发，时钟脉冲端用箭头和小圆圈表示。

　　　　　　　　　c. 其他（略）。

4. 双稳态触发器常用的表示方法

双稳态触发器常用的表示方法有：逻辑图、功能表、状态方程、波形图等。

5. 常用的几种双稳态触发器

常见的几种双稳态触发器如表 7.1 所示。

6. 双稳态触发器的互换

各种触发器还可通过必要的门电路进行互相转换。如 JK 触发器转换成 D 触发器，或 D 触发器转换成 JK 触发器，等等，但转换后触发时刻保持不变。如由主从型 JK 触发器转换而得的 D 触发器是下降沿触发翻转，而维持阻塞型 D 触发器转换来的 JK 触发器则为上升沿触发翻转。

表 7.1

名称	基本 R-S	可控 R-S	J-K	主从 D	维持 D	T	
逻辑符号	Q $\bar{Q}$ S R	Q C $\bar{Q}$ S R	Q C $\bar{Q}$ J K	Q $\bar{Q}$ D C	Q $\bar{Q}$ D C	Q $\bar{Q}$ T C	Q $\bar{Q}$ T C
真值表	R S Q_{n+1} 0 0 不定 0 1 1 1 0 0 1 1 Q_n	R S Q_{n+1} 0 0 Q_n 0 1 1 1 0 0 1 1 不定	J K Q_{n+1} 0 0 Q_n 0 1 0 1 0 1 1 1 $\bar{Q}_n$	D Q_{n+1} 0 0 1 1	D Q_{n+1} 0 0 1 1	T Q_{n+1} 0 Q_n 1 $\bar{Q}_n$	
触发方式		前沿	后沿	后沿	前沿	前沿	后沿

注：Q_n 表示时钟脉冲 C 来到之前触发器的输出状态，Q_{n+1} 表示时钟脉冲来到之后的状态。

要求牢记 RS、JK、D、T、T′等各种触发器的逻辑符号及状态表。

二、时序逻辑电路

时序逻辑电路是指含有双稳态触发器的逻辑电路。时序逻辑电路的输出状态不仅取决于现时的输入状态，而且还与电路原来状态有关，即具有记忆功能。寄存器和计数器都是较常用的时序逻辑电路。

三、寄存器

1. 寄存器的组成、功能和分类

寄存器是由触发器和门电路组成的，主要用于暂时存放参与运算的数据和运算结果。按存放方式有并行和串行两种；取出的方式也有并行和串行两种。按其有无移位功能分为数码寄存器和移位寄存器。

2. 几种寄存器

（1）数码寄存器只能暂时存储数码，然后根据需要取出数码。数码寄存器都是并行输入并行输出的。

（2）移位寄存器不仅具有存放数码功能，而且有移位功能。根据数码位置移动的方向不同，可分为左移位寄存器和右移位寄存器。移位寄存器常为串行输入、串行或并行输出。

（3）集成寄存器芯片通常是具有左移、右移、清零、数码并入、并出、串入、串出等多种功能的双向移位寄存器。

四、计数器

1. 计数器的组成、功能和分类

计数器是由触发器和门电路组成的，用来累计脉冲数目、分频、定时和数学运算的部件。

计数器按计数过程中数字的增减可分为加法、减法计数器和可加可减的可逆计数器；按进制的不同可分为二进制、十进制和任意进制计数器等；按触发器状态不同可分为同步、异步计数器。

2. 几种计数器

1) 二进制计数器

二进制计数器是按二进制规律累计脉冲的。二进制计数器是构成其他进制计数器的基础。一个触发器可表示一位二进制数，表示 n 位二进制数(2^n)应有 n 个触发器。

2) 二–十进制计数器

它是建立在二进制计数器基础上的十进制计数器。用四位二进制数代表十进制的一位数。

3) 集成计数器

集成计数器具有功能齐全、使用方便等优点，并可以通过适当的联接方式组成任意进制计数器，所以得到广泛应用。用这类计数器主要应该掌握其各管脚的功能。

3. 计数器电路的分析与综合

分析的步骤：根据给出的逻辑电路图→写各触发器输入端的逻辑表达式→列状态表→画各触发器输出的波形图→分析功能；

综合的步骤：根据计数要求列状态表→写逻辑表达式→画逻辑电路图。

五、555 集成定时器

555 集成定时器是一种模拟电路和数字电路相结合的中规模集成电路。集成定时器 555 由分压器、比较器、R-S 触发器和放电晶体管等部分组成。555 集成定时器的应用极为广泛。通过外部适当的连接和接入合适的电阻、电容，可以构成单稳态触发器、施密特触发器电路和多谐振荡器电路等多种电路，用来作为脉冲源和进行定时或延时控制，脉冲周期和定时时间与外接的电阻、电容数值有关。

六、单稳态触发器

单稳态触发器只有一个稳定状态（0 或 1），在外部信号触发下由稳定状态翻转为暂时状态，输出脉宽为 t_P 的单脉冲，经过一定时间后自动回到稳定状态。

单稳态触发器主要用于波形整形，实现定时、延时控制和顺序控制等。图 7.2 是由 555 定时器组成的单稳态触发器。

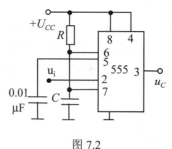

图 7.2

七、多谐振荡器

多谐振荡器是没有稳定状态的触发器，又称为无稳态触发器。在无任何输入信号的情况下，它的状态总是在"0"和"1"之间自动转换，即是两个暂稳态。接通电源后，电路自动地从一个暂稳态变换为另一个暂稳态。

多谐振荡器主要用于矩形波发生器等。图 7.3 是由 555 定时器组成的多谐振荡器。

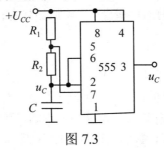

图 7.3

7.3 要 点

> **主要内容:**
> - 触发器的分析要点及方式
> - 时序逻辑电路的分析方法

一、触发器的分析要点及方式

1. 触发器有三种输入控制信号

（1）直接置位、复位信号 $\overline{S}_D$、$\overline{R}_D$：它们对低电平有效，即低电平翻转。只要其中一个低电平输入，触发器便被强迫置为"1"态或"0"态。此时触发器不受 CP 时钟脉冲的控制。这是确定原始状态的一种手段，但置位、复位信号不能同时输入，否则状态不定。

（2）时钟脉冲信号 CP：为了协调触发器系统中各部件的工作，提供一个时钟脉冲 CP，以控制各触发器在时钟节拍下统一工作和翻转。

（3）外部激励信号：时钟脉冲信号决定触发器翻转时刻，而外部激励信号（如 D，J，K，R，S 触发器等）决定触发器翻转后的状态。

可见一个触发器的工作状态要由以上三种信号共同作用来决定。

2. 触发器逻辑功能的表示方法

（1）状态表或功能表：状态表中包括输入激励信号取值，触发器原始状态(亦称初态)取值和翻转后的状态（亦称次态）的取值。而功能表则只列出输入激励信号取值和触发器次态取值，比较简洁。

（2）状态方程：由状态表归纳而列写出的逻辑方程。

（3）状态转换图：（略）。

（4）波形图（又称时序图）：画出对应于输入状态波形的输出状态波形。

二、时序逻辑电路的分析方法

1. 分析特点

时序逻辑电路是由触发器和门电路组成，而触发器要比门电路复杂，所以时序逻辑电路的分析要比组合逻辑电路复杂得多。时序逻辑电路不同于组合逻辑电路,其输出状态不仅取决于当前的输入状态,还与过去时刻的输出状态有关。作为时序逻辑电路基本元件的触发器具有记忆功能。分析时序逻辑电路应具有时序概念,了解原始状态、输入条件和状态翻转的时间顺序等。

2. 分析内容

计数器的分析内容如下:

(1)计数器是几位、几进制的;n 位二进制计数器,要用 n 个触发器,能记的最大十进制数为 2^n-1。经过 n 个脉冲循环计数一次,就是 n 进制计数器。

(2)异步还是同步的;异步计数器的计数脉冲不是同时加到各位触发器的,计数器状态的变换有先有后。同步计数器的计数脉冲同时加到各触发器的时钟脉冲端,它们的状态变换和计数脉冲同步。

(3)加法还是减法;计数递增,即为加法;反之,为减法。

3. 分析方法

常用的有如下几种。

(1)列表分析法:从初始状态开始,到分析一个计数循环结束。要根据触发器的逻辑功能判断是否具备触发条件和时钟脉冲到达后各触发器的输出电平。

(2)方程代入法:逻辑方程有时钟方程、驱动方程、状态方程等。用此方法时,先列出方程式,将参数代入即可分别得到满足逻辑电路的时钟、驱动和输出状态表达式。

(3)波形图分析法:比较直观,触发脉冲和输出状态的对应关系一目了然。波形图顺时针旋转 90° 就得到真值表。

4. 两类不同的时序电路分析

按组成时序逻辑电路的各触发器的时钟控制方法不同,可分同步时序逻辑电路和异步时序逻辑电路两类。

1)同步时序逻辑电路的分析方法

同步时序逻辑电路中各触发器在同一个时钟脉冲控制下同时进行状态转换。其分析方法是:

(1)写出各触发器的驱动方程:即外部激励信号输入端的逻辑表达式(J,K 或 D)。

(2)根据置位、复位信号输入端的状态确定各触发器原始状态值(即初态值)。

(3)根据所用触发器的种类给出其功能表,或写出其状态方程式,并将驱动方程代入得时序电路的状态方程式。

(4)列出状态转换真值表:在 CP 作用下,根据已知的初态值用状态方程或功能表求出相应的次态值,再将该次态值作为下一个初态值求下一个次态值,依次类推,直至状态回到原始状态为止。

(5)由状态转换真值表可判断电路的逻辑功能,并画出波形图。

2)异步时序逻辑电路的分析方法

异步时序逻辑电路中各触发器的 C 端不是由同一个 CP 脉冲控制,因此,各触发器不在同一时刻进行状态转换(翻转),其分析方法与同步时序逻辑电路的不同点有:

(1)列写驱动方程时不仅要列出外部激励信号输入端的逻辑式,而且还要列写出时钟控制端 C 的逻辑式。

（2）列写状态转换表时不仅列出初态值、次态值，而且在激励函数栏内还应增加 CP 状态值。

7.4 应 用

> **内容提示:**
> · 触发器电路的问题及解决方法
> · 集成 N 进制计数器的实现方式
> · 555 集成定时器的应用

一、触发器电路的问题及解决方法

1. RS 触发器的不定性

若基本 RS 触发器的 $\bar{S}_D = \bar{R}_D = 0$ 或可控 RS 触发器的 $R = S = 1$ 时，触发器将出现输出状态不确定的现象，可能出现 $Q = \bar{Q}$ 的混乱逻辑。因此 RS 触发器应用较少，JK 触发器是一种全功能触发器，由于无此现象，因而应用广泛。

2. 触发器的"空翻"现象

触发器在一个时钟脉冲作用下翻转两次以上叫"空翻"。"空翻"的后果可能引起逻辑混乱。因此，可在触发器结构上想办法解决。采用主从型触发器能解决这个问题。主从型触发器有两个触发器，主触发器接受信号，从触发器输出逻辑状态，而且它们是分别动作的。例如，主触发器接受了很多信号，但只在从触发器翻转的那一瞬间的信号才能够作用，因此避免了"空翻"。

二、集成 N 进制计数器的实现方式

（1）反馈置"0"法：将第 N 个状态反馈到置"0"端 $R_{0(1)}$ 和 $R_{0(2)}$，迫使计数器"清0"，第 N 个状态不计数而回零。

（2）反馈置"9"法：将"1001"状态作为初态，经过 N 个状态后，将该状态反馈到 $S_{9(1)}$ 和 $S_{9(2)}$，强迫电路置"9"即可。

（3）反馈预置法：对于具有置数功能的集成计数器，可以利用置数功能，将计数器的任何状态作为初态，构成 N 进制计数器。

关于 N 进制计数器和其他类型计数器（如环形计数器等）的分析方法，同前，不再赘述。

三、555 集成定时器的应用

1. 用 555 定时器对微电机进行起停控制

如图 7.4 所示 555 定时器的 6 端为高电平$(> \frac{2}{3}V_{CC})$时，3 端输出为 0；2 端为低电平$(< \frac{1}{3}V_{CC})$时，3 端输出为 1。

故按下开关 SB_1，2 端为低电平$(< \frac{1}{3}V_{CC})$，此时 3 端输出高电平 1，电机启动。开关 SB_1 松开后，6 端电平仍小于 $\frac{2}{3}V_{CC}$，2 端电平大于 $\frac{1}{3}V_{CC}$，3 端输出仍保持高电平 1，电机继续运行。

按下开关 SB_2，则 6 端为高电平($>\frac{2}{3}V_{CC}$)，2 端电平也大于 $\frac{1}{3}V_{CC}$，使 3 端输出为低电平 0，电机停止运行，开关 SB_1 松开后电机仍不转动。

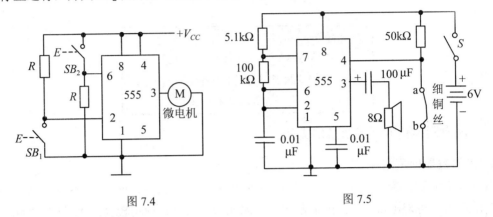

图 7.4　　　　　　　　　　　　图 7.5

2. 用 555 定时器做防盗报警器

图 7.5 所示是一个防盗报警电路，其工作原理是：用 555 定时器接成多谐振荡器。a，b 两端被一细铜丝接通，此铜丝置于盗窃者必经之处。接通开关 S 时，由于 a，b 间的细铜丝接在复位端 4 和"地"之间，555 定时器被强迫复位置"0"，扬声器中无电流通过，不发声。一旦盗窃者闯入室内碰断铜丝，4 端获得高电平，555 定时器接成的多谐振荡器开始工作，由 3 端输出频率为 700Hz 的矩形脉冲，经电容器隔直后供给扬声器交变的方波电压，供扬声器发出报警声。

3. 用 555 定时器做照明灯自动点熄电路

图 7.6 所示是照明灯自动点熄电路，图中 R 是光敏电阻。其工作原理如下：

白天：受阳光照射，光敏电阻 R 变小，555 定时器输出为低电平，不足以使继电器 KA 动作，照明灯熄灭。

夜间：无光照或光照微弱，光敏电阻 R 增大，555 定时器输出高电平，使继电器 KA 动作，接通照明灯。

100kΩ电位器用于调节动作灵敏度。阻值增大则易于熄灯，阻值减小则易于开灯。两只二极管是防止继电器线圈感应电动势损坏 555 定时器，起续流保护作用。

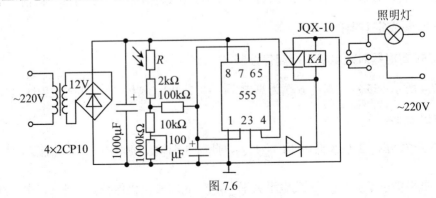

图 7.6

4. 用 555 定时器做触摸开关电路

图 7.7 所示是一简易触摸开关电路。其工作原理简述如下：

电路是由 555 定时器构成的单稳态触发器。当手摸金属片时，"2"端通过人体电阻接地，电位低于 $\frac{1}{3}V_{CC}$，定时器中触发器输出高电平，发光二极管亮。"7"端放电三极管截止，电源向电容器充电，当 $u_C \geq \frac{2}{3}V_{CC}$ 时，触发器翻转，输出低电平，发光二极管熄灭。

此开关电路输出端电路稍加改变，也可接门铃、短时用照明灯、厨房排烟风扇等。

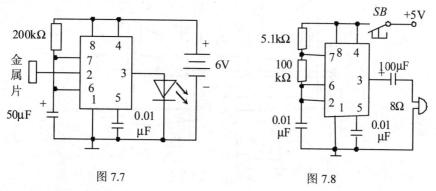

图 7.7

图 7.8

5. 用 555 定时器做门铃电路

图 7.8 所示是一门铃电路，其工作原理如下：

这是一只由 555 定时器接成的多谐振荡器电路。当接通电路电源，按下按钮 SB 时，振荡器工作，向门铃输出矩形波电压，门铃发出响声。松开按钮，门铃即停止发声。

7.5 例 题

1 可控 RS 触发器的 C,R,S 信号波形如图 7.9 所示。设触发器的原状态为 00，试画出 Q 端的波形图。

【解题思路】 可控 RS 触发器的功能不强，因为 $R=S=1$ 的状态是不允许出现的，它只有三个功能，所以它的应用受到了限制。

画波形时，先用虚线标出触发器翻转时刻，再分段画出 Q 的波形。由于可控 RS 触发器是在脉冲信号 C 上升沿触发的，所以翻转时刻应与 C 前沿同步，但如何翻转则由 R、S 决定。

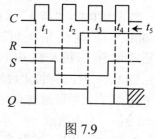

图 7.9

解 t_1 以前，$C=0$，$Q=0$（保持原状态）；

$t=t_1$，$C=1$，$R=0$，$S=1$，Q 由 0 翻为 1，并保持到下一个 C 脉冲前沿到来之前；

$t=t_2$，$C=1$，$R=0$，$S=0$，Q 保持 1 状态不变；

$t=t_3$，$C=1$，$R=1$，$S=0$，Q 由 1 翻为 0，并保持到下一个 C 脉冲前沿到来之前；

$t = t_4$，$C = 1$，$R = S = 1$，故在 $C = 1$ 的期间，触发器被强制 $Q = \overline{Q} = 1$。

$T = t_5$，C 由 1 变为 0 后，触发器输出状态不定，即 Q 端的输出可能为 0，也可能为 1，由于无法确定，故用虚线表示。

2 图 7.10 所示电路，数码由 D 端经组合逻辑电路送至触发器 F_0 输入端 D_0。试分析当 $X = 0$ 和 $X = 1$ 时，电路的逻辑功能。

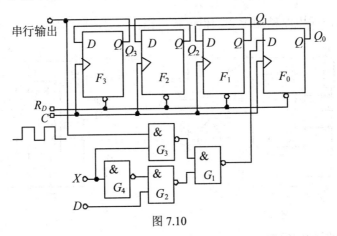

图 7.10

【解题思路】 本电路由四位左移位寄存器加组合逻辑电路构成。组合逻辑电路中的 X 为控制端，D 为信号端。改变组合逻辑电路控制输入端 X 的状态，即可改变电路的功能：当 $X = 0$ 时，可从 D 端串行输入数码；当 $X = 1$ 时，寄存在其中的数码将在 C 的作用下自循环。分析电路时，应先写出组合逻辑电路的逻辑表达式再进行分析。

解 （1）组合逻辑电路的逻辑表达式为：

$$D_0 = XQ_3 + \overline{X}D = \begin{cases} D, & X = 0 \text{ 时} \\ Q_3, & X = 1 \text{ 时} \end{cases}$$

式中，D_0 是最低位信号。

（2）分析电路作用：

当 $X = 0$ 时，"与非"门 G_3 被"封死"，高位 Q_3 的状态信息不能通过该门进入 D_0 端，但 G_3 输出为 1，使 G_1 呈"开门"状态；另外 G_4 输出为 1，使 G_2 "开门"。因而输入数据可由 D 端通过 G_1 和 G_2 进入 D_0 端，相当于 $D_0 = D$。可见在 $X = 0$ 时，此电路是一个四位左移寄存器。

当 $X = 1$ 时，G_2 被"封死"，D 端的数码不能进入 D_0 端。此时与"非门"G_3 "开门"，高位 Q_3 的状态信息可通过 G_3 和 G_1 送入 D_0 端，即 $D_0 = Q_3$，相当于将 F_0 的 D_0 输入端与最高位 Q_3 相连接，从而构成一个闭环。

在 C 的作用下，寄存在其中的数码必将处于自循环状态。

3 在图 7.11 所示电路中，设各触发器初态均为 0。试列出输入数码 **1001** 的状态表，并画出各个 Q 端的波形图。

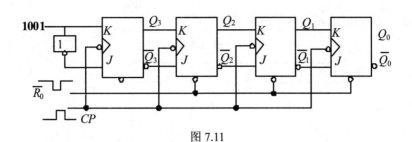

图 7.11

【解题思路】　在写状态表之前，先根据电路接线分析各触发器的功能，也可以写出 J-K 触发器的驱动方程，然后一行一行写状态表。要注意的是，四个 J-K 触发器的时钟脉冲 CP 是同步到来的，触发器的翻转是根据 CP 脉冲到来前的状态和触发器此时的功能共同决定的。来一个 CP 脉冲翻一次，四个脉冲到来后，数码 **1001** 才能全部输入，因此本题是用四个 J-K 触发器组成的移位寄存器。

解　状态表见表 7.2，各个 Q 端的波形图见图 7.12。

表 7.2

CP	Q_3	Q_2	Q_1	Q_0
0	0	0	0	0
1	1	0	0	0
2	0	1	0	0
3	0	0	1	0
4	1	0	0	1

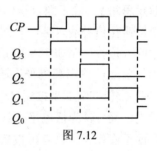

图 7.12

4　图 7.13 是由三个 D 触发器组成的时序电路。已知各触发器初始状态为 0，试写出驱动方程，列出状态表，并分析其功能。

【解题思路】　完成本题的步骤是：写驱动方程，列状态表，分析功能。分析方法同上题。

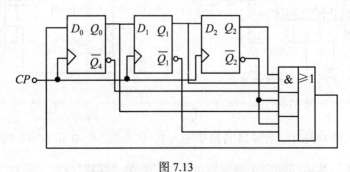

图 7.13

解　驱动方程为：

$$D_0 = \overline{Q_0}Q_1Q_2 + Q_0\overline{Q_2} + \overline{Q_1}\,\overline{Q_2}$$
$$D_1 = Q_0, \qquad D_2 = Q_1$$

状态表见表 7.3。该电路为八进制移位计数器。

表 7.3

CP	D_0	D_1	D_2	Q_0	Q_1	Q_2
0	1	0	0	0	0	0
1	1	1	0	1	0	0
2	1	1	1	1	1	0
3	0	1	1	1	1	1
4	1	0	1	0	1	1
5	0	1	0	1	0	1
6	0	0	1	0	1	0
7	0	0	0	0	0	1

5 试用四 D 触发器 74LSl75 和四输入双"与"门 74LS21 组成四人抢答电路,并说明工作过程。

【解题思路】 除了题目给出的部件加少许电阻等元部件作抢答电路的核心环节外,还必须有四个按钮作信号输入端,有四个发光部件(或再加扬声部件)作信号输出端。

解 四人抢答电路如图 8.14 所示,工作前按启动 S,使四 D 触发器清 0,发光二极管 1~4 均不发光。全部 $\overline{Q}$ 输出高电平,通过 $1G$ 门打开 $2G$ 门。使时钟脉冲 CP 作用在 CLK 端,触发器可以工作。当 4 个按钮 $1S$~$4S$ 中的任何一个(如 $1S$)首先被闭合时,$1Q$ 为高电平,1 发光管发光,而 $1\overline{Q}$ 为低电平,$1G$ 门输出低电平,$2G$ 门被封锁,触发器停止工作,其他按钮再闭合便不起作用,只有再按启动按钮 S 才可以进行下一次抢答。

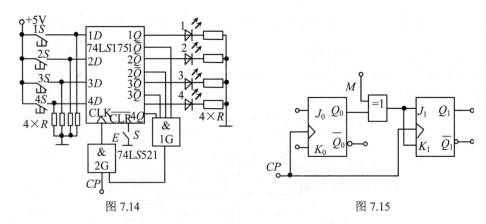

图 7.14   图 7.15

6 在图 7.15 电路中,触发器的初态均为 0,试分析 $M=0$ 和 $M=1$ 时电路的逻辑功能。

【解题思路】 本电路在两个触发器之间加了一个"异或"门,"异或"门的一个输入端 M 起控制作用。解题思路同题 4,但要分 $M=0$ 和 $M=1$ 两种情况来分析。

解 触发器驱动方程:

$$J_0 = K_0 = 1 \quad J_1 = K_1 = M \oplus Q_0$$

$M=0$ 时状态表见表 7.4。由表 7.4 可知,在 $M=0$ 时为四进制加法计数器。

$M=1$ 时状态表见表 7.5。由表 7.5 可知，在 $M=1$ 时为四进制减法计数器。

表 7.4

CP	Q_1	Q_0	J_1	K_1
0	0	0	0	0
1	0	1	1	1
2	1	0	0	0
3	1	1	1	1
4	0	0		

表 7.5

CP	Q_1	Q_0	J_1	K_1
0	0	0	0	0
1	1	1	0	0
2	1	0	1	1
3	0	1	0	0
4	0	0		

7　按异步清零法，用两片双 D 触发器 74LS74 和一片四输入端双"与非"门 74LS20，分别实现十进制计数器和七进制计数器的电路图。

【解题思路】　实现十进制计数器用四个触发器；实现七进制计数器用三个触发器。

因为：用四个触发器可做十六进制计数器，再按异步清零法实现十进制计数器。

用三个触发器可实现八进制计数器，再按异步清零法实现七进制计数器。

解　（1）十进制计数器见图 7.16(a)。

（2）七进制计数器见图 7.16(b)。

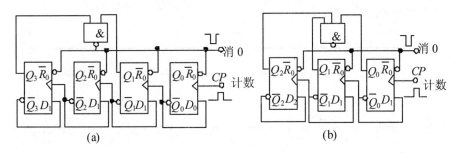

图 7.16

8　图 7.17(a)是由 JK 触发器构成的两位二进制异步计数器。两个触发器的初态为 0。

试求：（1）画出输出 Q_0，Q_1 的波形。

（2）列出状态表，判断是加法还是减法计数器。

【解题思路】　由题目可知,同步计数器的时钟脉冲是同时加到各位触发器的时钟脉冲端，各位触发器的状态变换和时钟脉冲同步;而异步计数器的计数脉冲不是同时加到各位触发器的时钟脉冲端，各位触发器的状态变换则有先后。由于异步计数器与同步计数器的区别在于各位触发器时钟脉冲不同，因此在分析时要写出其时钟脉冲方程，并根据 C 脉冲有无小圆圈，判定计数器在下降沿或上升沿翻转。

根据二进制加法计数器规则，若触发器原状态为 1，来一个 C，应翻转为 0，同时向高位输出一个进位信号。异步加法计数器应将低位的 Q 端与高位的 C 端相连接。若以低位的 $\bar{Q}$ 与相邻高位的 C 端相连接，则构成减法计数器。

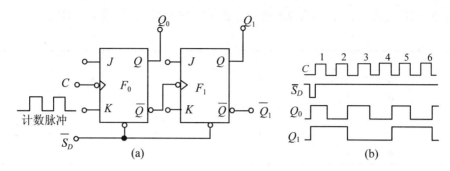

图 7.17

解 （1）输出波形分析：

触发器时钟方程：
$$CP_0 = C$$
$$CP_1 = \bar{Q}_0$$

触发器驱动方程 $\begin{cases} J_0 = K_0 = 1 & \text{即每来一个 } C，F_0 \text{ 都应翻转一次，故 } Q_0、\bar{Q}_0 \text{ 的波形} \\ & \text{如图 8.17(b)所示。} \\ J_1 = K_1 = 1 & \text{即 } C_1 = \bar{Q}_0，F_1 \text{ 在 } \bar{Q}_0 \text{ 的每一个后沿翻转，故 } Q_1 \text{ 的波形} \\ & \text{如图 8.17(b)所示。} \end{cases}$

（2）计数器的状态表如表 7.6 所示。

表 7.6

C	Q_1	Q_0
0	1	1
1	1	0
2	0	1
3	0	0

9 图 7.18(a)所示的 D 触发器和 JK 触发器，现各有两个。试用它们组成四位二进制异步加法计数器，并画出正确的连接线路图。

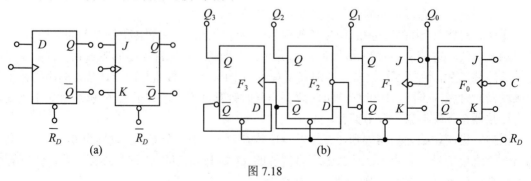

图 7.18

【解题思路】 N 位二进制加法计数器，要 N 个触发器，能记的最大十进制数为 2^N-1。

本题是由两种不同类型的四个触发器组成。由于 D 与 JK 触发器的触发时间不同，D 触发器是在 C 脉冲上升沿触发，JK 触发器是在 C 脉冲下降沿触发，因此它们的连接方式不同。JK 触发器是低位的 Q 端与高位的 C 端相连接，而 D 触发器则是低位的 $\overline{Q}$ 端与高位的 C 端相连接。

要构成异步加法计数器，需将 JK 触发器接成计数功能即悬空。D 触发器则应转换为 T′ 触发器。

解　连接电路如图 7.18(b)所示。对于 D 转换的 T′ 触发器，$Q_{n+1} = \overline{Q}_n = D$。

JK 触发器 $J = K = 1$。D 触发器在 C 的前沿触发，当前一级的 Q 从 1 变成 0 进位时，应取 $\overline{Q}$ 为进位 C 端。JK 触发器后沿触发，应接前一级的 Q 端。清零端 R_D 为低电平有效。

$\boxed{10}$　在图 7.19 所示计数器中，设初始状态为 000。试列出状态表，说明它是一个具有何种功能的计数器。

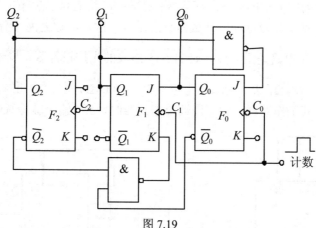

图 7.19

【解题思路】　图示计数器可按任意进制计数器（亦称 N 进制计数器，即每来 N 个计数脉冲，计数器状态重复一次）分析。其方法是：对于同步计数器，由于计数脉冲接到每个触发器的 C 端，因而触发器的状态是否翻转只由其驱动方程判断；而异步计数器还必须同时考虑各触发器的 C 触发脉冲是否出现。因此应注意的是，填写异步计数器的状态表与同步计数器不同之处在于：决定触发器的状态，除了要看其 J, K 值，还要看其时钟输入端是否出现触发脉冲的后沿（下降沿）。

解　（1）时钟方程为 $C_0 = C_1 = C$，$C_2 = Q_1$，所以该计数器为异步计数器。

（2）各触发器的驱动方程为：　$J_0 = \overline{Q}_2 + \overline{Q}_1$,　　　$K_0 = 1$

$$J_1 = Q_0,\qquad\qquad K_1 = Q_2 + Q_0$$

$$J_2 = K_2 = 1$$

当初始状态为 000 时，则各触发器的电平分别为：

$$J_0 = K_0 = 1$$

$$J_1 = K_1 = 0$$

$$J_2 = K_2 = 0$$

（3）根据 JK 触发器的功能表，可得触发器的下一状态为 001，再以 001 分析下一个状态，此时各触发器的状态为010。由此反复，直到恢复初始状态000为止。将分析过程列表即为状态表，如表7.7所示。

表 7.7

C	Q_2	Q_1	Q_0	C	Q_2	Q_1	Q_0
0	0	0	0	4	1	0	0
1	0	0	1	5	1	0	1
2	0	1	0	6	1	1	0
3	0	1	1	7	0	0	0

由表7.7可见，经过7个脉冲触发器状态循环一次，所以该电路为七进制异步计数器。同时也可以看出，这7个脉冲是按照加法的自然顺序循环的，因此也称七进制加法异步计数器。

计数器的状态有的按加法的自然顺序重复；有的按减法的自然顺序重复；有的不按自然顺序重复；但只要每来 N 个计数脉冲，计数器状态重复一次，就称之为 N 计数器。

11 图7.20所示电路是用集成定时器555组成的光控报警器。设光敏三极管的饱和管压降为0，已知：$R_1 = 18\text{k}\Omega$，$R_2 = 2\text{k}\Omega$，电位器 $Rp = 100\text{k}\Omega$，$C = 0.01\mu\text{F}$。

试求：（1）说明其工作原理；（2）当调节电位器时，555输出脉冲频率的变化范围。

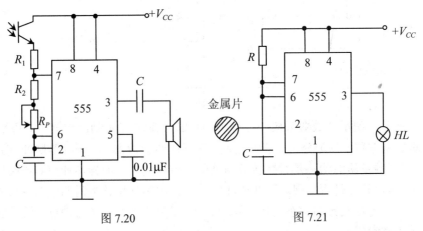

图 7.20　　　　　　　　图 7.21

【解题思路】　该电路是由555定时器组成的多谐振荡器。用多谐振荡器原理分析电路，并用其振荡周期 T 的计算公式，分别计算 $R_P = 0$ 及 $R_P = 100\text{k}\Omega$ 时的振荡频率，从而得到频率的变化范围。

解　（1）工作原理说明：当光敏三极管被挡住光线时，振荡器停止工作；当其被光线照射时，光敏三极管饱和导通，振荡器开始工作，扬声器发出报警声。

（2）555输出脉冲频率的变化范围：

当 $R_P = 0$ 时，　$T = 0.7(R_1+2R_2)C = 0.7 \times (18+2 \times 2) \times 0.01 = 0.154$ (ms)

$$f = \frac{1}{T} 6.5 \text{(kHz)}$$

当 $R_P = 100\text{k}\Omega$ 时，　$T = 0.7(R_1+2(R_2+R_P))C = 0.7 \times (18+2 \times 102) \times 0.01 = 1.554$ (ms)

$$f = \frac{1}{T} = 0.64 \text{ (kHz)}$$

输出脉冲频率的变化范围为 0.64kHz～6.5kHz。

12 图 7.21 所示是用 555 定时器构成的触摸开关电路。当用手摸一下金属片，人体接收的感应信号加到 2 端，使 3 端输出高电平，小灯泡就会发亮一段时间。如果 $R = 390\text{k}\Omega$，触摸后小灯泡发亮的时间为 20s，求 C 值。

【解题思路】 该电路是用 555 定时器组成的单稳态触发器，由输出电压的脉冲宽度 t_p 求电容 C。

解 $t_p = 1.1RC$ $\qquad C = \dfrac{t_p}{1.1R} = \dfrac{20}{1.1 \times 390 \times 10^3} = 47$（μF）

7.6 练 习

一、单项选择题（将唯一正确的答案代码填入下列各题括号内）

1 具有"置 0"、"置 1"、"保持"和"计数"功能的触发器是（ ）。

（a）RS 触发器 （b）JK 触发器 （c）D 触发器 （d）T 触发器

2 具有"置 0"、"置 1"功能的触发器是（ ）。

（a）RS 触发器 （b）JK 触发器 （c）D 触发器 （d）T 触发器

3 在可控 RS 触发器中，当 $S = S_D = 0$，$R = R_D = 1$ 时，该触发器具有（ ）功能。

（a）不定 （b）保持 （c）置"0" （d）置"1"

4 触发器由门电路组成，它的主要特点是（ ）。

（a）无记忆功能 （b）有记忆功能 （c）与门电路相同

5 时序电路输出状态的改变与（ ）有关。

（a）电路原状态
（b）输入信号此刻状态
（c）电路原状态和输入信号此刻状态

6 下列逻辑电路，（ ）属于时序逻辑电路。

（a）加法器 （b）译码器 （c）数据分配器 （d）计数器

7 555 集成定时器由（ ）组成的。

（a）模拟器件　　　（b）数字器件　　　（c）模拟与数字器件混合

8 对于图 7.22 所示逻辑电路，在 D 触发器的输入端加门电路进行功能转换，当 $A=$ "0" 时，D 触发器将被转换成（　　　）。

（a）JK 触发器　　　（b）D 触发器　　　（c）T 触发器　　　（d）T'触发器

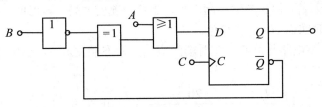

图 7.22

9 在图 7.22 逻辑电路中，当 $A=$ "0"，$B=$ "1" 时，C 脉冲来到后 D 触发器具有（　　　）功能。

（a）计数　　　（b）保持　　　（c）置 "0"　　　（d）置 "1"

10 在图 7.23 所示逻辑电路中，输入为 X，Y，和它功能相同的是（　　　）。

（a）可控 RS 触发器　　（b）JK 触发器　　（c）基本 RS 触发器　　（d）T 触发器

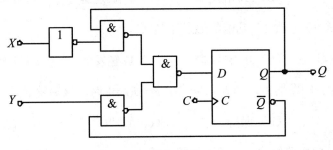

图 7.23

11 在图 7.23 所示逻辑电路中，$X=1$，$Y=1$，输出端的功能是（　　　）。

（a）计数　　　（b）保持　　　（c）置 "0"　　　（d）置 "1"

12 在图 7.24 各电路中，能完成计数功能的电路是图（　　　）。

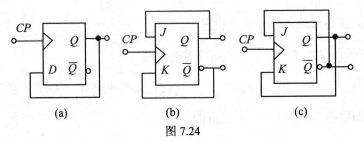

（a）　　　　　　　（b）　　　　　　　（c）

图 7.24

13 在图 7.25 所示电路中，触发器的初态 $Q_1Q_0 = 01$，则在第一个 CP 脉冲作用后，输出 Q_1Q_0 为（　　）。

（a）00　　　　　　（b）01　　　　　　（c）10　　　　　　（d）11

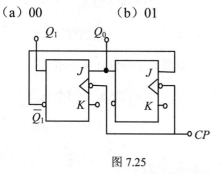

图 7.25　　　　　　　　　　　　　　图 7.26

14 在图 7.26 所示电路中，触发器的初态 $Q_BQ_A = 00$，则在第一个 CP 脉冲作用后，输出 Q_BQ_A 为（　　）。

（a）00　　　　　　（b）01　　　　　　（c）10　　　　　　（d）11

15 下降沿触发的 D 触发器，其输出 $\overline{Q}$ 与输入 D 连接，触发器的初态为 0，在 CP 脉冲作用下，输出 Q 的波形为图 7.27 中的波形（　　）。

（a）①　　　　　　（b）②　　　　　　（c）③

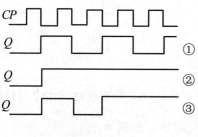　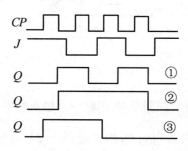

图 7.27　　　　　　　　　　　　　　图 7.28

16 下降沿触发的 JK 触发器，其输出 Q 与输入 K 连接，触发器的初态为 0，在 CP 脉冲作用下，输出 Q 的波形为图 7.28 中的波形（　　）。

（a）①　　　　　　（b）②　　　　　　（c）③

17 下降沿触发的 JK 触发器，其初始状态为 0，J、K 连接在一起，并加输入信号，在 CP 脉冲作用下，输出 Q 的波形为图 7.28 中的波形（　　）。

（a）①　　　　　　（b）②　　　　　　（c）③

18 74LS290 型计数器是异步二—五—十进制计数器。试用（　　）片 74LS290 联成数字钟里的六十进制电路。

　　（a）1　　　　　　（b）2　　　　　　（c）3　　　　　　（d）4

19　由 555 集成定时器组成的单稳态触发器，加大定时电容，则（　　　）。

　　（a）增大输出脉冲的幅度　　（b）增大输出脉冲的宽度　　（c）对输出脉冲无影响

20　由 555 集成定时器组成的多谐振荡器，要使振荡频率降低，可采取（　　　）。

　　（a）增加电容　　　　　　　　（b）减小电阻　　　　　　　　（c）降低电源电压

二、非客观题

1　分别画出实现下列要求的触发器的功能转换电路图。

（1）D 转换 T′；　　　（2）JK 转换 D；　　　（3）JK 转换 T；　　　（4）RS 转换 T。

2　在图 7.29（a）电路中，已知 A，C 的波形如图 7.29(b)所示，试画出 Q 和 F 端波形。设触发器的初态为 0。

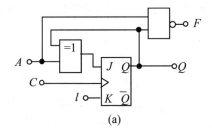
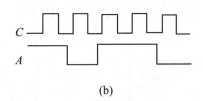

（a）　　　　　　　　　　　　　　　　　（b）

图 7.29

3　在图 7.30 电路中，触发器的初态均为零。求：（1）画出在连续七个时钟脉冲 C 作用下输出端 Q_1，Q_0 和 F 波形；（2）分析输出端 F 与时钟 C 的关系。

4　分析图 7.31 同步计数器，画出输出端 Q_1，Q_0 的波形图。设触发器的初态为 1。

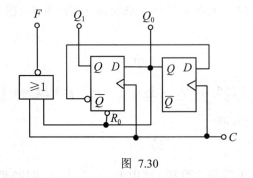
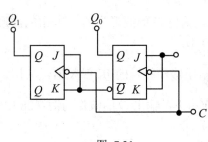

图 7.30　　　　　　　　　　　　　　　　图 7.31

5 电路如图 7.32 所示。假设触发器初态为 1，画出在六个时钟脉冲 C 作用下 Q_1，Q_0 的波形，说明电路的逻辑功能。

6 画出图 7.33 所示电路输出端 Q_2，Q_1，Q_0 的波形。假设触发器初态 $Q_2Q_1Q_0=001$。

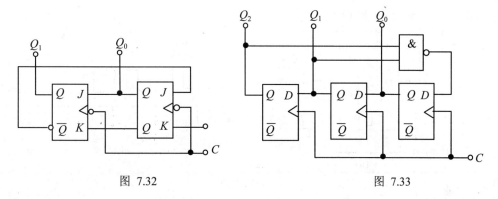

图 7.32   图 7.33

7 由 74LS290 集成计数器构成计数电路如图 7.34 所示。试分析它们各为几进制计数器?

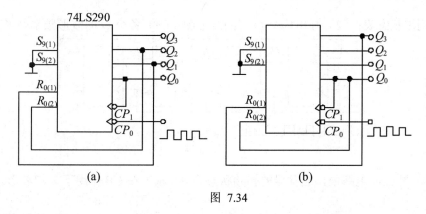

(a)   (b)

图 7.34

8 根据 555 定时器功能表，写出图 7.35 中开关 S 打开和闭合时，输出电压 U_0 的周期 T 的计算公式。

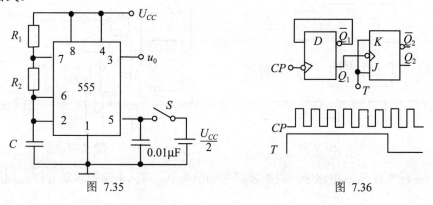

图 7.35   图 7.36

9 在图 7.36 所示电路中，设 Q_1，Q_2 的初值均为 0。已知 CP 和 T 的波形，试画出 Q_1 和 Q_2 的波形。

10 在图 7.37(a)所示电路中，两个触发器的初始状态均为 0，输入端 A 和 CP 的波形如图 7.37(b)所示，画出 Q_1 和 Q_2 的波形。

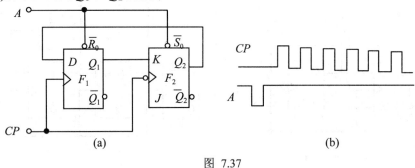

图 7.37

11 图 7.38 所示电路，设各触发器的初态为 0，已知 CP 脉冲的频率是 1kHz，试求：

（1）列出状态表；（2）画出各个 Q 端的波形图；（3）各个 Q 的波形频率是多少？

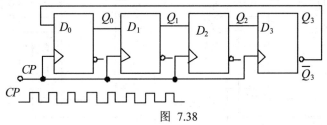

图 7.38

12 在图 7.39 电路中，触发器的初始状态为 0，画出在 CP 作用下 Z 的波形。

13 在图 7.40 所示电路中，设触发器的初值为 0，试分析功能。（几进制计数器，同步或异步，加法或减法）。

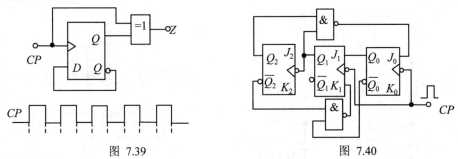

图 7.39   图 7.40

14 在图 7.41 所示电路中，设触发器的初值为 0，写出电路的驱动方程，列出状态表，

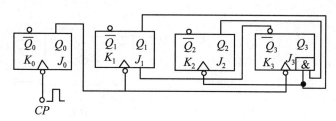

图 7.41

试分析电路功能。（几进制计数器，同步或异步，加法或减法）。

15　图 7.42 所示电路为用集成定时器 555 组成的单稳态触发器,已知定时电容 C=10μF,若输出脉宽 t_p=1.1s，问定时电阻 R 应取何值?

16　在图 7.43 所示电路中，是由集成定时器 555 构成的施密特触发器电路。已知 u_i=12sinωtV，试画出输出电压 u_o 的波形。

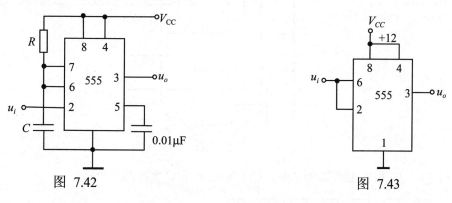

图 7.42　　　　　　　图 7.43

附：7.6　练习参考答案

一、单项选择题答案

1.（b）　2.（c）　3.（c）　4.（b）　5.（c）　6.（d）　7.（c）　8.（c）　9.（a）
10.（b）　11.（a）　12.（c）　13.（c）　14.（c）　15.（a）　16.（a）　17.（b）　18.（b）
19.（b）　20.（a）

二、非客观题答案

1. 四种触发器功能转换电路如图 7.44。
2. Q 和 F 波形如图 7.45。

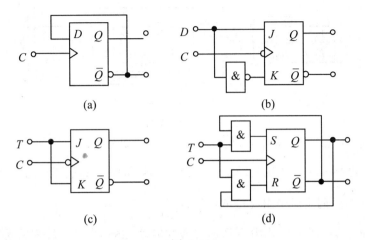

图 7.44

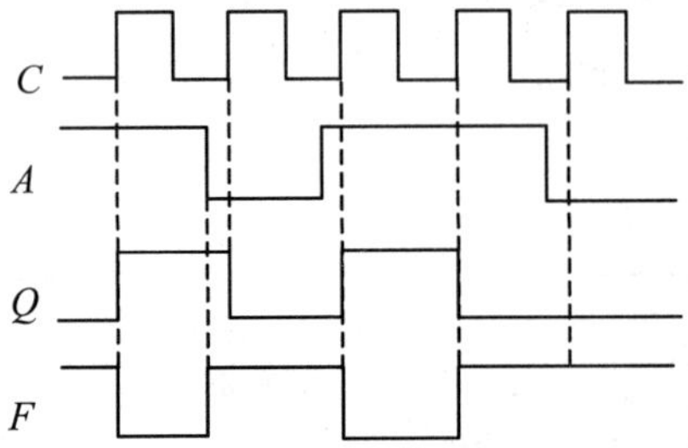

图 7.45

3.（1）Q_1，Q_0 和 F 波形如图 7.46；（2）输出 F 是 C 脉冲的三分频。

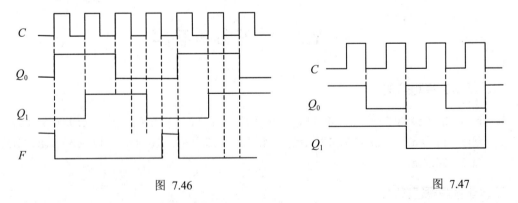

图 7.46

图 7.47

4. 两位同步二进制减法计数器输出波形如图 7.47。

5. 波形图如图 7.48 所示。电路为同步三进制加法计数器。

6. Q_0，Q_1，Q_2 的波形如图 7.49 所示。

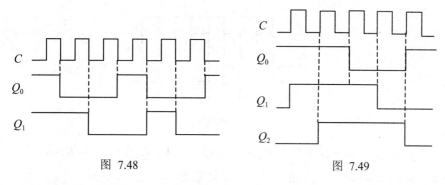

图 7.48　　　　　　　　　　　　　　　　图 7.49

7. 图 7.34(a)为六进制计数器，图 7.34(b)为九进制计数器。

8. 电路为多谐振荡器。S 打开时，$T = (R_1 + 2R_2)C\ln 2$；S 闭合时，555 定时器内部比较器的高、低触发电平分别变为 $\dfrac{U_{CC}}{2}$ 和 $\dfrac{U_{CC}}{4}$，所以

$$T = R_1 C\ln 1.5 + R_2 C\ln 3$$

9. Q_1 和 Q_2 的波形见图 7.50。

10. Q_1 和 Q_2 的波形见图 7.51。

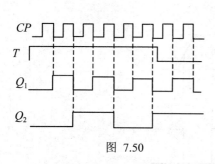

图 7.50

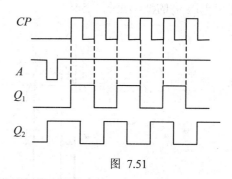

图 7.51

11. （1）状态表见表 7.8；（2）各个 Q 端的波形见图 7.52。

表 7.8

CP	Q_0	Q_1	Q_2	Q_3
0	0	0	0	0
1	1	0	0	0
2	1	1	0	0
3	1	1	1	0
4	1	1	1	1
5	0	1	1	1
6	0	0	1	1
7	0	0	0	1
8	0	0	0	0

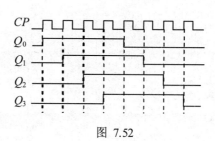

图 7.52

（3）各个 Q 的波形频率相同，均是 125Hz。

12. Z 的波形见图 7.53。

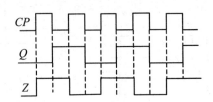

图 7.53

13.（1）驱动方程：$J_0=\overline{Q}_1+\overline{Q}_2$，$K_0=1$ $J_1=Q_0$， $K_1=Q_0+Q_2$， $J_2=K_2=1$；

（2）状态表(略)；（3）七进制异步加法计数器。

14.（1）驱动方程：$J_0=K_0=1$ CP 下沿翻转 $J_1=\overline{Q}_3$ $K_1=1$ Q_0 下沿翻转

$J_2=K_2=1$ Q_1 下沿翻转 $J_3=Q_1Q_2$ $K_3=1$ Q_0 下沿翻转

（2）状态表(略)；   （3）十进制异步加法计数器。

15. $t_p=1.1RC$，$R=100\text{k}\Omega$

16. $V_{T+}=\dfrac{2}{3}V_{CC}=8\text{V}$， $V_{T-}=\dfrac{1}{3}V_{CC}=4\text{V}$

输出电压 u_o 的波形见图 7.54。

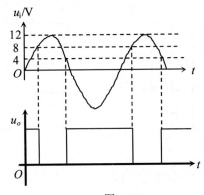

图 7.54

第8章　模拟量和数字量的转换

8.1　目　　标

（1）了解 T 形电阻网络数—模转换器（D/A）和逐次逼近型模—数转换器（A/D）的工作原理和主要技术指标。

（2）了解 D/A、A/D 的作用。

8.2　内　　容

8.2.1　D/A、A/D 的作用

模—数转换器和数—模转换器都是计算机与外部设备的重要接口，也是数字测量和数字控制系统的重要部件。

8.2.2　D/A 转换器

一、D/A 转换器的结构

D/A 转换器是利用电阻网络和模拟开关，将多位二进制数转换为与之成比例的模拟量。结构方式有多种，如全电阻型、T 形电阻网络型等。一般 D/A 转换器由三部分组成：

（1）由 CMOS 模拟开关构成开关网络，有多少位二进制代码就有多少个开关。

（2）表示各条位线权值大小的电路一般采用电阻网络实现。

（3）电流或电压转换电路由集成运算放大器实现。

二、T 形电阻网络 D/A 转换器

四位 T 形电阻网络转换电路如图 8.1 所示。

1. 工作原理

由二进制数字量控制电子模拟开关，再由电子模拟开关控制电阻网络，输入二进制量不同，电阻网络等效电阻不同，经运算放大器运算得出对应模拟量。

2. 输出模拟电压与输入量的关系

输出模拟电压 U_o 与输入四位数字量的关系：

$$U_o = -\frac{R_F U_R}{3R \times 2^4}(d_3 2^3 + d_2 2^2 + d_1 2^1 + d_0 2^0)$$

若输入 n 位二进制数字量，则：

$$U_o = -\frac{R_F U_R}{3R \times 2^n}(d_{n-1} 2^{n-1} + d_{n-2} 2^{n-2} + \cdots + d_0 2^0)$$

当 $R_F = 3R$ 时，

$$U_o = -\frac{U_R}{2^n}(d_{n-1} 2^{n-1} + d_{n-2} 2^{n-2} + \cdots + d_0 2^0)$$

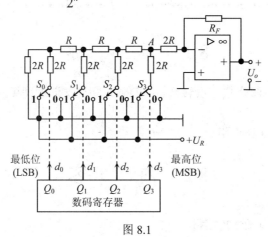

图 8.1

3. 技术指标

1) 分辨率

（1）它是说明 D/A 转换器在理论上可达到的精度的技术指标。

（2）它的计算方法是最小输出电压（对应输入数字量 1）与最大输出电压（对应输入数字量各位全 1）之比。该比值取决于 D/A 的位数，n 位 D/A 的分辨率为 $\frac{1}{2^n - 1}$。

2) 转换精度

（1）它是说明 D/A 转换器实际上能达到的转换精度的技术指标。

（2）它的计算方法是输出模拟电压的实际值与理论值之差。

此外，还有转换速度、线性度、电源抑制比等技术指标。

8.2.3   A/D 转换器

A/D 转换器是将输入的模拟电压转换为与其成比例的输出数字量。结构方式有多种，如并行电压比较型、逐次逼近型、双积分型等。

8.3   要   点

本章主要内容：

（1）D/A、A/D 转换器的作用。

（2）D/A 转换器输出模拟量与输入数字量的关系。

（3）D/A 转换器主要技术指标。

8.4　例　　题

1　在一个八位 T 形电阻网络 DAC 中，设 U_R=+5V，R_F=3R，试求：$d_7 \sim d_0$ = **11111111**，

10000000，**00000000** 时的输出电压 U_o 及该 DAC 的分辨率。

【解题思路】　应用 T 形电阻网络 D/A 转换的公式，将已知量代入。

解　（1）$U_o = -\dfrac{U_R}{2^8}(1 \times 2^7 + 1 \times 2^6 + \cdots + 1 \times 2^0) = -\dfrac{5}{2^8}(2^8 - 1) = -4.98$ (V)

（2）$U_o = -\dfrac{U_R}{2^8} \times 2^7 = -2.5$ V

（3）$U_o = -\dfrac{U_R}{2^8} \times 0 = 0$ V

8 位 D/A 转换器的分辨率为 $\dfrac{1}{2^8 - 1} \times 100\% \approx 0.392\%$

2　有一个八位 T 形电阻网络 DAC，R_F=3R，若 $d_7 \sim d_0$=**00000001** 时 U_0=− 0.04 V，那

么 **00010110** 和 **11111111** 时的 U_o 各为多少？

【解题思路】　灵活应用 T 形电阻网络 D/A 转换的公式。

解　当 $d_7 \sim d_0$ = **00000001** 时 U_o = −0.04V，由 D/A 转换公式可知：

$$U_o = -\dfrac{U_R}{2^8} \times 1 = -0.04 \text{ V}, \quad \text{则 } U_R = 10.24 \text{ V}$$

（1）当 $d_7 \sim d_0$ = **00010110** 时，$U_o = -\dfrac{U_R}{2^8}(2^4 + 2^2 + 2^1) = -0.04 \times 21 = -0.84$ (V)

（2）当 $d_7 \sim d_0$ = **11111111** 时，$U_o = -\dfrac{U_R}{2^8}(2^7 + 2^6 + \cdots + 2^0) = -0.04 \times 255 = -10.2$ (V)

3　某 DAC 要求十位二进制数能代表 0～50V，试问此二进制数的最低位代表几伏？

【解题思路】　灵活应用 DAC 的转换公式。

解　若 $d_9 \sim d_0$ 全 **0** 时 U_0=0V；$d_9 \sim d_0$ 全 **1** 时 U_o = 50V

则 $U_o = -\dfrac{R_F U_R}{3R \cdot 2^{10}}(2^9 + \cdots + 2^0) = -50V$，解出 $\dfrac{R_F U_R}{3R \cdot 2^{10}} = \dfrac{50}{2^{10} - 1} = 0.049$ (V)

当 $d_9 \sim d_0$=**0000000001** 时，$U_0 = -\dfrac{R_F U_R}{3R \cdot 2^{10}} \times 1 = -0.049$ (V)

故此二进制数的最低位代表 0.049V。

4　某四位倒 T 形电阻网络 DAC，U_R = 10V，R_F =R，当 $d_3 d_2 d_1 d_0$ = **1010** 时，试计算输

出电压 U_o。

【解题思路】 应用倒 T 形电阻网络 DAC 的转换公式。

解 $U_o = -\dfrac{U_R}{2^n}(d_{n-1}2^{n-1}+d_{n-2}2^{n-2}+\cdots+d_02^0)$

当 $d_3d_2d_1d_0=$**1010** 时，$U_o = -\dfrac{10}{2^4}(2^3+2^1) = -\dfrac{10}{2^4}\times 10 = -6.25$ (V)

8.5 练 习

一、单项选择题（将唯一正确答案代码填入下列各题括号内）

1 数/模转换器的分辨率取决于（　　　）。

（a）输入的二进制数字信号的位数，位数越多分辨率越高

（b）输出的模拟电压的大小，输出的模拟电压越高分辨率越高

（c）参考电压 U_R 的大小，U_R 越大分辨率越高

2 某数－模转换器的输入为八位二进制数字信号（$d_7 \sim d_0$）输出为 0～25.5V 的模拟电压。若数字信号最高位为"1"，其余各位为"0"，则输出的模拟电压为（　　　）。

（a）1V　　　　　　　　（b）12.8V　　　　　　　　（c）13.8V

3 某数—模转换器的输入为八位二进制数字信号（$d_7 \sim d_0$），最低位为"1"，其余各位为"0"时，输出的模拟电压为 0.1V，则该数—模转换器的参考电压为（　　　）。

（a）25.5V　　　　　　　（b）25V　　　　　　　　（c）25.6V

4 8 位 D/A 转换器的分辨率为（　　　）。

（a）$\dfrac{1}{2^8}$　　　　　　（b）$\dfrac{1}{2^8-1}$　　　　　　（c）2^8-1

5 D/A 转换器的转换精度决定于（　　　）。

（a）转换速度　　　　（b）线性度和转换误差　　　　（c）分辨率与转换误差

6 D/A 转换器的转换精度要求小于 0.25%，则该 D/A 转换器的位数应大于（　　　）。

（a）4 位　　　　　　　（b）6 位　　　　　　　　（c）8 位

二、非客观题

1 某十位 T 形电阻网络 DAC 中，$U_R=10$V，$R_F=3R$。计算：（1）该 DAC 的分辨率；

（2）若输入数字量 $d_9 \sim d_0$ 分别为：全"1"；最低位为"1"，其余全为"0"；最高位为"1"，

其余全为"0"时,输出电压 U_o 各为多少?

2 某八位 DAC 最小输出电压增量为 0.02V,当输入代码为 **01010101** 时,输出电压 U_o 为多少?

3 已知倒 T 形电阻网络 DAC 中,$R_F=R$,$U_R=10$V,试分别求出四位和八位 DAC 的最小输出电压,并说明这种 DAC 最小电压与位数的关系。

4 在某八位倒 T 形电阻网络 DAC 中,$R_F=R$,输出电压最小增量为 0.0195V,试求参考电压 U_R 及最大输出电压 $U_{o\max}$。

附:8.5 练习参考答案

一、单项选择题

1.(a) 2.(b) 3.(c) 4.(b) 5.(c) 6.(c)

二、非客观题

1.(1) 0.09775% (2) −9.99V, −0.0098V, −5V

2. 1.7V

3.(1) −0.63V,−0.04V

  (2) 在 U_R 和 R_F 相同的条件下,倒 T 形电阻网络 DAC 的位数越多,输出最小电压值越小。

4.(1) 4.992V (2) −4.9725V

上 篇

电子同步指导

第二部分 试卷分析

《电子技术》试卷1

（120分钟）

一、**单项选择题**（在下列各题中，只有唯一正确的答案。将答案代码填入括号内）

（本大题分 15 小题，每小题 2 分，共 30 分）

1. 图示电路中，U_o 为（   ）。其中，忽略二极管的正向压降。

（a）4V   （b）1V   （c）10V

2. 在图示稳压电路中，已知 $U_i = 40\,\text{V}$，$U_o = 10\,\text{V}$，$I_z = 10\,\text{mA}$，$R_L = 500\,\Omega$，则限流电阻 R 应为（   ）。

（a）1000Ω   （b）500Ω   （c）250Ω

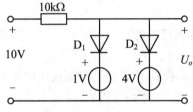

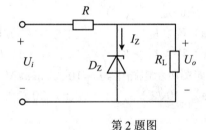

第 1 题图   第 2 题图

3. 图示触发器（$T=0$）具有（   ）功能。

（a）保持   （b）计数   （c）置 0

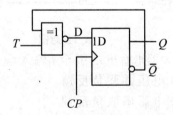

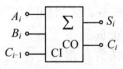

第 3 题图   第 4 题图

4. 如图示电路，当 A_i = "1"，B_i = "1"，C_{i-1} = "1" 时，C_i 和 S_i 分别为（   ）。

（a）$C_i = 0$，$S_i = 0$ （b）$C_i = 1$，$S_i = 1$ （c）$C_i = 1$，$S_i = 0$

5. 希望提高放大器的输入电阻和带负载能力，应引入（   ）。

（a）并联电流负反馈   （b）串联电流负反馈   （c）串联电压负反馈

6. 射极输出器（   ）。

（a）有电流放大作用，没有电压放大作用

（b）有电流放大作用，也有电压放大作用

（c）没有电流放大作用，也没有电压放大作用

7. 如图所示的组合逻辑电路的逻辑式为（   ）。

（a）$Y = \overline{A}$ （b）$Y = A$ （c）$Y = 1$

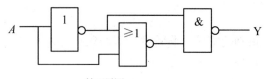

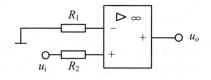

第7题图   第8题图

8. 如图所示电路中，若u_i为正弦电压，则u_o为（   ）。

（a）与u_i同相的正弦电压   （b）与u_i反相的正弦电压

（c）矩形波电压

9. 时序逻辑电路的输出取决于（   ）。

（a）电路原来的状态   （b）输入信号的状态

（c）输入信号的状态和电路原来的状态

10. NPN型晶体管工作在放大状态时，基极电位V_B、集电极电位V_C和发射极电位V_E之间大小关系正确的是　（   ）

（a）$V_B > V_c > V_E$ （b）$V_B > V_E > V_c$

（c）$V_E > V_B > V_c$ （d）$V_C > V_B > V_E$

11. 在如图所示电路中，$u = 10\sqrt{2}\sin\omega t$ V，二极管 D 承受的最高反向电压 U_{RM}为（   ）。

（a）$10\sqrt{2}$ V   （b）$20\sqrt{2}$ V   （c）10V

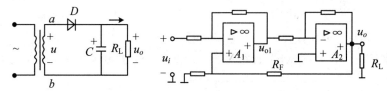

第 11 题图   第 12 题图

12. 电路如图所示，试判别从运算放大器A_2输出端引至A_1输入端的是（   ）。

（a）电流并联负反馈   （b）电压并联负反馈

（c）电流串联负反馈   （d）电压串联负反馈

13. 由 CT74LS290 集成计数器构成的计数器电路如图所示，试分析它为（   ）计数器。

（a）五进制   （b）六进制   （c）七进制

14. 在单相桥式整流电路中，$u = 141\sin\omega t$ V，若有一只二极管断开，则整流电压平均值U_o为（   ）。

（a）63.45V   （b）45V   （c）90V

15. 图示电路中的晶体管原处于放大状态，若将R_B调到零，则晶体管（   ）。

（a）处于饱和状态   （b）处于放大状态   （c）被烧毁

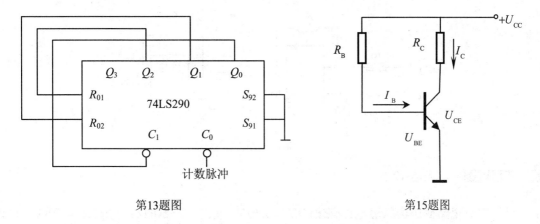

第13题图　　　　　　　　　　　　第15题图

二、非客观题（本大题 12 分）

在图示的分压式偏置放大电路中，已知 $U_{CC}=24V$ ，$R_C=3.3k\Omega$ ，$R_E=1.5k\Omega$ ，$R_{B1}=33k\Omega$，$R_{B2}=10k\Omega$，$R_L=5.1k\Omega$，晶体管的 $\beta=66$。并设 $R_S\approx0$。（1）试求静态值 I_B，I_C，U_{CE}；（2）画出微变等效电路；（3）计算晶体管的输入电阻 r_{be}；（4）计算电压放大倍数 A_u；（5）估算放大电路的输入电阻和输出电阻。

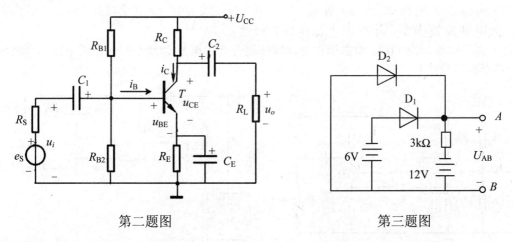

第二题图　　　　　　　　　　　　第三题图

三、非客观题（本大题 6 分）

图示电路中，已知二极管 D_1,D_2 为理想二极管，求 U_{AB} 的值。

四、非客观题（本大题 8 分）

如图电路中，各集成运放输出电压的饱和值均为 $\pm15V$，$u_{i1}=1.1V$，$u_{i2}=1V$，$R_1=R_2=10k\Omega$，$R_3=20k\Omega$，$R_F=20k\Omega$，$R_4=20k\Omega$，$C_F=1\mu F$。在输入电压接入之前电容没有储能。求接入输入电压 2 秒钟后输出电压 u_o 的值。

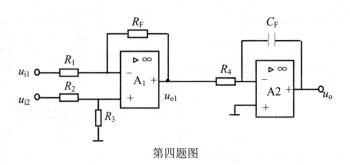

第四题图

五、非客观题（本大题 12 分）

已知整流电路变压器原边电压有效值 $U_1 = 220\,\text{V}$，频率 $f = 50\text{Hz}$，负载 $R_L = 50\Omega$。设计一带电容滤波的桥式整流电路，要求输出直流电压 $U_o = 24\,\text{V}$。求：

（1）计算流过整流二极管的电流 I_D 和其承受的反向电压 U_{DRM}；

（2）计算选择的滤波电容 C 及电容两端承受电压的最大电压 U_C；

（3）求出电源变压器副边电流的有效值 I。

六、非客观题（本大题 6 分）

（1）两级放大电路如图（a）所示，判断图中两级放大电路之间交流反馈极性，若为负反馈，指出其反馈类型；并在图上标出瞬时极性；

（2）振荡电路如图（b），根据相位条件判断能否产生振荡，为什么？（在图中标出判断所涉及的各点瞬时极性）。

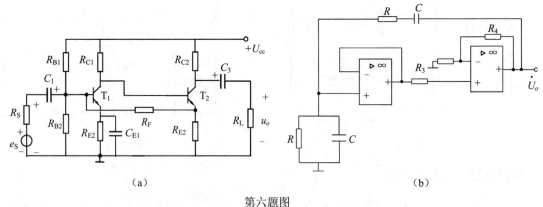

（a）   （b）

第六题图

七、非客观题（本大题 12 分）

某十字路口的交通管理灯需要一个报警电路，当红（A）、黄（B）、绿（C）三种信号灯单独亮或者黄、绿灯同时亮时为正常情况，其他情况均属不正常。发生不正常情况时，输出端应输出高电平报警信号（F）。试用与非门实现这一要求。

八、非客观题（本大题 4 分）

根据图示的逻辑图及相应的 CP，$\overline{R}_D$ 和 D 的波形，试画出 Q_1 端和 Q_2 端的输出波形。

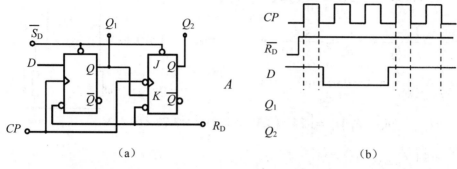

（a）　　　　　　　　　　　　　　（b）

第八题图

九、非客观题（本大题 10 分）

（1）试写出如下逻辑电路图中各触发器输入端 J，K，CP 的逻辑式 ；（2）列出状态表，说明其逻辑功能（同步还是异步、几进制计数器）； 设各触发器初始状态为"000"。

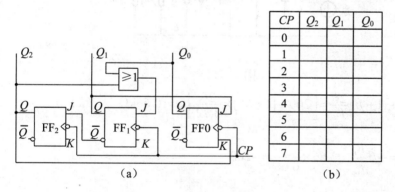

CP	Q_2	Q_1	Q_0
0			
1			
2			
3			
4			
5			
6			
7			

（a）　　　　　　　　　　　　　　（b）

第九题图

《电子技术》　试卷 1 答案及分析

一、单项选择题（每小题 2 分，共 30 分）

题目	1	2	3	4	5	6	7	8	9	10	11	12	13	14	15
答案	b	a	a	a	b	c	a	c	c	c	d	b	d	b	b	a

二、非客观题（本大题 12 分）

【解】 （1）电路的直流通路如图二（1）所示。

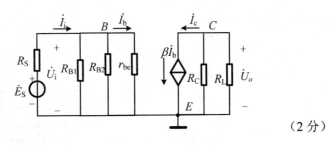

$$V_B \approx \frac{R_{B2}}{R_{B1}+R_{B2}}U_{CC} = \frac{10}{33+10} \times 24V = 5.58\ V$$

$$I_C \approx I_E = \frac{V_B - U_{BE}}{R_E} \approx \frac{V_B}{R_E} = \frac{5.58}{1.5 \times 10^3}\ A = 3.72\ mA \quad （1分）$$

$$I_B \approx \frac{I_C}{\beta} = \frac{3.72}{66}\ mA = 0.056\ mA \quad （1分）$$

$$U_{CE} = U_{CC} - (R_C + R_E)I_C = \left[24 - (3.3+1.5) \times 10^3 \times 3.72 \times 10^{-3}\right]V$$

$$= 6.14\ V \quad （1分）$$

图二（1）

（2） 微变等效电路如图二（2）所示：

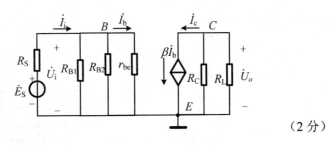

（2分）

图二（2）

（3） $r_{be} \approx 200 + (1+\beta)\dfrac{26}{I_E} = \left[200 + (1+66) \times \dfrac{26}{3.72}\right]\Omega = 0.66k\Omega$ （1分）

（4） $A_u = \dfrac{\dot{U}_o}{\dot{U}_i} = -\beta \dfrac{R'_L}{r_{be}} = -66 \times \dfrac{2}{0.66} = -200$

$$R'_L = \frac{R_C R_L}{R_C + R_L} = \frac{3.3 \times 5.1}{3.3 + 5.1}k\Omega = 2k\Omega \quad （3分）$$

（5） $r_i = R_{B1} // R_{B2} // r_{be} \approx r_{be} = 0.66k\Omega$ （2分）

$$r_0 = R_C = 3.3k\Omega \quad （1分）$$

三、非客观题（本大题 6 分）

【解】 $V_{1阳} = -6\ V$，$V_{2阳} = 0\ V$，$V_{1阴} = V_{2阴} = -12\ V$

$U_{D1} = 6\ V$，$U_{D2} = 12\ V$ （3分）

$\because U_{D2} > U_{D1}$ $\therefore$ D2 优先导通，D1 截止。 （2分）

若忽略管压降，二极管可看作短路，$U_{AB} = 0\ V$ （1分）

四、非客观题（本大题 8 分）

【解】 $u_{o1} = -\dfrac{R_F}{R_1}u_{i1} + (1+\dfrac{R_F}{R_1})\dfrac{R_3}{R_2+R_3}u_{i2} = -0.2\,\text{V}$ （3 分）

$u_{o2} = -\dfrac{1}{R_4 C_F}\int u_{o1}\mathrm{d}t = 10t\,\text{V}$ （3 分）

$t = 2\text{s}$ 时，$10\,t = 20\text{V}$ 大于运放输出的饱和电压 15V。所以，$t = 2\text{s}$ 时 $u_{o2} = 15\,\text{V}$。 （2 分）

五、非客观题（本大题 12 分）

【解】 （1）变压器副边电压有效值为 $U_2 = \dfrac{U_o}{1.2} = 20\text{V}$ （2 分）

$I_D = \dfrac{1}{2}I_o = \dfrac{1}{2}\times\dfrac{U_o}{R_L} = 240\text{mA}$ （2 分） $U_{DRM} = \sqrt{2}U_2 = 28.28\text{V}$ （2 分）

（2）取 $C = \dfrac{(3\sim5)T/2}{R_L} = 600\,\mu\text{F}\sim1000\,\mu\text{F}$ （2 分）

电容两端承受的最大电压为 $U_C = \sqrt{2}U_2 = 28.28\,\text{V}$ （2 分）

（3）电源变压器的电流有效值为 $I = 1.1I_o = 1.1\dfrac{U_o}{R_L} = 528\text{mA}$ （2 分）

六、非客观题（本大题 6 分）

【解】 （1）级间交流反馈的类型是电流并联负反馈（3 分）；各点瞬时极性标于图六中（1 分）；

（2）根据如图相位条件可判断出此电路不能产生自激振荡，原因是引入了负反馈而不是正反馈（或 $\varphi_A + \varphi_F = \pi$,不满足相位条件） （2 分）

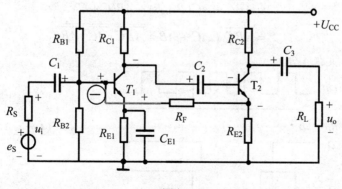

图六

七、非客观题（本大题 12 分）

【解】 根据逻辑功能列出的真值表如下表所示： （4 分）

A（红）	B（黄）	C（绿）	F
0	0	0	1
0	0	1	0
0	1	0	0
0	1	1	0
1	0	0	0
1	0	1	1
1	1	0	1
1	1	1	1

因此用与非门实现这一要求的电路如图七所示： （2 分）

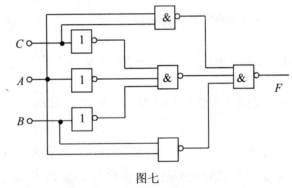

图七

根据真值表由 $F=1$ 的条件写出逻辑表达式，并化简：

$$F = \overline{ABC} + A\overline{B}C + AB\overline{C} + ABC$$
$$= \overline{ABC} + A\overline{B}C + AB\overline{C} + ABC + ABC$$
$$= \overline{ABC} + AC(\overline{B}+B) + AB(\overline{C}+C)$$
$$= \overline{ABC} + AC + AB = \overline{\overline{ABC} \cdot \overline{AC} \cdot \overline{AB}}$$

（6 分）

八、非客观题（本大题 4 分）

【解】

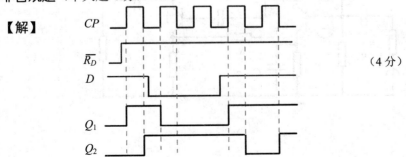

（4 分）

九、非客观题（本大题 10 分）

【解】　（1）逻辑关系式

$J_0 = Q_1, K_0 = Q_2$；$CP_0 = CP$　　　　　　（2 分）

$J_1 = Q_0 + Q_2$，$K_1 = 1$；$CP_1 = CP$　　　　　（2 分）

$J_2 = \overline{Q_1}, K_2 = 1$；$CP_2 = CP$　　　　　（2 分）

（2）状态表如下：　　（2 分）

CP	Q_2	Q_1	Q_0
0	0	0	0
1	1	0	0
2	0	1	0
3	0	0	1
4	1	1	1
5	0	0	0
6	1	0	0
7	0	1	0

此计数器是同步五进制计数器。　　　　（2 分）

《电子技术》试卷 2

（120 分钟）

一、单项选择题（在下列各题中，只有唯一正确的答案。将答案代码填入括号内）

（本大题分 15 小题，每小题 2 分，共 30 分）

1．在放大电路中，若测得某晶体管三个电极的电位分别为 3.5V，2.8V，12V，则这三个电极分别为（　　）。

（a）C，B，E　　　　（b）E，B，C　　　　（c）B，E，C

2．图示二极管是理想的，则 A、B 两点之间的电压 U_{AB} 为（　　）。

（a）6 V　　　　　（b）−6 V　　　　　（c）12 V　　　　　（d）−12 V

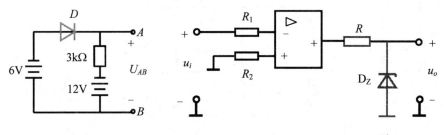

第2题图　　　　　　　　　　　　　　第3题图

3．电路如图所示，运算放大器的电源电压为 ±12 V，硅稳压管的稳定电压为6V，正向导通电压为0.7V，当输入电压 $u_i = -2$ V 时，输出电压 u_o 为（　　）。

（a）−0.7 V　　　　　（b）6 V　　　　　（c）−6V

4．如图示电路，当 $A_i =$ "1"，$B_i =$ "1"，$C_{i-1} =$ "0" 时，C_i 和 S_i 分别为（　　）。

（a）$C_i = 0$，$S_i = 0$　　　（b）$C_i = 1$，$S_i = 1$　　　（c）$C_i = 1$，$S_i = 0$

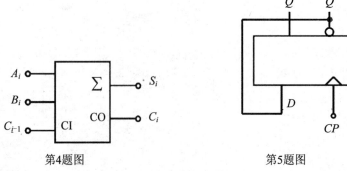

第4题图　　　　　　　　　　　　　第5题图

5．图示电路实现的逻辑功能是（　　）的逻辑功能。

（a）T′触发器　　　　（b）T 触发器　　　　（c）D 触发器

6. 在如图所示电路中，$u = 10\sqrt{2}\sin\omega t$ V，二极管 D 承受的最高反向电压 U_{RM} 为（　　）。

（a）$10\sqrt{2}$ V　　　　（b）$20\sqrt{2}$ V　　　　（c）10 V

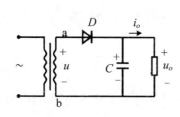

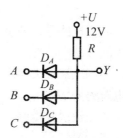

第6题图　　　　　　　　第8题图

7. 某测量放大电路引入串联电压负反馈后，（　　）。

　（a）输入电阻变低，可以稳定输出电流

　（b）输入电阻变高，可以稳定输出电压

　（c）输入电阻变低，可以稳定输出电压

8. 逻辑电路如图所示，Y 的逻辑表达式是（　　）。

　（a）ABC　　　　（b）$\overline{ABC}$　　　　（c）$A+B+C$

9. 如图所示是 RC 正弦波振荡电路，在维持等幅振荡时，若 $R_F = 200\text{k}\Omega$，则 R_1 为（　　）

　（a）100 kΩ　　　　（b）400kΩ　　　　（c）50kΩ

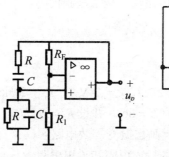

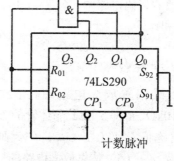

第9题图　　　　　　　　第11题图

10. 理想运算放大器的两个输入端的输入电流等于 0，其原因是（　　）。

　（a）同相端和反相端的输入电流相等，而相位相反

　（b）运放的开环电压放大倍数接近无穷大

　（c）运放的差模输入电阻接近无穷大

11. 由 CT74LS290 集成计数器构成的计数器电路如图所示，试分析它为（　　）计数器。

　（a）五进制　　　　（b）六进制　　　　（c）七进制

12. 如图所示的组合逻辑电路的逻辑式为（　　）。

　（a）$Y = 1$　　　　（b）$Y = A$　　　　（c）$Y = \overline{A}$

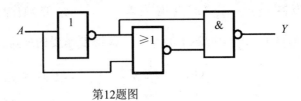

第12题图

13．在单相桥式整流电路中，若有一只整流管接反，则 （　　　）。

（a）变为半波整流

（b）整流管将因电流过大而烧坏

（c）输出电压约为 $2U_o$

14．固定偏置单管交流放大电路（图（a））的静态工作点如图（图（b））所示，当 R_B 适当增加时，静态工作点 Q 将（　　　）。

（a）向 Q_1 移动　　　　（b）向 Q_2 移动　　　　（c）向 Q_3 移动　　　　（d）向 Q_4 移动

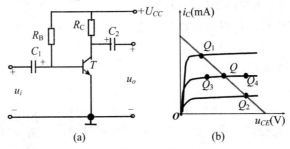

第 14 题图

15．在编码电路和译码电路中，（　　　）电路输出是二进制代码。

（a）编码和译码　　　（b）译码　　　（c）编码

二、非客观题（本大题 12 分）

在图示的分压式偏置放大电路中，已知 $U_{CC}=24V$ ， $R_C=3.3k\Omega$ ， $R_E=1.5k\Omega$ ， $R_{B1}=33k\Omega$ ， $R_{B2}=10k\Omega$ ， $R_L=5.1k\Omega$ ，晶体管的 $\beta=66$ 。并设 $R_S\approx0$ 。（1）画出放大电路的直流通路；(2) 试求静态值 I_B ， I_C ， U_{CE} ；（3）画出微变等效电路；（4）计算晶体管的输入电阻 r_{be} 和电压放大倍数 A_u ；（5）估算放大电路的输入电阻和输出电阻。

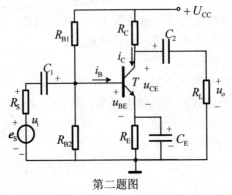

第二题图

三、非客观题（本大题 10 分）

放大电路如下图所示，各集成运算放大器的电源为±15V；已知 $u_{i1}=2V$, $u_{i2}=1V$, 试求 u_{o1}；$t=1s$ 时的 u_{o2} 和输出电压 u_o。

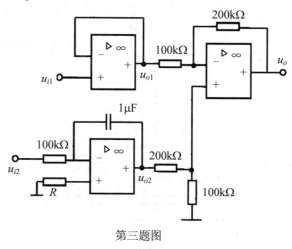

第三题图

四、非客观题（本大题 12 分）

某一单相桥式电容滤波整流电路，已知交流电源频率 $f=50\,Hz$，负载电阻 $R_L=200\Omega$，要求直流输出电压 $U_o=30V$，试求流过整流二极管的电流 I_D，变压器二次侧电压的有效值，二极管承受的最高反向电压 U_{RM}，并选择整流二极管的型号和滤波电容器。

型号	最大整流电流平均值(mA)	反向工峰值电压(V)
2CZ52B	100	50
2CZ52C	100	100
2CZ55B	100	50

五、非客观题（本大题 12 分）

（1）试判别如图（a）和图（b）所示的两级放大电路，问：引入了何种类型的级间反馈？并在图上标出瞬时极性。

（2）振荡电路如图（c），根据相位条件判断能否产生振荡，为什么？（在图中标出判断所涉及的各点瞬时极性）。

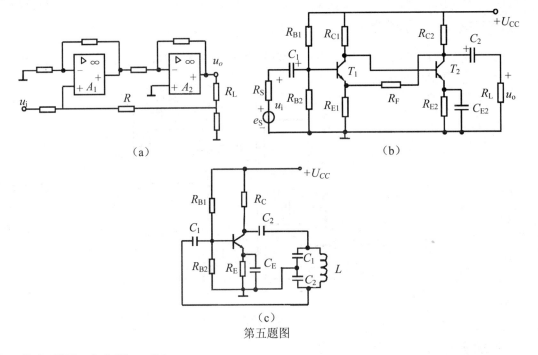

（a）　　　　　　　　　　　　　　　（b）

（c）

第五题图

六、非客观题（本大题 12 分）

某同学参加四门课程考试，规定如下：（1）课程 A 及格得 1 分，不及格得 0 分；（2）课程 B 及格得 2 分，不及格得 0 分；（3）课程 C 及格得 4 分，不及格得 0 分；（4）课程 D 及格得 5 分，不及格得 0 分；若总得分大于 8 分（含 8 分），就可结业。试用与非门画出该同学可结业的逻辑电路。（要求：有详细的分析过程，包括定义变量、列逻辑状态表、写逻辑表达式和化简、画逻辑图）

七、非客观题（本大题 12 分）

（1）试写出如下逻辑电路图中各触发器输入端 J，K，CP 的逻辑式 ；（2）列出状态表，说明其逻辑功能（同步还是异步、几进制计数器）； 设各触发器初始状态为"000"。

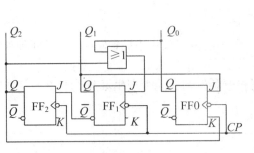

CP	Q_2	Q_1	Q_0
0			
1			
2			
3			
4			
5			
6			
7			

第七题图

《电子技术》试卷2答案及分析

一、单项选择题（每题2分，共30分）

题目	1	2	3	4	5	6	7	8	9	10	11	12	13	14	15
答案	c	b	b	c	a	b	b	a	a	c	c	a	b	b	c

二、非客观题（本大题12分）

【解】 （1）电路的直流通路如图二（1）所示。 （1分）

（2）$V_B \approx \dfrac{R_{B2}}{R_{B1}+R_{B2}}U_{CC} = \dfrac{10}{33+10}\times 24\text{V} = 5.58\text{V}$

$$I_C \approx I_E = \frac{V_B - U_{BE}}{R_E} \approx \frac{V_B}{R_E} = \frac{5.58}{1.5\times 10^3}\text{ A} = 3.72\text{ mA}$$

$$I_B \approx \frac{I_C}{\beta} = \frac{3.72}{66}\text{ mA} = 0.056\text{ mA}$$

$$U_{CE} = U_{CC} - (R_C + R_E)I_C$$
$$= \left[24 - (3.3+1.5)\times 10^3 \times 3.72\times 10^{-3}\right]\text{V}$$
$$= 6.14\text{ V}$$

（4分）　　图二（1）

（3）微变等效电路如图二（2）所示：（2分）

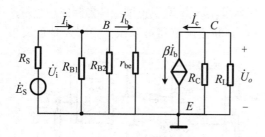

图二（2）

（4）$r_{be} \approx 200 + (1+\beta)\dfrac{26}{I_E} = \left[200 + (1+66)\times \dfrac{26}{3.72}\right]\Omega = 0.66\text{ k}\Omega$

$$A_u = \frac{\dot{U}_o}{\dot{U}_i} = -\beta\frac{R_L'}{r_{be}} = -66\times \frac{2}{0.66} = -200$$

$$R_L' = \frac{R_C R_L}{R_C + R_L} = \frac{3.3\times 5.1}{3.3+5.1}\text{ k}\Omega = 2\text{k}\Omega \qquad （3分）$$

（5）$r_i = R_{B1} // R_{B2} // r_{be} \approx r_{be} = 0.66\text{k}\Omega$ 　　　$r_0 = R_C = 3.3\text{k}\Omega$ （2分）

三、非客观题（本大题 10 分）

【解】 $u_{o1} = u_{i1} = 2V$ （2 分）

$$u_{o2} = -\frac{1}{100 \times 10^3 \times 1 \times 10^{-6}} \int_0^t u_{i1} dt = -10 \int_0^t 1 dt = -10V \quad （4 分）$$

$$u_o = -\frac{200}{100} u_{o1} + （1 + \frac{200}{100}）\frac{100}{200+100} u_{o2} = -4 + （-10） = -14V \quad （4 分）$$

四、非客观题（本大题 12 分）

【解】 $I_D = \frac{1}{2} I_O = \frac{1}{2} \times \frac{U_O}{R_L} = \frac{1}{2} \times \frac{30}{200} = 0.075 \, A$ （2 分）

$U = \frac{U_O}{1.2} = \frac{30}{1.2} = 25 \, V$ （2 分） $U_{RM} = \sqrt{2} U = \sqrt{2} \times 25 = 35 \, V$ （2 分）

因此可选用二极管 2CZ52B （2 分）

$R_L C = 5 \times \frac{1/50}{2} = 0.05 \, s$ （2 分）

$C = \frac{0.05}{R_L} = \frac{0.05}{200} = 250 \times 10^{-6} F = 250 \mu F$ 选用 C=250μF ，耐压为 50V 的极性电容。（2 分）

五、非客观题（本大题 12 分）

【解】 （1）图（a）两级放大电路，引入的级间反馈类型是电流并联负反馈；图（b）两级放大电路，引入的级间反馈类型是电压串联负反馈；各点瞬时极性标于图（b）中 。（8 分）

（2）根据图（c）相位条件可判断出此电路可以振荡，因为是正反馈；各点瞬时极性标于图中。（4 分）。

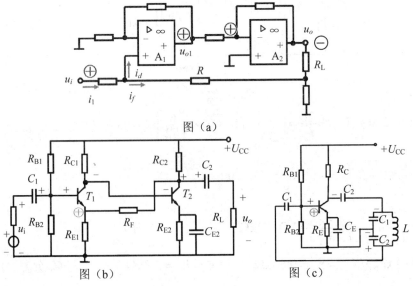

图（a）

图（b）   图（c）

六、非客观题（本大题 12 分）

【解】 设 A、B、C、D 四门课程通过为 1，不通过为 0；该同学毕业与否用 Y 来定义，可结业为 1，不能结业为 0。（2 分）

逻辑状态表：

D C B A	Y
0 0 0 0	0
0 0 0 1	0
0 0 1 0	0
0 0 1 1	0
0 1 0 0	0
0 1 0 0	0
0 1 1 0	0
0 1 1 1	0
1 0 0 0	0
1 0 0 1	0
1 0 1 0	0
1 0 1 1	1
1 1 0 0	1
1 1 0 1	1
1 1 1 0	1
1 1 1 1	1

（3 分）

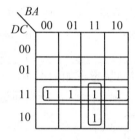

（2 分）

逻辑表达式：（3 分）

$$Y = D\bar{C}BA + DC\bar{B}\bar{A} + DC\bar{B}A + DCB\bar{A} + DCBA$$
$$= DC + DCA$$
$$= \overline{\overline{DC + DBA}}$$
$$= \overline{\overline{DC} \cdot \overline{DBA}}$$

逻辑电路图：（2 分）

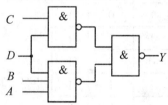

七、非客观题（本大题 12 分）

【解】 （1）逻辑关系式：

$J_0 = Q_1$, $K_0 = Q_2$; $CP_0 = CP$

$J_1 = Q_0 + Q_2$, $K_1 = 1$; $CP_1 = CP$

$J_2 = \bar{Q_1}$, $K_2 = 1$; $CP_2 = CP$

（2）状态表

CP	Q_2	Q_1	Q_0
0	0	0	0
1	1	0	0
2	0	1	0
3	0	0	1
4	1	1	1
5	0	0	0
6	1	0	0
7	0	1	0

此计数器是同步五进制计数器。

《电子技术》试卷 3

（120 分钟）

一、单项选择题（在下列各题中，只有唯一正确的答案。将答案代码填入括号内）

（本大题分 15 小题，每小题 2 分，共 30 分）

1. 数字电路中的工作信号为（　　）。

　　（a）随时间连续变化的电信号　　　　（b）直流信号　　　　（c）脉冲信号

2. 若一放大电路欲稳定输出电流并减小输入电阻，则应引入（　　）。

　　（a）电流并联负反馈　　　　　　　　（b）电压串联负反馈

　　（c）电压并联负反馈　　　　　　　　（d）电流串联负反馈

3. 分析时序逻辑电路的状态表如图所示，可知它是一个（　　）。

　　（a）五进制计数器　　　　　　（b）四进制计数器　　　　（c）六进制计数器

C	Q_2	Q_1	Q_0
0	0	0	0
1	1	0	1
2	1	1	1
3	0	0	1
4	1	1	1
5	0	0	0
6	1	0	1

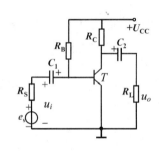

第 3 题图　　　　　　　　　　第 4 题图　　　　　　　　第 5 题图

4. 图示放大电路中，U_{cc}=12V，R_c=3kΩ，β=50，U_{BE} 可忽略，若使 I_C=1.5mA，则 R_B 应为（　　）。

　　（a）1000kΩ　　　（b）600kΩ　　　　（c）400kΩ　　　　（d）360kΩ

5. 图示的触发器具有（　　）功能。

　　（a）置 0　　　（b）置 1　　　　（c）保持　　　（d）计数

6. 如图所示为 RC 正弦波振荡电路，在维持等幅振荡时，若 R_F=100kΩ，则 R_1 为（　　）。

　　（a）200 kΩ　　　（b）150 kΩ　　　　（c）100 kΩ　　　　（d）50 Kω

7. 图示电路中，触发器的原状态，Q_1Q_0=01，则在下一个 CP 作用后，Q_1Q_0 为（　　）

　　（a）00　　　（b）01　　　　（c）10　　　　（d）11

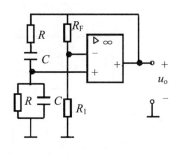

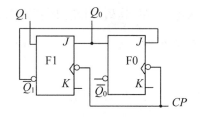

第6题图   第7题图

8. 如图所示的门电路中，$Y=1$的是图（   ）。

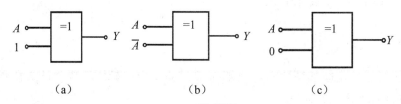

(a)   (b)   (c)

第8题图

9. 型号为W7815的三端集成稳压器的输出电压为（   ）V。

  （a）5   （b）15   （c）-5 （d）-15

10. 属于时序逻辑电路的器件是（   ）。

  （a）计数器   （b）编码器   （c）译码器   （d）加法器

11. 在图示电路中，输出电压 u_o 为（   ）。

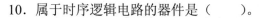

  （a）u_i （b）$-u_i$ （c）$-2u_i$

第11题图

12. 稳压管的稳压区是其工作在（   ）。

  （a）反向击穿区   （b）反向截止区   （c）正向导通区

13. 在放大电路中，若测得某晶体管三个极的电位分别为9V、2.5V，3.2V，则这三个极

分别为（   ）。

  （a）E、C、B   （b）C、B、E   （c）C、E、B   （d）不能确定

14. 整流电路如图所示，负载两端电压的平均值均为 90V，二极管承受的最高反向电压为

141V 的电路是下图中的（   ）

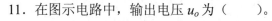

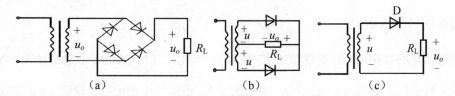

(a)   (b)   (c)

第 14 题

15. 图示放大电路，由于 R_{B1} 和 R_{B2} 阻值选取的不合适而产生了饱和失真，为了改善失真，正确的做法是（　　）。

（a）R_{B1} 保持不变，适当增加 R_{B2}

（b）适当增加 R_{B2}，减小 R_{B1}

（c）适当增加 R_{B1}，减小 R_{B2}

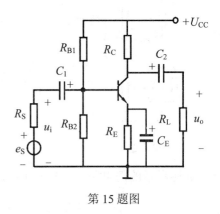

第 15 题图

二、非客观题（本大题 11 分）

稳压二极管稳压电路如图所示，已知 $u=28.2\sin\omega t$V，稳压二极管的稳压值 $U_z = 6\text{V}$，$R_L = 2\text{k}\Omega$，$R = 1.2\text{k}\Omega$。试求：

（1）S_1 断开，S_2 合上时的 I_o、I_R 和 I_z。

（2）S_1 和 S_2 均合上时的 I_o、I_R 和 I_z，$R = 0$ 时电路能否起稳压作用？说明理由。

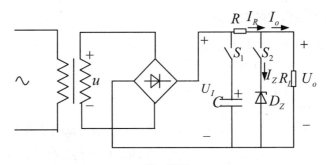

第二题图

三、非客观题（本大题 10 分）

某同学参加三门课程考试，规定如下：（1）课程 A 及格得 2 分，不及格得 0 分；（2）课程 B 及格得 3 分，不及格得 0 分；（3）课程 C 及格得 4 分，不及格得 0 分；若总分不少于 5 分，就可结业。试列出状态表，写出逻辑表达式，并画出用与非门实现上述要求的逻辑电路。

四、非客观题：（本大题 14 分）

已知逻辑电路如图所示。时钟脉冲 CP 的频率为 1Hz。（1）写出各个触发器输入端的表达式和时钟方程；（2）画出 Q_2、Q_1、Q_0 的波形；（3）根据波形图说明二极管 LED 发光规律。设三个触发器初始状态为 000。

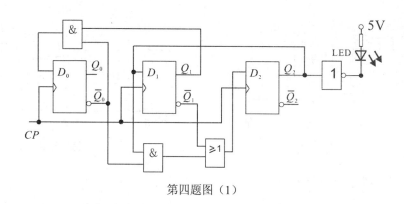

第四题图（1）

CP

Q_0

Q_1

Q_2

第四题图（2）

五、非客观题（本大题 14 分）

在图示放大电路中，已知 $U_{CC}=12V$，$R_E=2k\Omega$，$R_B=200k\Omega$，$R_L=4k\Omega$，晶体管 $\beta=60$，$U_{BE}=0.6V$，信号源内阻 $R_S=150\Omega$，要求完成以下工作：

(1) 画出直流通路并求静态工作点 I_B、I_C 及 U_{CE}；

(2) 画出微变等效电路；

(3) 求 A_u、r_i 和 r_o。

六、非客观题（本大题 7 分）

判断图中两级放大电路之间引入的反馈是正反馈还是负反馈？若为负反馈,指出反馈类型。要求在图上标出瞬时极性。

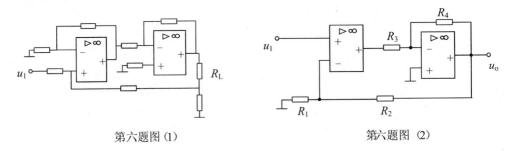

第六题图（1）　　　　　　　　　　　　第六题图 （2）

七、非客观题（本大题 6 分）

在图示电路图中，$E = 5\text{V}$，$u_i = 10\sin\omega t\text{V}$，二极管的正向压降可忽略不计，请画出输出电压 u_o 的波形并写出分析过程。

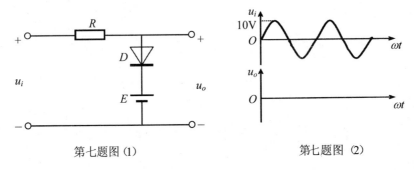

第七题图（1）　　　　　　　　　　　　第七题图 （2）

八、非客观题（本大题 8 分）

下图中各运算放大器的最大输出电压 $U_{\text{OPP}} = \pm 12\text{V}$，$u_i = 5\text{V}$，稳压二极管的稳定电压 $U_Z = 4\text{V}$，其正向导通压降 $U_D = 0.7\text{V}$，电容初始时刻没有储能，求 u_{o1}，以及 3s 末 u_o。

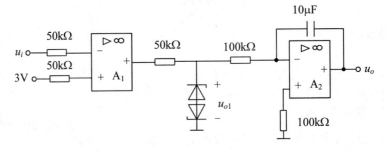

第八题图

《电子技术》试卷3答案及分析

一、单项选择题（每题2分，共30分）

题目	1	2	3	4	5	6	7	8	9	10	11	12	13	14	15
答案	c	a	a	c	d	d	c	b	b	a	b	a	c	a	c

二、非客观题（本大题11分）

【解】 （1） $U_I=0.9U=18V$；（2分）U_I大于U_Z，稳压管稳压。$I_o = U_Z/R_L=3mA$ （1分）；$I_R=（U_I-U_Z）/R=10mA$ （1分）； $I_Z=I_R-I_o=7mA$ （1分）

（2）$U_I=1.2U=24V$（2分）；U_I大于U_Z，稳压管稳压。$I_o = U_Z/R_L=3mA$；$I_R=（U_I-U_Z）/R=15mA$ （1分）；$I_Z=I_R-I_o=12mA$ （1分）。$R=0$时不能稳压，$R=0$时电路没有限流降压电阻，输入电压直输入电压直接加在稳压管两端，稳压管两端电压恒等于输入电压。（2分）

三、非客观题（本大题10分）

【解】 （设A、B、C及格为1，不及格为0；结业为Y，可结业为1，不能可结业为0。A、B、C为输入量，Y为输出量。（2分）

状态表：（2分）   逻辑图：（3分）

A	B	C	Y
0	0	0	0
0	0	1	0
0	1	0	0
0	1	1	1
1	0	0	0
1	0	1	1
1	1	0	1
1	1	1	1

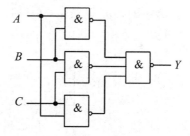

输出端逻辑表达式：

$$Y = \overline{A}BC + A\overline{B}C + AB\overline{C} + ABC = AC + BC + AB = \overline{\overline{AB} \cdot \overline{BC} \cdot \overline{AC}}$$ （3分）

四、非客观题（本大题14分）

【解】 （1） $D_0 = \overline{Q}_0Q_1$；$D_1 = Q_2$；$D_2 = \overline{Q}_1 + \overline{Q}_0Q_2$；$CP_0 = CP_1 = CP_2 = CP(\uparrow)$ （6分）

（2）波形图略 （6分）

（3）每连续5s中灯灭2s亮3s （2分）

五、非客观题（本大题14分）

【解】 1．直流通路略（2分）。

$$I_B = \frac{U_{CC} - U_{BE}}{R_B + (1+\beta)R_E} = \frac{12-0.6}{200+(1+60)\times 2}\,\text{mA} = 0.035\,\text{mA} \quad （1分）$$

$$I_C = \beta I_B = 60 \times 0.035\,\text{mA} = 2.1\,\text{mA} \quad （1分）$$

$$U_{CE} = U_{CC} - I_E R_E = 12 - 2 \times 2.10\,\text{V} = 7.8\,\text{V} \quad （1分）$$

（2）微变等效电路（略）（2分）；

（3）$r_{be} \approx 200 + (1+\beta)\dfrac{26}{I_E} = 200 + 61 \times \dfrac{26}{1.24}\,\Omega = 0.94\,\text{k}\Omega$ （1分）

$$A_u = \frac{(1+\beta)R_L'}{r_{be} + (1+\beta)R_L'} \approx 0.99 \quad （2分），\quad r_i = R_B // [r_{be} + (1+\beta)R_L'] = 58.29\,\text{k}\Omega \quad （2分），$$

$$r_o \approx \frac{r_{be} + R_S'}{1+\beta} = \frac{940+100}{60}\,\Omega = 17.87\,\Omega \quad （2分）$$

六、非客观题（本大题7分）

【解】 图（1）并联电流负反馈（3分）；瞬时极性（1分）。
图（2）正反馈 （2分）；瞬时极性（1分）。

七、非客观题（本大题6分）

【解】 $u_i \geqslant 5\text{v}$ 时，$u_o = 5\text{V}$；$u_i < 5\text{V}$ 时，$u_o = u_i$ (4分)
波形：（2分）

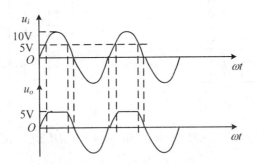

八、非客观题：（本大题8分）

【解】 （1）$u_i > 3\text{V}$， A_1 输出电压为-12V（2分）。$u_{o1} = -7.7\text{V}$ （2分）

（2）$u_o = -\dfrac{1}{100 \times 10^3 \times 10 \times 10^{-6}} \int u_{o1}\,\text{d}t = 7.7t$ （2分）；3s 末，$7.7 \times 3 > 12$，故 3s 末 u_o 为12V。

（2分）

《电子技术》试卷4

（120分钟）

一、单项选择题（在下列各题中，只有唯一正确的答案。将答案代码填入括号内）

（本大题分15小题，每小题2分，共30分）

1. 图示电路中，U_o为（   ）。

  （a）-12V   （b）-9V   （c）-3V   （d）不能确定

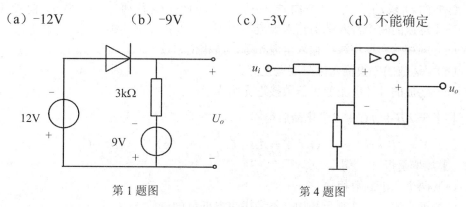

第1题图   第4题图

2. 对某电路中一个NPN型硅管进行测试，测得$U_{BE}>0$，$U_{BC}>0$，$U_{CE}>0$，则此管工作在（   ）。

  （a）放大区   （b）饱和区   （c）截止区   （d）不能确定

3. 射极输出器（   ）。

  （a）有电流放大作用，没有电压放大作用

  （b）有电流放大作用，也有电压放大作用

  （d）不具有电流放大作用，也没有电压放大作用

4. 图示电路中，若u_i为正弦电压，则u_o为（   ）。

  （a）与u_i相同的正弦电压   （b）与u_i反相的正弦电压

  （c）矩形波电压   （d）不能判断

5. 在单相桥式整流电路中，若有一只整流管接反，则（   ）。

  （a）变为半波整流   （b）对输出电压无影响   （c）整流管将因电流过大而烧坏

6. 图示电路中，下列说法正确的是（   ）。

  （a）电路中无反馈   （b）电路中引入了直流反馈

  （c）电路中引入了交流反馈   （d）电路中引入了交直流反馈

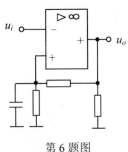

第6题图

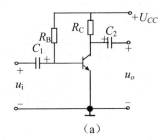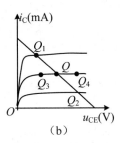

（a）　　　　　　　（b）

第7题图

7．固定偏置单管交流放大电路（图 a）的静态工作点如图（图 b）所示，当 R_B 适当增加时，静态工作点 Q 将（　　）。

（a）向 Q_1 移动　　　（b）向 Q_2 移动　　　（c）向 Q_3 移动　　　（d）向 Q_4 移动

8．理想运放的两个输入端的输入电流等于零，其原因是（　　）。

（a）同相端和反相端的输入电流相等，而相位相反

（b）运放的差模输入电阻接近无穷大

（c）运放的开环电压放大倍数接近无穷大

9．将 $Y = AB + \overline{A}C + \overline{B}C$ 化简后得（　　）。

（a）$Y = \overline{AB} + C$　　　（b）$Y = AB + \overline{C}$　　　（c）$Y = AB + C$

10．半加器是指（　　）。

（a）两个二进制数相加

（b）两个同位二进制数相加，不考虑来自低位的进位

（c）两个同位二进制数相加，考虑来自低位的进位

11．将二进制代码"0101"输入到七段显示译码器中，数码管将显示（　　）。

（a）　　　　　　（b）　　　　　　（c）

12．74LS290 型计数器是异步二-五-十进制计数器。若联成六十进制电路，至少需要（　　）片 74LS290。

（a）1　　　　　　（b）2　　　　　　（c）3　　　　　　（d）4

13．逻辑电路如图所示，A＝"1"时，CP 脉冲来到后 D 触发器（　　）。

（a）具有计数功能　　　（b）置1　　　（c）置0　　　（d）保持原始状态

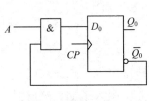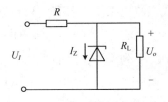

第13题图　　　　　　　　　　第14题图

14. 在图示电路中,已知 $U_1=10V$, $U_o=5V$, $I_Z=10mA$, $R_L=500\Omega$,则限流电阻 R 应为( )。

    (a) 1000Ω (b) 500Ω (c) 250Ω

15. 图示电路中,触发器的原状态,$Q_1Q_0=10$,则在下一个 CP 作用后,Q_1Q_0 为( )。

    (a) 00   (b) 01   (c) 10   (d) 11

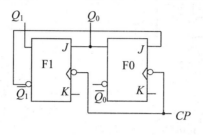

第15题图

二、非客观题:(本大题 14 分)

图示的分压式偏置放大电路中,已知 $U_{CC}=24V$, $R_C=3.3k\Omega$, $R_E=1.5k\Omega$, $R_{B1}=33k\Omega$, $R_{B2}=10k\Omega$, $R_L=5.1k\Omega$, $U_{BE}=0.7V$, 晶体管的 $\beta=66$, $R_S=100\Omega$。(1)请画出直流通路;(2)试求静态值 I_B , I_C , U_{CE};(3)画出微变等效电路;(4)计算放大电路电压放大倍数 A_u , 以及对信号源的电压放大倍数 A_{us}, 放大电路的输入电阻 r_i 和输出电阻 r_o。

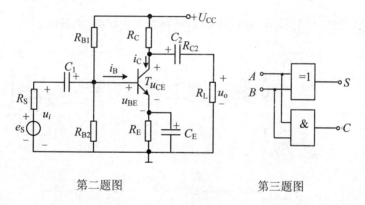

第二题图   第三题图

三、非客观题:(本大题 6 分)

组合逻辑电路如图所示,写出逻辑表达式、列出状态表并分析逻辑功能。

四、非客观题(本大题 10 分)

电路如下图所示,各集成运算放大器的输出电压饱和值均为为±12V,电容初始时刻未储能;已知 $u_{i1}=2V$, $u_{i2}=1V$。试求 $t=1s$ 末的输出电压 u_o。

五、非客观题(本大题 9 分)

有一整流电路如图所示,(1)试求负载电阻 R_1 和 R_2 上整流电压的平均值 U_{o1} 和 U_{o2}。

（2）试求二极管 D_1，D_2，D_3 中的平均电流 I_{D1}，I_{D2}，I_{D3} 以及各管所承受的最高反向电压。

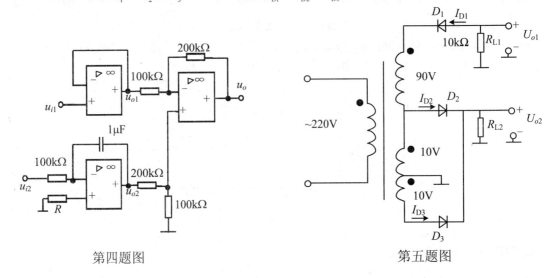

第四题图   第五题图

六、非客观题（本大题 9 分）

（1）判断图（a）中交流反馈是正反馈还是负反馈，若为负反馈，说明类型；判断图（b）中两级放大电路之间交流反馈是正反馈还是负反馈,若为负反馈,说明类型。要求在图上标 出瞬时极性。

（2）振荡电路如图（c），根据相位条件判断能否产生振荡，为什么？

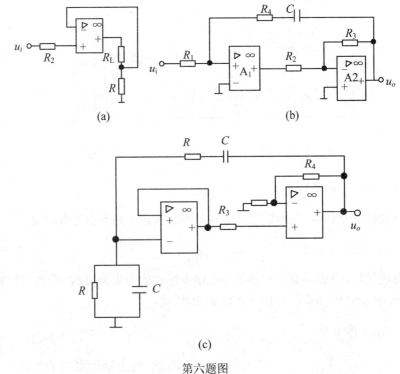

（a）   （b）

（c）

第六题图

七、非客观题（本大题 8 分）

　　某汽车驾驶员培训班进行结业考试，有三名评判员 A，B，C，其中 A 为主评判员。在评判时，按照少数服从多数的原则通过，但若主评判员认为不合格，则结果不能通过。试列出状态表，写出逻辑表达式，并用**与非**门构成逻辑电路实现此评判规定。

八、非客观题（本大题 14 分）

　　已知逻辑电路如图所示。时钟脉冲 CP 的频率为 1Hz，$V_{CC} = 5V$。（1）写出电路图中输出 Y 以及各触发器输入端 J，K 和时钟脉冲的逻辑式；（2）画出 Q_2、Q_1、Q_0、Y 的波形；（3）根据波形图说明二极管 LED 发光规律。设三个触发器初始状态为 000。

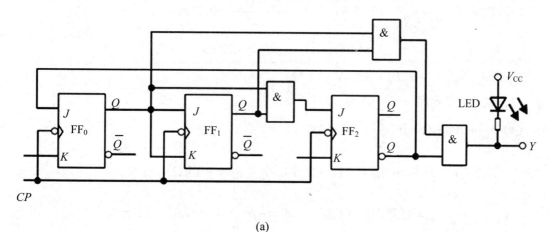

(a)

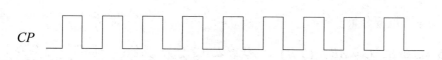

(b)

第八题图

《电子技术》试卷 4 答案及分析

一、单项选择题（每小题 2 分，共 30 分）

题目	1	2	3	4	5	6	7	8	9	10	11	12	13	14	15
答案	b	b	a	c	c	b	b	b	c	c	a	b	a	c	c

二、非客观题（本大题 14 分）

【解】 （1）直流通路略（2 分）。

（2）$V_B = U_{cc}\dfrac{R_{b2}}{R_{B1}+R_{B2}} = 5.58\,\text{V}$, $I_E = \dfrac{V_B - U_{BE}}{R_E} = 3.25\,\text{mA}$,

$I_B = I_E/(1+\beta) = 48.56\,\mu\text{A}$ （1 分） $I_C = \beta I_B = 3.20\,\text{mA}$ （1 分）

$U_{CE} = U_{CC} - I_C R_C - I_E R_E = 8.56\,\text{V}$ （1 分）

（3）微变等效电路（略）（2 分）

（4）$r_{be} \approx 200 + (1+\beta)\dfrac{26}{I_E} = 0.736\,\text{k}\Omega$ （1 分）

$r_i = R_{B1}//R_{B2}//r_{be} \approx 0.736\,\text{k}\Omega$ （2 分），$r_o \approx R_C = 3.3\,\text{k}\Omega$ （2 分）

$A_{us} = \dfrac{r_i}{r_i + R_s}A_u = -158.18$ （1 分），$A_u = -\beta\dfrac{R'_L}{r_{be}} = -179.67$ （1 分）

三、非客观题：（本大题 6 分）

【解】 $S = A \oplus B$, $C = AB$ （2 分）； 状态表（2 分）；功能：半加器 （2 分）；
若答成 S 是 A、B 的异或，C 是 A、B 的与给 1 分。

四、非客观题（本大题 10 分）

（1）$u_{o1} = u_{o1} = 2\,\text{V}$ （2 分）

（2）$u_{o2} = -\dfrac{1}{100\times 10^3 \times 1\times 10^{-6}}\displaystyle\int u_{i2}\,\text{d}t = -10t$ （2 分）

（3）1s 末，$u_o = -\dfrac{200}{100}u_{o1} + \left(1+\dfrac{200}{100}\right)\dfrac{100}{100+200}u_{o2} = -14\,\text{V}$ （4 分）

此值已超出运放的输出电压饱和值，故 $u_o = -12\,\text{V}$ （2 分）

五、非客观题（本大题 9 分）

【解】 （1）$U_{o1} = -0.45 \times 100 = -45\,\text{V}$（2 分），$U_{o2} = 0.9 \times 10 = 9\,\text{V}$（2 分）

(2) $I_{D1}=U_{O1}/R_{L1}=-4.5\,\text{mA}$ （1分），$I_{D2}=I_{D3}=0.5\times U_{o2}/R_{L2}=45\,\text{mA}$ （1分）

二极管所承受的最高反向电压：$U_{DRM1}=\sqrt{2}(10+90)=141.4\,\text{V}$（2分）

$$U_{DRM2}=U_{DRM3}2\sqrt{2}\times10=28.3\,\text{V}\ （1分）$$

六、非客观题：（本大题9分）

【解】 （1）串联电流负反馈（2分）瞬时极性（1分）

（2）并联电压负反馈（2分）；瞬时极性（1分）

（3）不能（1分），为负反馈（2分）

七、非客观题：（本大题8分）

【解】 设 A、B、C 同意为1，不同意为0；结业为 Y，可结业为1，不能可结业为0。A、B、C 为输入量，Y 为输出量。（2分）；

状态表（2分）：

A	B	C	Y
0	0	0	0
0	0	1	0
0	1	0	0
0	1	1	0
1	0	0	0
1	0	1	1
1	1	0	1
1	1	1	1

逻辑表达式：

$$Y=A\bar{B}C+AB\bar{C}+ABC$$

$$=\overline{\overline{AB}\cdot\overline{AC}}\ （2分）$$

逻辑图略（2分）。

八、非客观题：（本大题14分）

【解】 （1）$Y=Q_0Q_1+Q_2$，$J_0=\overline{Q_2},K_0=1,$；　　$J_1=K_1=Q_0$；

$J_2=Q_0Q_1$，$K_2=1$；　$CP_0=CP_1=CP_2=CP(\downarrow)$　（6分）

（2）波形图略 （6分）

（3）每连续5s中灯灭2s亮3s （2分）

《电子技术》试卷5

（120分钟）

一、单项选择题（在下列各题中，只有唯一正确的答案。将答案代码填入括号内）

（本大题共 14 小题，每小题 2 分，总计 28 分）

1. 电路如图所示，U_o（ ）。

   （a）－12V　　　　　（b）－8V　　　　　（c）－4V

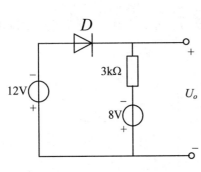

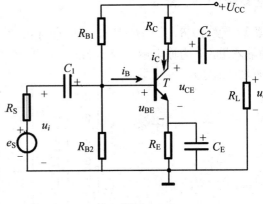

第1题图　　　　　　　　　　　　　　　第3题图

2. 在放大电路中，若测得某晶体管三个极的电位分别为 9V, 2.5V, 3.2V，则这三个极分别为：（ ）。

   （a）C, B, E　　　　（b）C, E, B　　　　（c）E, C, B

3. 电路如图所示，若只将交流旁路电容 C_E 开路，则电压放大倍数 $|A_u|$（ ）。

   （a）减小　　（b）增大　　（c）增大　　（d）不能确定

4. 电路如图所示，则输出电压 u_o 为（ ）。

   （a）$-3u_I$　　（b）$3u_I$　　（c）u_I

5. 如果需要对 26 个信号进行编码，则至少需要（ ）二进制代码。

   （a）3 位　　　　（b）4 位　　　　（c）5 位

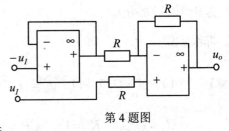

第4题图

6. 与 $\bar{A} + ABC$ 相等的为（ ）

   （a）$A + BC$　　（b）$\bar{A} + BC$　　（c）$A + B\bar{C}$

7. 射极输出器（ ）。

   （a）有电流放大作用，没有电压放大作用

（b）有电流放大作用，也有电压放大作用

（c）没有电流放大作用，也没有电压放大作用

8．一个单相桥式整流电路（无电容滤波）的变压器副边电压有效值为 10V，负载电阻为 250 欧姆，流过二极管的平均电流为（　　　　）。

　　（a）36mA　　　　（b）18mA　　　　（c）9mA

9．稳压二极管工作在（　　　）。

　　（a）正向导通区　　　　（b）反向截止区　　　　（c）反向击穿区

10．如图所示的逻辑电路的逻辑式为（　　　）。

　　（a）$F = A\bar{B} + \bar{A}B$　　　　（b）$F = AB + \bar{A}\bar{B}$　　　　（c）$F = \overline{\bar{A}B} + \overline{A\bar{B}}$

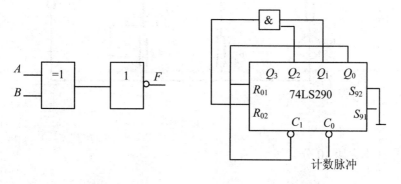

第 10 题图　　　　　　　　　　　　第 11 题图

11．由 74LS290 集成计数器构成的计数器电路如图所示，试分析它为（　　　）计数器。

　　（a）五进制　　　　（b）六进制　　　　（c）七进制

12．逻辑电路如图所示，$A =$ "1" 时，该逻辑电路具有（　　　）。

　　（a）D 触发器功能　　　　（b）T 触发器功能　　　　（c）T′触发器功能

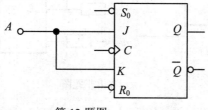

第 12 题图

13．在触发脉冲为 "1" 期间，存在空翻现象的触发器是（　　　）。

　　（a）可控 RS 触发器　　　　（b）主从结构 JK 触发器　　　（c）基本 RS 触发器

14．直流稳压电源中滤波电路的目的是（　　　）。

　　（a）将交流变为直流　　　（b）将高频变为低频　　　（c）将直流中的交流成分滤掉

二、非客观题：（本大题 14 分）

图示的分压式偏置放大电路中，已知 $U_{CC} = 24V$，$R_C = 3.3k\Omega$，$R_E = 1.5k\Omega$，

$R_{B1} = 33k\Omega$，$R_{B2} = 10k\Omega$，$R_L = 5.1k\Omega$，晶体管的 $\beta = 66$，$U_{BE} = 0.6V$，并设 $R_S \approx 0$。（1）试求静态值 I_B，I_C，U_{CE};(2)画出微变等效电路；（3）计算晶体管的输入电阻 r_{be}；（4）计算电压放大倍数 A_u；（5）计算放大电路的输入电阻和输出电阻。

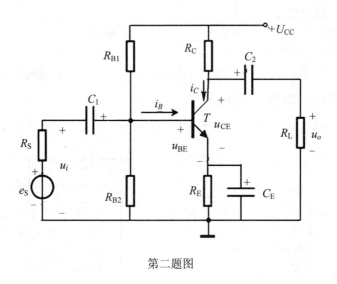

第二题图

三、非客观题（本大题 10 分）

电路如图所示，已知 $R_F = 4 R_1$，求输出电压 u_o 与输入电压 u_{i1} 和 u_{i2} 之间关系的表达式。

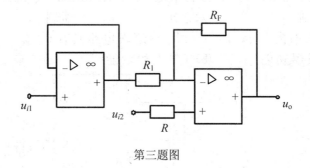

第三题图

四、非客观题（本大题 12 分）

整流滤波电路如图所示，二极管为理想元件，已知负载电阻 $R_L = 55\Omega$，负载两端直流电压 $U_o = 110V$。（1）试求变压器副边电压有效值 U_2，并在下表中选出合适型号的二极管。（2）若整流电路中有一个二极管开路，$U_o = ?$（3）若负载虚焊（开路），$U_o = ?$

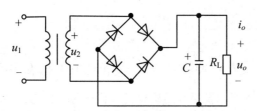

型号	最大整流平均值（mA）	最高反向峰值电压（V）
2CZ12C	3000	200
2CZ11A	1000	100
2CZ11B	1000	200

第四题图

五、非客观题（本大题 8 分）

判断图示电路中电阻 R_2 在两级放大电路之间引入了何种类型的反馈（要求标出瞬时极性）。

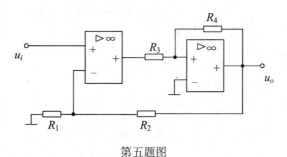

第五题图

六、非客观题（本大题 13 分）

旅客列车分特快、直快和普快，并依次为优先通行次序。某站在同一时间只能有一趟列车从车站开出，即只能给出一个开车信号，试画出实现上述要求的逻辑电路。设 A，B，C 分别代表特快、直快、普快，开车信号分别为 Y_A，Y_B 和 Y_C。要求：只能用二输入单输出与非门或三输入单输出的与非门实现。

A	B	C	Y_A	Y_B	Y_C

七、非客观题（本大题 15 分）

已知逻辑电路图及其 CP 脉冲波形。要求写出图中各 JK 触发器输入端的逻辑表达式，并画出 Q_0，Q_1，Q_2 的波形。说明其逻辑功能（同步还是异步、加法还是减法、几进制计数器）（设 Q_0，Q_1，Q_2 的初始状态均为"0"）。

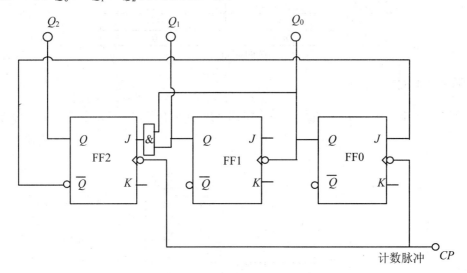

第七题图

《电子技术》试卷 5 答案及分析

一、单项选择题（每小题 2 分，共计 28 分）

题目	1	2	3	4	5	6	7	8	9	10	11	12	13	14
答案	b	b	a	b	c	b	a	b	c	b	c	c	a	c

二、非客观题（本大题 14 分）

【解】 （1）静态工作点：

$$V_B = \frac{U_{CC}}{R_{B1}+R_{B2}}R_{B2} = 5.58\text{V} \quad （1 分）$$

$$I_C \approx I_E = \frac{V_B - 0.6}{R_E} = 3.32\text{mA} \quad （1 分） \qquad I_B = \frac{I_C}{\beta} = 0.05\text{mA} \quad （1 分）$$

$$U_{CE} = U_{CC} - (R_C + R_E)I_C = 8.06\text{V} \quad （1 分）$$

（2）微变等效电路：（略）（2 分）

（3） $r_{be} = 200 + (1+\beta)\dfrac{26}{I_E} = 0.72\text{k}\Omega$ （2分）

（4） $A_u = -\dfrac{\beta R_L^{/}}{r_{be} + (1+\beta)R_{E1}} = -183.7$ （2分）

（5） $r_i = R_{B1} // R_{B2} // r_{be} \approx 0.72\text{k}\Omega$ （2分）

$\quad r_o = R_C = 3.3\text{k}\Omega$ （2分）

三、非客观题（本大题10分）

【解】 第一级是电压跟随器，因此
$$u_{o1} = u_{i1} \qquad\qquad\qquad （4分）$$
第二级是减法电路，因此
$$u_o = 5u_{i2} - 4u_{i1} \qquad\qquad\qquad （6分）$$

四、非客观题（本大题12分）

【解】 （1） $U_2 = \dfrac{U_o}{1.2} = 91.7\text{V}$ （3分）

$\qquad I_o = 2\text{A} \qquad$ 因此 $I_D = 1\text{A}$ （1分）

$\qquad U_{DRM} = \sqrt{2}U_2 = 129.7\text{V}$ （1分）

$\qquad$ 因此选 2CZ12C。 （1分）

（2） $U_o = U_2 = 91.7\text{V}$ （3分）

（3） $U_o = \sqrt{2}U_2 = 129.7\text{V}$ （3分）

五、非客观题（本大题8分）

【解】 标出瞬时极性（2分）
$\qquad$ 正反馈（6分）

六、非客观题（本大题13分）

【解】 设 A，B，C 为输入变量，"1"表示车开出，"0"表示车未开出，Y_A，Y_B 和 Y_C 为输出变量，"1"表示给出开车信号，"0"表示未给出开除信号。

A	B	C	Y_A	Y_B	Y_C
0	0	0	0	0	0
0	0	1	0	0	1
0	1	0	0	1	0
0	1	1	0	1	0
1	0	0	1	0	0
1	0	1	1	0	0
1	1	0	1	0	0
1	1	1	1	0	0

（6分）

逻辑表达式：

$Y_A=A$ （1分）；　　$Y_B=\overline{A}B$ （1分）；　　$Y_C=\overline{A}\,\overline{B}C$ （1分）

逻辑图（4分）：

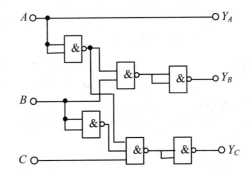

七、非客观题（本大题 15 分）

【解】　驱动器方程

$J_0=\overline{Q}_2$，$K_0=1$；$J_1=K_1=1$；$J_2=Q_0Q_1$，$K_2=1$；

$CP_0=CP_2=CP$，$CP_1=Q_0$　（6分）

波形图略，Q_0,Q_1,Q_2 均2分

异步（1分）；五进制（1分）；加法计数器（1分）。

下 篇
电子实习

第9章 电子实习指导

9.1 电子实习教学目的

　　电子实习是一项融合课堂理论知识、实验基础、结合实际项目，培养学生实践能力、综合应用能力以及独立工作能力的综合实践活动课。学生通过基本技能的训练，通过对电子产品原理图的理解，对电子产品的装配、焊接、调试、检测、故障分析与排除等环节（电类专业的学生还通过对工程应用软件 PROTEL 的应用设计），使学生把电子技术理论各个知识要点有机地融会进来，在知识综合应用方面得到实际锻炼。同时进一步掌握常用电子仪器和产品开发软件的使用方法和分析问题、解决问题的方法，增强对电子产品的兴趣，激发敬业爱岗、开拓创新精神，为将来走上工作岗位打下良好基础。

9.2 电子实习教学要求

一、教学要求

　　在实习过程中，结合专题讲授，以实践教学为主，学生进行独立操作。具体要求如下：
　　（1）了解电子产品的工作原理。
　　（2）熟悉常用电子元器件的规格型号、外观、性能参数、标识、基本测试方法和判别。
　　（3）掌握电子元器件的安装与手工焊接技术以及制作工艺技术。
　　（4）熟悉常用电子仪器的使用方法，正确调整和检测电子线路。
　　（5）能检测与排除装配和调试过程中出现的常见故障。
　　（6）制作完成一台符合工艺质量要求的电子产品。
　　（7）熟悉 PROTEL 各选项命令（通信工程等电类专业）。
　　（8）掌握 PROTEL 设计方法（通信工程等电类专业）。
　　（9）掌握电子产品的规范化设计要求，包括安全设计、电磁兼容设计、散热设计、可靠性设计、抗干扰设计、合理布局布线设计、工艺化设计等（通信工程等电类专业）。
　　（10）用 PROTEL 设计出电子产品或电子电路的印制板图（通信工程等电类专业）。

二、实习须知

　　（1）每次实习课前，必须认真阅读实习指导书，明确实习任务与要求，并结合实习项目复习有关知识。

（2）实习课开始，应认真听取指导教师对实习项目的介绍。

（3）在第二次实习课时，按要求提交预习报告，指导教师当场审阅签名。预习不合格者，不得继续实习。

（4）必须按照工艺技术要求制作产品或设计电路。

（5）正确连接仪器仪表，待检查确定无误后再开机通电。根据电路所需电源电压，给电路加电前须用万用表监测并调整好电压。

（6）正确使用电烙铁，每次用后插入烙铁桶内放稳，注意电源线不要搭在烙铁上，避免烫伤自己和他人。

（7）实习中要注意人身及设备的安全，不要盲目操作。

（8）实习项目完成后，按要求写出实习总结报告。

三、实习守则

（1）进入实习基地后按指定的实习台或计算机编号就位，未经许可不得擅自挪换仪器设备。

（2）保管好实习台位上的万用表、工具等，遗失或损坏，应按规定赔偿。

（3）爱护仪器设备及公物，凡违反操作规程、不听从教师指导而损坏仪器设备及公物，按规定赔偿。

（4）未经指导教师许可，不得做选定或规定以外的项目。

（5）要保持实习基地各实习室的整洁和安静，不要大声喧哗，不要随地吐痰，不要乱丢纸屑、杂物。

（6）每次实习完毕，应关闭电源，拔下电烙铁插头，整理好仪器设备，清点工具，保持台面清洁。计算机要按正确方式关机。

四、实习任务书

电子实习任务书 A
——综合性实验

（一）实习项目（可根据不同专业和需求选做）

（1）制作一台七管超外差晶体管收音机。

（2）制作一台 FM-AM 调频调幅晶体管收音机。

（3）制作一台数字式万用表。

（二）实习要求

（1）按教学要求中所规定的有关内容完成所选项目的实际制作。

（2）完成预习报告——在实习动员、专题讲授、布置任务后下次实习课提交，要求内容如下：

① 画出所做的晶体管收音机电原理图中检波级前后两点的波形图，或数字万用表的原理框图。

② 画出所选项目制作工艺流程图。

③ 写出所使用的仪器设备及要注意的问题。

④ 安全注意事项。

⑤ 写出书中"装配焊接工艺要求"所列的各项，并标出你认为最重要的三项。

（3）完成总结报告——实习结束后一周内提交，要求内容如下：

① 实习项目。

② 根据实习项目，写出所使用的仪器设备名称、规格型号。

③ 针对具体实习内容，简述操作步骤。

④ 写出记录的测试数据，画出测试仪器连接示意图。进行数据分析和故障分析。

⑤ 写出实习体会。包括有哪些收获、提高和不足之处，有何建议等。

（三）考核成绩

本实验采用综合考评方法评定成绩，分值如下：

（1）操作　70 分；

（2）总结报告　20 分；

（3）平时表现　10 分。

电子实习任务书 B
——设计性实验

（一）实习项目

用 PROTEL 工程应用软件设计印制板图。

（二）实习要求

（1）按教学要求中所规定的有关内容，完成一个电子产品的印制板图设计。方案自行确定，并由指导教师审核。

（2）完成预习报告——在实习动员、专题讲授、布置任务后下次实习课提交，要求内容如下：

① 写出主菜单各选项的功能。

② 写出设计单面板所需要的三个层及各层的作用。

③ 写出用 PROTEL 软件设计印制板图时应注意的问题（10 条以上）。

④ 确定适当的电原理图，写出设计印制板图初步方案和布局、布线草图。

⑤ 列举出有印制板的十种家用电器产品。

（3）完成总结报告——实习结束后一周内提交，内容如下：

① 实习项目及电子电路名称。

② 印制板的主要作用是什么。

③ 针对具体实习项目，简述设计步骤。

④ 画出电原理图，并确定或计算相关参数。

⑤ 按比例画出各自设计的印制板图。

⑥ 写出实习体会。包括有哪些收获、提高和不足之处，有何建议等。

（三）考核成绩

本实验采用综合考评方法评定成绩，分值如下：

（1）操作　60分；

（2）总结报告　30分；

（3）平时表现　10分。

第10章　收音机的工作原理

10.1　无线电广播概述

众所周知，声音所能传播的距离是有限的，要想远距离的传播声音，必须借助于无线电广播。无线电广播是以频率较高的无线电信号即高频载波信号作为运载工具，将声音运送到较远的地方。目前无线电广播可分为两大类，即调幅广播（AM）和调频广播（FM）。

调幅广播是用高频载波信号的幅值来装载音频信号，即用音频信号来调制高频载波信号的幅值，从而使原为等幅的高频载波信号的幅值随调制信号的幅度而变化，如图 10.1（c）所示。幅值被音频信号调制过的高频信号叫已调幅信号，简称调幅信号。

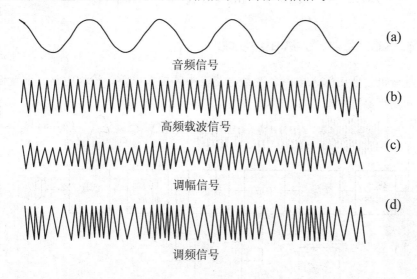

音频信号 (a)

高频载波信号 (b)

调幅信号 (c)

调频信号 (d)

图 10.1

调频广播则是用高频载波信号的频率来装载音频信号，即用音频信号来调制高频载波信号的频率，从而使原为等幅恒频的高频载波信号随着调制信号的幅度变化其频率发生变化，幅值不变，如图 10.1（d）所示。频率被调制过的高频信号叫已调频信号。调幅信号和调频信号统称为已调制信号。

调幅广播有长波、中波、短波三个波段。长波的频率范围在 150kHz～415kHz，中波为 525kHz～1605kHz，短波为 1.6MHz～26.1MHz。调频波段都在超高频（VHF）波段，国际上规定为 88MHz～108MHz。

从调幅和调频广播的范围我们可以看出，调幅广播所用的波长较长，其特点是传播距离远，覆盖面积大，并且用来接收此无线电波信号的接收机的电路也比较简单，价格低廉。但其缺点是所能传输的音频频带较窄，音质较差，从而不宜传输高保真音乐节目，并且其抗干扰能力差。

　　而调频广播所能传输的音频频带较宽，易于传送高保真音乐节目，并且其抗干扰能力较强。这是因为调频信号的幅值是固定不变的，可以用限幅的方法，将由于干扰而产生的调频信号的幅值的变化有效地消除掉。同时，它比 AM 的发射功率可相对减小，这是因为调幅信号的幅值一般都比载波的幅值大，有效发射功率比发射机发射的功率小得多。而调频信号的幅值和载波的幅值一样大，在发射机功率与发射功率一样时，调频信号的有效发射功率要比调幅信号的有效发射功率大。但由于调频广播工作于超短波波段，其缺点是传播距离短，覆盖范围小，并且易于被高大建筑物等物体所阻挡。然而人们恰恰利用了这一点，不同地区或城市可使用同一或相近的频率，而不至于引起相互干扰，提高了频率利用率。

　　收音机是接收无线电广播发送的信号，并将其还原成声音的机器，根据无线电广播的种类不同，接收信号的收音机的种类亦不同，即调频收音机和调幅收音机。有的收音机既能接收调频广播又能接收调幅广播，称为调频调幅收音机。

10.2　调幅广播收音机工作原理

10.2.1　超外差式收音机的构成

　　超外差式收音机主要由输入电路、变频电路、中频放大电路、检波电路、前置低放电路、功率放大电路和扬声器等组成，如图 10.2 所示。

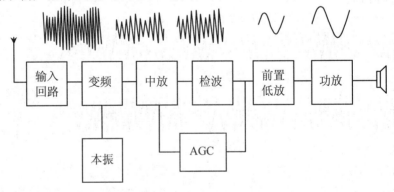

图 10.2　超外差收音机结构图

10.2.2　超外差式收音机的特点

　　（1）中频频率较低，电路设计方便，并且容易得到稳定的放大量。

　　（2）中频频率固定，所以中频放大器可以设计成谐振放大形式，同时可以为多级放大，增益大大提高，使整机灵敏度提高。

　　（3）中频放大器的负载为谐振回路，选频特性好，使整机选择性也很好。

（4）超外差式收音机的电路较复杂，而且调试较困难，容易出现多种干扰和产生振荡。

10.2.3　超外差式收音机的工作原理

从天线接收下来的无线电波信号，经输入回路选频与收音机本身产生的一个振荡信号，共同送入变频级混合，利用三极管的非线性，产生差频信号，即 465kHz 中频信号。外来信号经过变频以后，只是变换了载波的频率，而加在其上的音频信号包络线却没有改变，经过中频放大器放大，检波出音频信号，送至低频放大器，由扬声器发声，如图 10.3 所示。

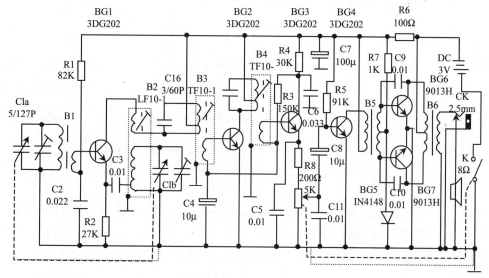

图 10.3　超外差式收音机电原理图

一、输入电路

从天线到变频管基极间的电路称为输入电路，它是收音机接收广播电台信号的入口处，由天线 B1 和双联可变电容 C1a 组成。

输入电路中磁棒上的初级线圈电感和双联可变电容 C1a 组成并联谐振回路，调节 C1a 的大小，就是改变电路的谐振频率，从而选择接收不同广播电台的信号，并把不需要的信号衰减掉。所以输入电路也称接收电路。再由天线 B1 的初级耦合到次级加至晶体三极管 BG1 的基极进行后面的处理。接收到的信号是十分微弱的，但它仍保持调幅波特征。对输入电路的要求：第一，要有良好的选择性，即输入回路的选台性能要好，抗干扰能力要强。第二，频率覆盖正确，即输入调谐回路应能选出规定的频率范围内的所有广播电台信号。

二、变频电路

变频级一般包括本机振荡器和混频器两个部分。本机振荡器产生等幅高频振荡；将本机振荡信号与输入回路送来的广播电台信号混频的部分称为混频器。本机振荡和混频可以由一个晶体三极管来完成这两项工作。如图 10.3 所示，变频电路由 BG1、B2 及相关元件构成。

变频电路完成两个任务：一是产生本机振荡，BG1 通过振荡变压器 B2 构成正反馈电路，形成等幅振荡波，其振荡频率随双联可变电容 *C*1*b* 的变化而改变；二是混频，输入电路接收到的广播电台信号频率和本机振荡频率在 *BG*1 内进行混频，利用晶体三极管本身的非线性作用，产生差频，这个差频就是465kHz中频。双联可变电容 *C*1*a* 和 *C*1*b* 是同轴转动的，在选择接收广播电台频率的同时也改变本机振荡频率，使得在任何位置这两个频率的差频总是465kHz。将不同高频载频的广播电台信号变成频率固定的中频载波信号，在这个变换过程中，它的包络线仍然保持着广播信号的特征。对变频电路的要求：第一，噪音要小，变频级为收音机第一放大级，它的噪音大，必然使信号信噪比降低。第二，增益适当，变频级主要作用是变频，兼顾放大，所以增益应适当，不可过大。

三、中频放大电路

中频放大电路由 *B*3、*BG*2 和 *B*4 等组成。如图10.3所示在 *BG*1 集电极电路中的465kHz频率分量是依靠 *B*3 中频变压器初级 *LC* 并联谐振回路选频，经 *BG*2 放大。中频放大是对465kHz的选择放大。*B*4 中频变压器也是起选频作用，可提高整机灵敏度和选择性。对中频放大电路的要求：

（1）增益要高，中频放大器要有较高增益，以保证整机灵敏度。

（2）选择性好，中频放大器应允许占有一定频带宽度的中频信号通过，同时阻止其他干扰信号。

（3）工作稳定，中频放大器的增益高，稳定性很重要。当环境温度变化时，电路工作状态基本不变，同时不应出现自激现象。

四、检波电路

检波电路的任务是将原来调制在高频载波的音频信号，从调幅波中"检"出来，送入低频放大器。由于经中频放大电路后，中频信号幅度较大（一般为0.5V以上），因此一般直接采用大信号检波方法，可以用检波二极管或检波三极管来完成这个任务。这里介绍三极管检波电路。

如图10.3所示。中放管 *BG*2 和检波管 *BG*3 的基极偏置电压相等，同为0.7V，*BG*2 的发射极接地，而 *BG*3 的发射极接有电阻和音量电位器，因此，当 *B*4 次级感应电压为上正下负时，检波三极管正向导通，检波信号从发射极输出；当 *B*4 次级感应电压为上负下正时，三极管反偏截止。随着调幅波幅度的变化，三极管的正向电流也会发生相应的变化，在负载两端产生的电压也会随之改变。*C*5、*R*8 和 *C*11组成 π 型滤波电路，将半波中的中频成分滤掉，而仅仅留下反映原调制信号内容的调幅波的包络部分，即音频信号。检波后的信号实际含有三种成分：中频、音频和直流。中频信号由 π 型滤波电路滤除，送不到音量电位器 *W*，音频和直流成分加到电位器 *W* 的两端。音频信号被送到低放级继续放大，直流成分用来实现自动增益控制。自动增益控制是利用检波器输出的直流部分，通过反馈电阻 *R*3 加到中放管 *BG*2 的基极，控制它的基极偏流，从而改变其增益大小的。

五、前置低频放大电路

这是一级电压放大电路。由于检波电路输出的音频信号幅度比较小，不能推动功率放大电路，因此要先作适当的电压放大。如图10.3所示，电路中 *BG*4 和输入变压器 *B*5 等元件构成前置低频放大电路（简称"低放"）。

由音量电位器中心抽头取出的带有直流成分的音频信号，经 $C8$ 隔直耦合，送到 $BG4$ 的基极，音频信号经 $BG4$ 放大，在 $B5$ 初级产生相应变化的电流。$B5$ 次级和初级绕在同一个铁心上，所以能感应出相应的电压送到下一级电路。

六、功率放大电路

由图 10.3 所示，$BG6$、$BG7$ 以及附属电路构成变压器耦合乙类推挽功率放大器（简称"功放"），$R7$、$B5$ 的作用是给 $BG6$、$BG7$ 提供静态时较小的偏置电压，以防止 $BG6$、$BG7$ 轮流导通时出现非线性（交越）失真，$C9$ 和 $C10$ 的作用是消除功率放大管的自激。$B5$ 为前置低放和功率放大之间的推挽输入耦合变压器，次级为两组绕向相反、圈数一样的耦合线圈。

$B6$ 在电路中为功率放大器和扬声器之间的推挽输出变压器，初级两组线圈对称。$BG6$ 和 $BG7$，二者型号相同，特性几乎一样。

这种乙类推挽功率放大器的特点是效率高，可达到 60%以上功率放大，静态基极偏置很小。输入变压器次级感应的信号电压直接驱动功放管。输入变压器 $B5$ 次级两端同一时刻感应电压的极性相反，使 $BG6$ 导通时 $BG7$ 截止，故两只推挽管实际上是轮流导通的。但是它们的集电极负载又是同一个输出变压器，两个电流的作用，使 $B6$ 次级感应出完整的信号。

$B6$ 在电路中的作用除了将两个轮流导通的电流合为一股外，同时又实现了扬声器与功放级的阻抗匹配。

这种电路的缺点是变压器会产生频率失真，特别是要求音域宽时，它就成为严重的障碍。另外输入、输出变压器体积大、不利于小型化。所以它逐渐为性能更好的 OTL 电路和 OCL 电路所替代。

10.3　调频广播收音机工作原理

10.3.1　调频广播的接收

一、调频广播的由来

随着科学技术的发展，人们对声音广播的要求也越来越高。调幅广播的缺点较多，如噪音大、音质差，同时越来越多的调幅广播电台拥挤在很小的调幅广播波段，许多电台信号混在一起，形成串音和种种干扰。

在目前的技术条件下，开设调频广播，是实现高质量的声音广播，缓和电台拥挤和克服干扰的重要途径之一。

二、调频广播波段

调频广播工作在甚高频波段，频率范围各国不一样。我国采用国际标准频段，规定为 88MHz～108MHz。其传播特点类似于电视广播，为直线传播，发射距离较近。

三、调频广播的特点

（1）抗干扰性能好。调频广播传播距离较近，各电台之间的干扰小。另外，由于调频收音机有限幅器，可以很好的切除调频波传播过程中的各种幅度干扰，比调幅广播要好得多。

（2）调频广播的频道间隔为200kHz，单声道调频收音机的通频带是180kHz，立体声调频收音机的通频带是198kHz；放音频率可达20Hz～15kHz，可以实现高质量的声音广播。

（3）解决电台拥挤。调频波段范围可以设一百个电台，又由于调频广播传播距离近，所以一个载波段频率可以在幅员辽阔的国土上多处作用，而不产生相互干扰。

四、调频广播存在的问题

调频广播受地形、地物影响较大，远距离接收效果较差。调频广播收音机的工作频率高，通频带宽，每级增益不可能做得很高。为了达到一定的灵敏度和信噪比，放大的级数要增加，因此调频广播收音机的电路要比调幅收音机的电路复杂。

10.3.2 调频收音机的构成和工作原理

调频收音机的最基本功能和调幅式收音机较相似。在调频收音机中解调功能由鉴频器（也叫频率解调器或频率检波器）来完成，是将调频信号频率的变化还原为音频信号。其他功能的电路和调幅收音机中的一样。

调频收音机依电路形式来分,可分为直接放大式和超外差式两种;依接收信号的种类来分,有单声道调频收音机和调频立体声收音机。单声道调频收音机和调频立体声收音机的结构框图如图10.4所示。

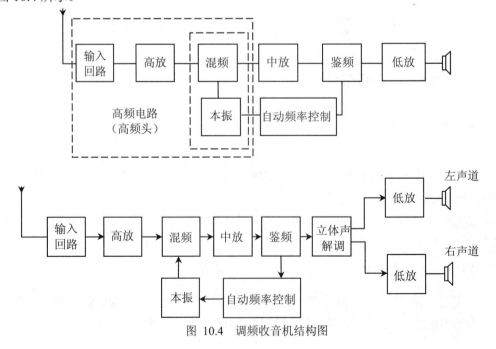

图 10.4 调频收音机结构图

单声道调频收音机由输入电路、高频放大电路、混频电路、中频放大电路、鉴频器、低频放大电路和扬声器组成。调频立体声收音机的结构和单声道调频收音机结构的区别就在于，在鉴频器后加一个立体声解调器，分离出两个音频通道，来推动两个扬声器，形成立体声音。调频收音机电路比调幅收音机电路多出一个高频放大电路，其功能是将输入电路送来的信号放大到混频所需要的大小。

由天线接收到的信号经输入回路选频，首先送到高频放大级，增大输入信号的强度，然后进行变频。变频后的调频中频频率为 10.7MHz，中频调频信号保持了原调频信号的频率、偏移特性，但载频却变低。一般经两级中频限幅放大，把调频波传播过程中出现的幅度干扰削掉，然后将等幅的中频调频波送入鉴频器，即频率解调电路，把频偏变化变为原调制信号的幅度变化，从而还原为音频信号。音频信号再送入低频放大电路，由扬声器还原为声音。

第11章　数字万用表的工作原理

11.1　数字电压表工作原理

11.1.1　数字电压表工作原理简介

数字电压表主要包括模拟电路（即双积分式 *A/D* 转换器）和逻辑电路（即数字电路）两大部分。模拟电路与逻辑电路是相互联系的，一方面逻辑控制单元产生的控制信号决定了模拟开关的通断；另一方面模拟电路的比较器输出信号又控制着计数器、锁存器和译码显示器。数字电压表的原理框图如图 11.1 所示。

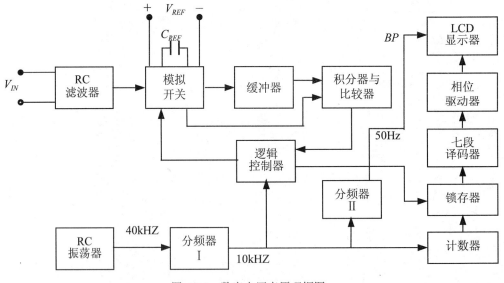

图 13.1　数字电压表原理框图

11.1.2　3 1/2 位数字电压表构成及工作原理

典型的数字电压表是由大规模集成电路 7106 及其外围电路构成的，如图 11.2 所示。

该表的量程 V_M=200mV，也称基准档或基准表。R_1、C_1 为时钟振荡器的 RC 网络。R_2、R_3 是基准电压的分压电路，R_2 是可调电阻，一般采用精密多圈电位器，R_3 是固定电阻。调整 R_2 使基准电压 V_{REF}=100.0mV。R_4、C_3 为输入端阻容滤波电路，以提高仪表的抗干扰能力，并能增强仪表的过载能力。因 7106 输入阻抗很高，输入电流极小（在 25℃时输入漏电流的典型值仅为 1pA，只引入 1μV 的误差），故可取 R_4=1MΩ，C3=0.01μF。C_2、C_4 分别是基准电容和自动调零电容。R_5、C_5 分别是积分电阻和积分电容。7106 的模拟公共端 32 脚与面板上的表笔插孔 COM 连通，V+与 COM 之间有 2.8V（典型值）稳压输出。七段译码器 3 位半 LCD 液晶显示。

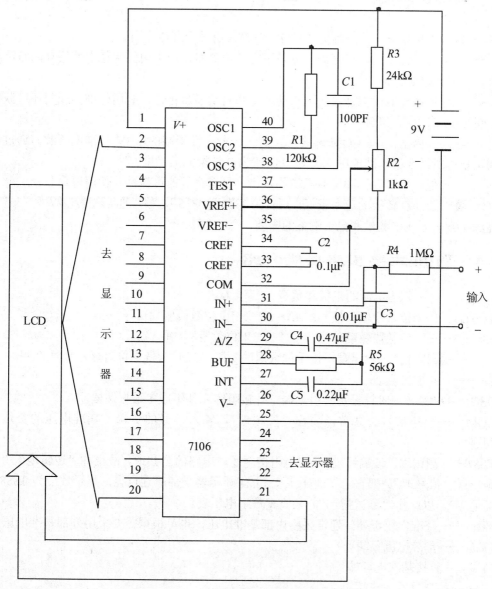

图 11.2　7106 数字电压表电原理图

11.1.3　7106 主要特点

7106 是把模拟电路与逻辑电路集成在一块芯片上，属于大规模 CMOS 集成电路，主要有以下特点：

（1）采用单电源供电，使用 9V 迭层电池，有助于实现仪表的小型化。电源电压范围较宽，规定为 7V～15V。

（2）内部有异或门输出电路，能直接驱动 LCD 显示器。

（3）功耗低，本身消耗电流仅 1.8mA，功耗约 16mW，一节 9V 迭层电池能连续工作 200 小时。

（4）输入阻抗极高，典型值为 $10^{10}\Omega$，对输入信号无衰减作用。

（5）内部有时钟电路，根据需要可采用阻容振荡器，或采用频率稳定性很高的石英晶体振荡器，亦可外接时钟信号。

（6）能通过内部的模拟开关实现自动调零和自动显示极性。利用外部异或门还可获得超量程（越限溢出）标志信号。

（7）在芯片内部 $V+$ 与 COM 端之间，有一个稳定性很高的 2.8V 基准电压源。通过电阻分压器可获得所需要的基准电压 V_{REF}，以保证 A/D 转换的准确度。

（8）噪声低，失调温漂和增益温漂均很小。具有良好的可靠性，使用寿命长。

（9）缺点是 A/D 转换的速率较低，规定为 1 次/秒～15 次/秒，通常选 2.5 次/秒～5 次/秒，但已能满足常规无线电测量和电工测量的需要。

11.1.4　7106 主要引脚功能介绍

- $V+$ 和 $V-$——分别为电源的正极和负极。
- $A1$～$G1$——个位数段驱动信号；$A2$～$G2$——十位数段驱动信号；
- $A3$～$G3$——百位数段驱动信号；$AB4$——千位数段驱动信号。
- POL——负极性指示输出端，接千位数码的 g 段，POL 为低电位时显示负号"–"。
- BP——公共电极驱动端。
- OSC1～OSC3——时钟振荡器引出端，外接阻容元件组成多谐振荡器。
- COM——模拟信号公共端，简称"模拟地"，输入信号的负端、基准电压的负端与之相连。
- $TEST$——测试端，该端经过 500Ω 电阻接至逻辑电路的公共地，故也称"逻辑地"、"数字地"或"信号地"。把它与 $V+$ 短接后，LCD 显示器全部笔划点亮，显示数应为 1888（全亮笔划），以此作"测试指示"，来检查数字电压表。
- $V_{REF}+$——基准电压正端。通常采用内部基准电压，也可根据需要采用外部基准电压。
- $V_{REF}-$——基准电压负端。
- C_{REF}——外接基准电容端。
- $IN+$——模拟量输入正端。
- $IN-$——模拟量输入负端。
- BUF——外接积分电阻。
- A/Z——外接校零电容。
- INT——积分器输出端，外接积分电容。

11.2　数字万用表工作原理

对数字电压表加以扩展，就构成多功能、多量程的数字万用表。

11.2.1　多量程直流数字电压表

采用电阻分压可以把基本量程为 200mV 的表扩展成多量程的直流数字电压表，如图 11.3 所示。

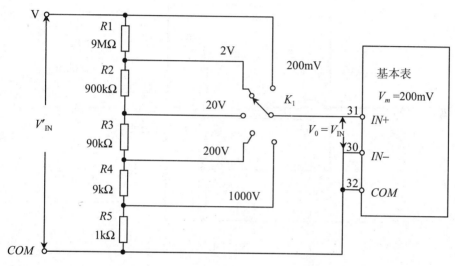

图 11.3

该表共设置五个量程：200mV、2V、20V、200V 和 2000V，由量程选择开关 K_1 控制。$R_1 \sim R_5$ 构成分压器，总电阻值 $R_{1-5} = R_{IN} = 10M\Omega$。各档满量程时的输出电压 V_0 计算如下：

200 mV 档：$V_0 = R_{1-5} / R_{1-5} \cdot V_{M1} = 10M\Omega/10\,M\Omega \times 200mV = 200\,mV$

2V 档：$V_0 = R_{2-5} / R_{1-5} \cdot V_{M2} = 1M\Omega/10\,M\Omega \times 2V = 200\,mV$

20V 档：$V_0 = R_{3-5} / R_{1-5} \cdot V_{M3} = 100k\Omega/10\,M\Omega \times 20V = 200\,mV$

200V 档：$V_0 = R_{4-5} / R_{1-5} \cdot V_{M4} = 10k\Omega/10\,M\Omega \times 200V = 200\,mV$

2000V 档：$V_0 = R_5 / R_{1-5} \cdot V_{M5} = 1K\Omega/10\,M\Omega \times 2000V = 200\,mV$

上述五档的分压比（衰减比）依次为 1/1、1/10、1/100、1/1000、1/10000。这意味着只要选取合适的档，即可把 0～2000V 范围内的任何直流电压 VIN 衰减成 0～200mV 的电压，再利用基本表（量程 VM=200 mV）进行测量。

11.2.2　多量程直流数字电流表

如图 11.4 所示，被测输入电流 I_{IN} 流过分流电阻 R_9 时可产生压降 V_{R1}，以此作为基本表的输入电压 V_{IN}，就能实现 I-V 转换，通过数字电压表显示出被测电流的大小。再利用选择开关扩展成多量程的直流数字电流表。图 11.4 是四量程（200μA、2 mA、20 mA、200 mA）直流数字电流表。$R_6 \sim R_9$ 是分流电阻，要求接触电阻必须极小。串联的分流电阻总值 $R_6 \sim R_9 = 1\text{k}\Omega$。各档满量程时电阻上的压降 V_{IN} 计算如下：

200μA 档：　　$V_{IN} = I_{M1} \cdot R_{6-9} = 200\mu\text{A} \times 1\text{k}\Omega = 200 \text{ mV}$

2 mA 档：　　　$V_{IN} = I_{M2} \cdot R_{7-9} = 2\text{mA} \times 100\Omega = 200 \text{ mV}$

20 mA 档：　　 $V_{IN} = I_{M3} \cdot R_{8-9} = 20 \text{ mA} \times 10\Omega = 200 \text{ mV}$

200 mA 档：　 $V_{IN} = I_{M4} \cdot R_9 = 200 \text{ mA} \times 1\Omega = 200 \text{ mV}$

这表明只要适当选取电流档，即可把 $0 \sim 0.2\text{A}$ 范围内的任何直流 I_{IN} 转换成 $0 \sim 200\text{mV}$ 的电压，再利用量程 $V_M = 200 \text{ mV}$ 的基本表进行测量。

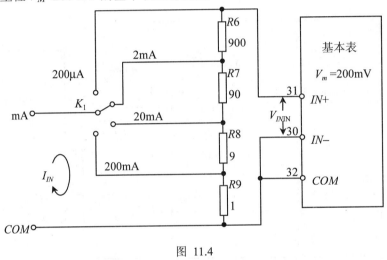

图 11.4

11.2.3　多量程交流数字电压表

测交流电压时需增加 *AC-DC* 转换器。利用二极管作整流器，电路简单，但二极管属于非线性元件，尤其在小信号情况下的非线性失真很严重，所以测交流电压时，一般选用 200V 和 700V 二档。

11.2.4　多量程数字欧姆表

一般采用比例法测量电阻，其优点是：即便基准电压存在一定偏差或在测量过程中略有波动，也不会增加测量误差，因此可降低对基准电压的要求。比例法测量电阻的原理如图 11.5 所示。被测电阻 R_X 与基准电阻 R_0 串联后接在 V_+ 与 *COM* 之间。V_+ 与 V_{REF+}，V_{REF-} 与 IN_+，IN_- 与 *COM* 两两接通。利用 7106 的 2.8V 基准电压源 E_0，向 R_0 和 R_X 提供测试电流 I，R_0 上的压降 V_{R0} 兼作基准电压，R_X 上的压降 V_{RX} 作为输入电压 V_{IN}，有关系式：

$$V_{IN} / V_{R0} = V_{RX} / V_{R0} = I_{RX} / I_{R0} = R_X / R_0$$

当 $R_X = R_0$ 时显示值为 1000，$R_X = 2R_0$ 时满量程。通常：

$$显示值 = V_{RX} / V_{R0} \times 1000 = R_X / R_0 \times 1000$$

以 200Ω档为例，取 $R_0 = 100\Omega$ 代入上式，显示值 $= 10R_X$。将小数点定在十位即可直接读出结果。

　　如图 11.6 所示，利用选择开关改变基准电阻 R_0 的数值，就构成多量程数字欧姆表。此图是五量程数字欧姆表的电路，量程分别为：200Ω、2kΩ、20kΩ、200kΩ、2MΩ。为节省元件，在数字万用表中常借用多量程直流数字电压表的分压电阻作为欧姆表的基准电阻。

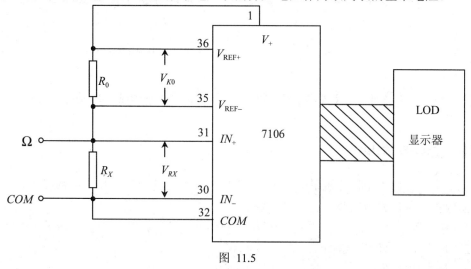

图 11.5

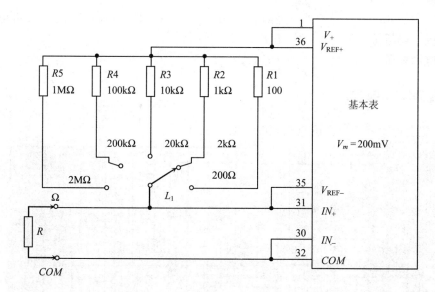

图 11.6

第12章　电子产品制作实例

12.1　JX419型七管超外差收音机

12.1.1　技术说明

JX419 型七管超外差收音机采用一节 1.5V 一号电池，使用时间长。混频级设有基极稳压电路，防停振，降压性能优越。主要性能参数：

(1) 频率范围：　　　　　　　525kHz～1605kHz；

(2) 最大不失真输出功率：　　大于 50mW；

(3) 最大输出功率：　　　　　大于 150mW；

(4) 电源消耗：　　　　　　　静态时，小于 10 mA；最大输出时，小于 100 mA；

(5) 扬声器阻抗：　　　　　　8Ω；

(6) 电源电压：　　　　　　　DC 1.5V。

12.1.2　电原理图

JX419 型七管超外差收音机电原理图，如图 12.1 所示。

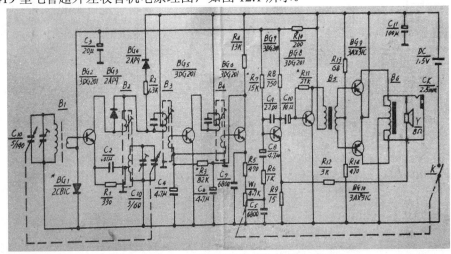

图 12.1　JX419 型七管超外差收音机电原理图

12.1.3　电路构成

1. 选频电路

选频电路由天线线圈 B_1 的初级和双联 C_{1a} 组成，两者并联相接，构成并联谐振回路，LC 并联谐振时两端呈高阻状态，调节双联，即可改变谐振频率，从而达到接收不同广播电台的目的。

2. 变频电路

变频电路主要由三极管 BG_2、振荡变压器 B_2、双联 C_{1b} 组成。其任务有两个，一是本机振荡，其振荡频率随双联电容 C_{1b} 变化。二是混频，本振频率和外来频率在 BG_2 上进行混频，并产生一个差频 465kHz。

3. 中频放大电路

利用中频变压器 B_3 初级 LC 并联谐振回路选择 465kHz 中频，由三极管 BG_5 进行中频放大，再经 B_4 选频，提高整机灵敏度和选择性。

4. 检波电路

GB_6 为检波三极管，通过检波从调幅波上"摘取"音频信号，由发射极输出，C_5、C_7、R_5 组成π滤波器，音频信号落在发射极电位器 W_1 上，通过电位器的衰减控制，达到调节音量的作用。

5. 预功放电路

主要由三极管 BG_7、BG_8 组成。由于检波电路输出的音频信号幅度比较小，不能推动功率放大电路，因此，要作适当的电压放大。

6. 功率放大电路

功率放大是使放大输出的音频信号具有足够的功率推动扬声器正常发声，为了提高功放电路效率，采用乙类推挽功放电路，此部分由 B_5、BG_9、BG_{10}、B_6 等组成。

12.1.4　装配图

JX419 型七管超外差收音机装配图，如图 12.2 所示。

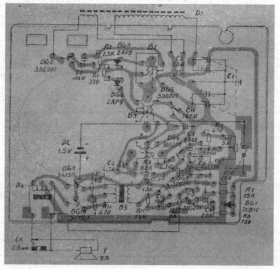

图 12.2　JX419 型七管超外差收音机装配图

12.1.5 元器件及材料清单

元器件及材料清单列于表 12.1。

表 12.1

序号	名称	规格型号	数量	单位	位号	备注
1	碳膜电阻	RT14–0.25W–15–±5%	1	只	R9	
2	碳膜电阻	RT14–0.25W–200–±5%	1	只	R10	
3	碳膜电阻	RT14–0.25W–330–±5%	1	只	R1	
4	碳膜电阻	RT14–0.25W–1.3K±5%	1	只	R2	
5	碳膜电阻	RT14–0.25W–82K–±5%	1	只	R3	或 91K
6	碳膜电阻	RT14–0.25W–13K–±5%	1	只	R4	
7	碳膜电阻	RT14–0.25W–470–±5%	2	只	R5、R14	
8	碳膜电阻	RT14–0.25W–1K–±5%	1	只	R6	
9	碳膜电阻	RT14–0.25W–15K–±5%	1	只	R7	
10	碳膜电阻	RT14–0.25W–750–±5%	1	只	R8	或 680
11	碳膜电阻	RT14–0.25W–24K–±5%	1	只	R11	
12	碳膜电阻	RT14–0.25W–3K–±5%	1	只	R12	
13	碳膜电阻	RT14–0.25W–68–±5%	1	只	R13	
14	开关电位器	HER–4.7K	1	个	W1	
15	双联可变电容	CBM–223P	1	个	C1	
16	瓷片电容	CT1–100V–6800P–K	2	只	C5、C7	
17	瓷片电容	CT1–100V–2200P–K	1	只	C9	
18	电解电容	CD11–10V–22μF–K	1	只	C3	
19	电解电容	CD11–10V–4.7μF–K	3	只	C4、C6、C8	
20	电解电容	CD11–10V–10μF–K	1	只	C10	
21	电解电容	CD11–10V–100μF–K	1	只	C11	
22	涤纶电容	CL11–100V–0.01μF–J	1	只	C2	
23	二极管	2AP9	2	个	BG3、4	
24	三极管	3DG201	3	个	BG2、5、7	
25	三极管	3DG201	1	个	BG6	
26	三极管	3DG201	1	个	BG8	
27	三极管	3AX31C	2	个	BG9、10	

续表 12.1

序号	名称	规格型号	数量	单位	位号	备注
28	稳压二极管	2CB1C	1	个	BG1	
29	振荡变压器	LF10–23 或 LTF2–3（黑）	1	个	B2	
30	中频变压器	TF10–1 或 TF10–42（白）	1	个	B3	
31	中频变压器	TF10–2 或 TF10–43（蓝）	1	个	B4	
32	天线磁棒		1	套	B1	
33	磁棒支架		1	个		
34	输入变压器	绿或蓝	1	个	B5	
35	输出变压器	红或黄	1	个	B6	
36	印制板	PCB–767	1	块	PCB	
37	扬声器	57mm–0.25W–8Ω	1	个	Y	
38	扬声器网罩		1	个		
39	前框		1	个		
40	后盖		1	个		
41	大拨盘	双联拨盘	1	个		
42	小拨盘	电位器拨盘	1	个		
43	透明刻度板		1	个		
44	电源正极片		1	只		
45	电源负极片		1	只		
46	双联螺钉		2	只		
47	拨盘螺钉	大小拨盘	2	只		
48	耳机		1	个		
49	耳机插孔		1	个	CK	

12.1.6 制作工艺技术

一、工艺流程图

收音机的制作工艺流程图如图 12.3 所示。

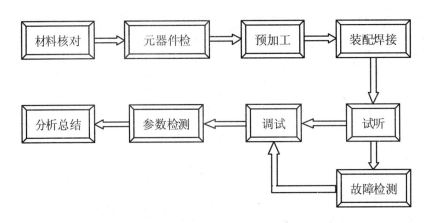

图 12.3 JX419 型晶体管收音机制作工艺流程图

二、常用元器件检测

1. 电阻器的识别与测量

（1）色环电阻色码表：列于表 12.2。

表 12.2

银	金	黑	棕	红	橙	黄	绿	蓝	紫	灰	白
-2	-1	0	1	2	3	4	5	6	7	8	9

（2）色环电阻表示方法如下：

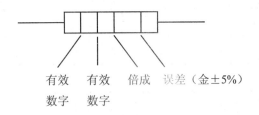

有效 有效 倍成 误差（金±5%）

数字 数字

例 如： 棕 橙 红 金

表 示： 1 3 $\times 10^2$ ±5%

标称值： $13\times10^2\Omega$±5%，即为 1.3kΩ±5%

（3）测量：用 MF368 万用表测量电阻时，要调整好倍率，测量前先校零，其测量值应在允许的偏差范围内。

注意：在测量较大电阻（数十千欧或更大阻值）时，两只表棒前端不能同时被手接触，否则测量不准。

2. 电解电容的识别与检测

电解电容的外型及符号如图 12.4 所示。

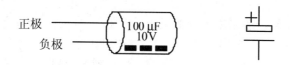

图 12.4　电解电容的外型及符号图

电解电容的容量比较大，容易观测其充放电现象，因此可以从充放电现象来判别电解电容的好坏。检测的方法是将万用表置电阻档，一般情况下，当电解电容的容量 $C \geq 10\mu F$ 时，置×100档，当 $C < 10\mu F$ 时，置×1kΩ档。在两个表棒接到电解电容引脚的瞬间，观察表针向右摆动的情况。这个过程是等效电势 E 通过内阻 R_S 对电容充电，充电电流使表针摆向右边，随着短暂充电过程的结束，充电电流减少，表针迅速回到左边。有这样的充电过程，说明这个电解电容是好的。在检测时还要注意，黑表棒接电解电容的正极，红表棒接电解电容的负极。

3. 二极管的识别与检测

常见的二极管的外型封装如图 12.5 所示。

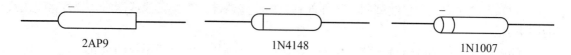

图12.5　常见二极管的外型封装图

二极管的检测方法是将万用表置 $R \times 100$ 档，当黑表棒接二极管的正极，红表棒接二极管的负极时，测量的是二极管的正向电阻，其阻值为几百欧姆。两表棒对调测量的是二极管的反向电阻，其阻值为几十兆欧姆以上，表针基本不动。

4. 三极管的识别与检测

常用的三极管的符号和外型封装如图 12.6 所示。

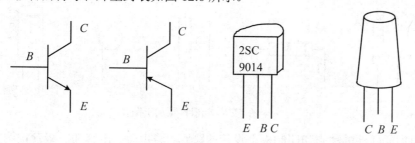

图12.6　常用三极管的符号和外型封装图

三极管的检测方法是将万用表置 $R \times 100$ 档，对于 NPN 管，当黑表棒接三极管的基极，红表棒分别接三极管的集电极和发射极时，测量的是三极管两个 PN 结的正向电阻，其阻值为600Ω左右。当红表棒接三极管的基极，黑表棒分别接三极管的集电极和发射极时，测量的是三极管两个 PN 结的反向电阻，其阻值为几十兆欧以上，表针基本不动。对于 PNP 管，万用表的红黑表棒对调，其两个 PN 结的正向电阻值为 200Ω 左右，反向电阻值为几十兆欧以上。

5. 变压器的检测

用万用表检查变压器一般采用定性测量线圈电阻的方法。对于输入输出变压器，测量初次级线圈的通断、初次级线圈之间有无短接。如果输出变压器是自耦型的，只需测量各线圈之间的通断即可。绿色或蓝色包封的是输入变压器，红色或黄色包封的是输出变压器。

三、装配焊接工艺要求

（1）在装配元器件时，应遵循从矮到高，从小到大的原则。

（2）元器件要装正，不要东倒西歪，同类、同体积的元器件要尽量保持高度一致。

（3）元器件有标识和有字的一面要尽量朝上朝外，便于识别。

（4）体积大的元器件要尽量贴紧印制板面，避免悬空使得焊盘受力断裂。

（5）装配三极管时，不要将其插到底，要使其元件面的管脚具有 5mm～8mm 的高度，以便于检测方便。

（6）焊点要饱满光滑，整个焊盘上要均匀布满焊锡，不能有气泡，不能虚焊、假焊，在同一条铜箔线上的相邻焊盘不能搭焊。

（7）天线线圈是漆包线绕制，其外部有一层绝缘清漆，焊接天线线圈时，要焊接引出线的端头部分。

（8）烙铁头前端要保持平整、有尖、清洁，一次焊接时间一般不要超过 5s。

（9）剪切焊接面焊点上的管脚时，要使其留有 1mm 左右的长度。双联可变电容及其周围的焊点和管脚要低，以免装上拨盘时转动困难。

（10）需要用螺丝紧固的地方，不要用力过猛、过紧，要均匀用力。

四、预加工

为提高装配焊接工艺水平和操作方便，须对某些元器件、材料作预先加工处理（见图 12.7）。

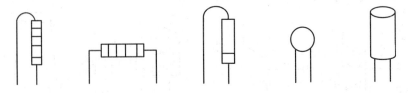

图 12.7　元器件预加工图

（1）根据元器件的种类和印制板上设计的跨距，将电阻、电容和二极管按图 12.7 成型剪切，引脚高度 8mm 左右。

（2）导线加工。对所用导线用剥线钳将两端剥头，剥头处的多股芯线先拧紧再焊上焊锡。剥头长度应控制在 2mm～3mm，过长会造成线路不必要的相碰和短路（见图 12.8）。

图 12.8　导线加工图（单位：mm）

五、装配焊接

（1）将元器件逐一插入印制板相应位置，边插边将焊接面露出的引脚从根部折弯 45°，以免元器件掉出，然后再逐一焊接，并将多余的引脚剪掉。可采用装几个元器件焊几个元器件的方式，不一定要全部装完后再焊。在焊接之前要仔细检查核对元器件装配的正确与否，特别是晶体管和电解电容极性是否正确。

（2）在装双联可变电容时，要先将双联垫片或天线支架嵌入其底部，用两个螺钉把双联紧固在印制板上，再将三个引脚从根部折弯，高度要尽量低，但不要碰到其他焊点，然后将其焊好。

（3）将带有天线的磁棒插入天线固定支架，按装配图分别将天线、电源线、扬声器线焊接于对应位置。天线是由漆包线绕制，要焊接天线引出线的四个端点。

（4）将剩余的结构件按指定位置装好。

六、调试

（1）试听：将直流稳压电源 HY1712–1 的电压选择开关置 6V 档，调节电压，同时用万用表检测，使其输出为 1.5V。收音机接上电源，打开电源开关，音量电位器开大，调节双联，接收广播电台信号或 1000Hz 音频调制的高频信号进行试听，收音机应能发出声音或噪声。如果无声，则需要检查故障。

（2）中频调试：将双联逆时针调到底（53×10kHz），再微调，接收 525kHz 的高频信号（或 525kHz～600kHz 之间的广播电台信号），音量尽量调小。逐级调整中频变压器 B4、B3（从后级往前级调），使音量最大。

（3）统调：①将双联调到频率最低端（53×10kHz），接收 525kHz 信号，调振荡回路 B_2 的电感磁芯，使音量最大。再调天线线圈在磁棒上的位置，使音量最大。②将双联调到频率最高端（160×10kHz），接收 1605kHz 信号，调节本机振荡回路里的 C_{1b} 微调电容，使音量最大。③将双联调到 1000kHz 处，调节输入回路里的 C_{1a} 微调电容，使音量最大。

七、测试

（1）测量各级静态工作点电压：用 MF368 型万用表 2.5V 档，以电源负极为参考点，分别对七个三极管的 c，b，e 进行测量。

（2）测量电源消耗：将万用表分别置于 0.25A 和 25mA 直流电流档，并串入电源回路。接收一个信号，分别将音量电位器开到最大和最小，此时万用表所指示的分别是收音机最大输出时的电流和静态电流。

（3）输出功率：接收由 1000Hz 音频信号调制的 1000kHz 高频信号，将示波器探头接在扬声器的两个端点上，并调节音量电位器，使示波器上显示的波形为最大不失真正弦波，其峰

峰值为 V_{P-P}，输出功率 $P=(V_{P-P}\sqrt{2}/4)^2/8$

<h1 style="text-align:center">12.2　HX203 型调频调幅收音机</h1>

12.2.1　技术说明

　　HX203 型调频调幅收音机，是以一块日本索尼公司生产的 CXA1191M 单片集成电路为主体，加上少量外围元件构成的微型低压收音机。CXA1191M 包含了 AM/FM 收音机从天线输入至音频功率输出的全部功能。

　　该电路的推荐工作电源电压范围为 2V～7.5V，当 V_{CC}=3V，R_L=8Ω时，音频输出功率 =150mW。电路内部除设有调谐指示 LED 驱动器、电子音量控制器之外，还设有 FM 静噪功能，即在调谐波段未收到电台信号时，通过检出无信号时的控制电平，使音频放大器处于微放大状态，从而达到静噪。

12.2.2　集成电路功能图

　　集成电路 CXA1191M 采用 28 脚双列扁平封装结构，其功能如图 12.9 所示

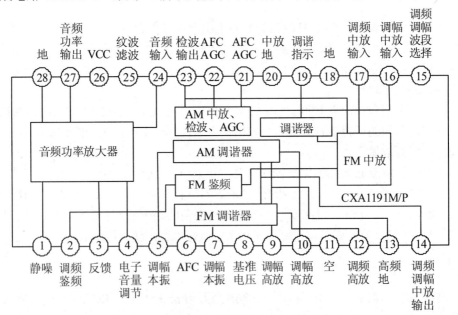

图 12.9

12.2.3　电原理图

　　HX203 型调频调幅收音机电原理图如图 12.10 所示。

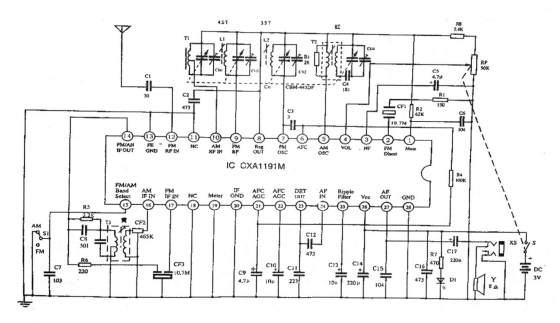

图 12.10　HX203 型调频调幅收音机电原理图

12.2.4　本机电原理分析

一、调幅（AM）部分

中波调幅广播信号由磁棒天线线圈 $T1$ 和可变电容 $C0$、微调电容 $C01$ 组成的调谐回路选择，送入 IC 第 10 脚。本振信号由振荡线圈 $T2$ 和可变电容 $C0$、$C04$ 微调电容及与 IC 第 5 脚的内部电路组成的本机振荡器产生，并与由 IC 第 10 脚送入的中波调幅广播信号在 IC 内部进行混频，混频后产生多种频率的信号，经过中频变压器 $T3$ 组成的中频选频网络及 465kHz 陶瓷滤波器 $CF2$ 双重选频，得到的 465kHz 中频调幅信号耦合到 IC 第 16 脚进行中频放大，放大后的中频信号在 IC 内部的检波器中进行检波，检出的音频信号由 IC 的第 23 脚输出，进入 IC 第 24 脚进行功率放大，放大后的音频信号由 IC 第 27 脚输出，推动扬声器发声。

二、调频（FM）部分

由拉杆天线接收到的调频广播信号，经 C_1 耦合，使调频波段以内的信号顺利通过并到 IC 的第 12 脚进行高频放大，放大后的高频信号被送到 IC 的第 9 脚，接 IC 第 9 脚的 L_1 和可变电容 C_0、微调电容 C_{03} 组成调谐回路，对高频信号进行选择在 IC 内部混频。本振信号由振荡线圈 L_2 和可变电容 C_0、微调电容 C_{02} 与 IC 第 7 脚相连的内部电路组成的本机振荡器产生，在 IC 内部与高频信号混频后得到多种频率的合成信号由 IC 的第 14 脚输出，经 R_6 耦合至 10.7MHz 的陶瓷滤波器 C_{F3} 得到的 10.7MHz 中频调频信号经耦合进入 IC 第 17 脚 FM 中频放大器，经放大后的中频调频信号在 IC 内部进入 FM 鉴频器，IC 的第 2 脚外接 10.7MHz 鉴频滤波器 C_{F1}。鉴频后得到的音频信号由 IC 第 23 脚输出，进入 IC 第 24 脚进行放大，放大后的音频信号由

IC 第 27 脚输出，推动扬声器发声。

三、音量控制电路

音量控制电路由电位器 RP50K 调节 IC 第 4 脚的直流电位高低来控制收音机的音量大小。

四、AM/FM 波段转换电路

当 IC 第 15 脚接地时，IC 处于 AM 工作状态；当 IC 第 15 脚与地之间串接 C7 时，IC 处于 FM 工作状态。因此，只需用一只单刀双掷开关，便可方便地进行波段转换控制。

五、AGC 和 AFC 控制电路

AGC（自动增益控制）电路由 IC 内部电路和接于第 21 脚、第 22 脚的电容 C_9、C_{10} 组成，控制范围可达 45dB 以上。AFC（自动频率微调控制）电路由 IC 的第 21 脚、第 22 脚所连内部电路和 C_3、C_9、R_4 及 IC 第 6 脚所连电路组成，它能使 FM 波段收音频率稳定。

12.2.5　装配图

HX203 型调频调幅收音机装配图如图 12.11 所示。

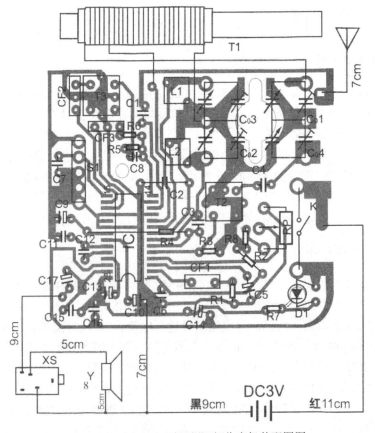

图 12.11　HX203 型调频调幅收音机装配图图

12.2.6　装配工艺

一、焊接技术

在装配过程中，焊接技术很重要。焊接时左手拿焊锡丝，右手拿电烙铁。在烙铁接触焊点的同时送上焊锡，焊锡的量要适当，太多易引起搭焊短路，太少易造成元件不牢固。如图 14.12 所示。建议先焊集成电路，再依次焊电容、电阻、中周、电解电容、陶瓷滤波器、电位器、四联可变电容、天线线圈以及电池极片、扬声器和耳机插孔的连接线。

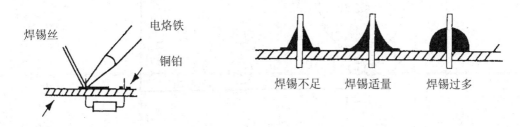

图　12.12

二、预加工

发光二极管和天线组件按图 12.13 加工或组合。

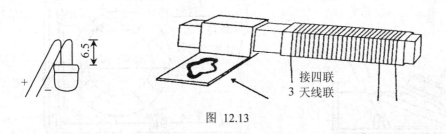

图　12.13

三、大件安装

大件安装如图 12.14 所示。

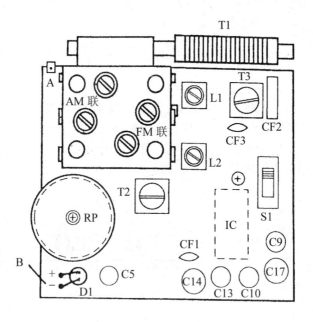

图 12.14

四、前框安装

前框安装如图 12.15 所示。

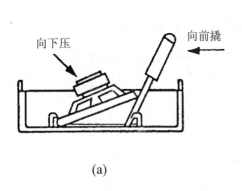

(a)

图 12.15

五、后盖安装

后盖安装如图 12.16 所示。

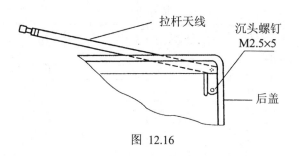

图 12.16

六、总装

如图 12.17 所示。在调试和测量后进行。

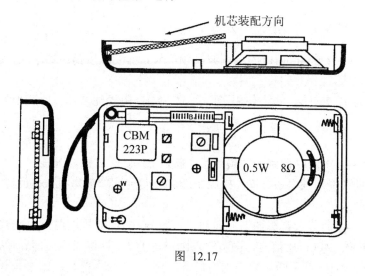

图 12.17

12.2.7　测量与调试

一、使用仪器

（1）稳压电源 1 台。

（2）AM 调幅高频信号发生器 1 台。

（3）FM 调频高频信号发生器 1 台。

（4）示波器 1 台。

（5）万用表 1 台。

（6）无感螺丝刀 1 个。

二、工作电压测量

集成电路 CXA1191M 各管脚直流工作电压参考值如表 12.3 所示。

表 12.3

脚号	AM	FM	脚号	AM	FM	脚号	AM	FM	脚号	AM	FM
1	0.5	0.2	8	1.25	1.25	15	0	0.6	22	1.2	0.8
2	2.6	2.2	9	1.25	1.25	16	0	0	23	1.1	0.5
3	1.4	1.5	10	1.25	1.25	17	0	0.6	24	0	0
4	0–1.2	0–1.2	11	0	0	18	0	0	25	2.7	2.7
5	1.25	1.25	12	0	0.3	19	0	0	26	3.0	3.0
6	0.4	0.6	13	0	0	20	0	0	27	1.5	1.5
7	1.25	1.25	14	0.2	0.5	21	1.35	1.25	28	0	0

三、中频调试

（1）AM 调试——接收 465kHz 的已调波高频信号，示波器接扬声器两端，调节中频变压器 T_3（黄）使输出最大。

（2）FM 中频为 10.7MHz，本机使用了两只 10.7MHz 陶瓷滤波器，使 FM 中频无须调试。

四、统调

（1）AM 统调——将四联调到频率最低端，接收 520kHz 信号，调振荡变压器 T_2（红），收到信号后，再将四联调到频率最高端，接收 1620kHz 信号，调节本机振荡回路里的 C_{04} 四联微调电容，使音量最大。

（2）AM 刻度——调节收音机调谐旋转钮，接收 600kHz 信号，调节中波磁棒线圈位置，使音量最大。然后接收 1400kHz 信号，调节输入回路里的 C_{01} 四联微调电容，使音量最大。反复调节 600kHz 和 1400kHz 直至两点输出均为最大为止。

（3）FM 统调——接收 108MHz 调频信号，四联置高端，调节四联微调电容 C_{02}，收到信号后再调 C_{03} 使输出为最大。然后将四联置低端，接收 64MHz 调频信号，调节 L_2 磁芯电感，收到信号后调 L_1 磁芯电感使输出最大。反复调节高端 108MHz 和低端 64MHz，直至使输出最大为止。

12.2.8 常规故障及排除方法

一、无声

首先检查 IC 有无焊好，有无漏焊、搭焊、IC 的方向有无焊错，IC 引脚电容有无接好，电解电容正负极有无焊反，IC 从 1~28 脚的引出脚所接元件是否正确，按原理图检查一遍，插孔是否接对。

二、自激啸叫声

检查 C_2、C_{16} 电容有无焊牢。

三、发光管不亮

发光二极管焊反或者损坏。

四、AM 串音

不管在哪个频率，始终有同一广播电台的信号，则为选择性差。可将 $CF2$（465kHz）黄色陶瓷滤波器从电路板拆下，反向接入或调换新的。

五、机振

音量开大时，扬声器中发出"嗡嗡"声，用耳机试听则没有。原因为 T_2、T_3、L_1、L_2 磁芯松动，随着扬声器音量开大时而产生共振。解决方法，一般用蜡封固磁芯即可（排除）。

六、AM/FM 开关失灵

检查开关是否良好，检查 C_7 是否完好或未焊牢，检查 IC 第 15 脚是否与开关、C_7 连接可靠或存在虚焊。

七、AM 无声

检查天线线圈三根引出线是否有断线，与电路板相关焊点连接是否正确。检查振荡线圈 T_2（红）是否存在开路。用数字万用表测量其正常值：1～3 脚为 2.8Ω 左右，4～6 脚为 0.4Ω 左右。如偏差太大，则必须更换。

八、FM 无声

线圈 L_1、L_2 是否焊接可靠；10.7MHZ 鉴频器 C_{F1} 是否焊接不良；电阻 R_1 是否焊接正确；10.7MHz 滤波器 C_{F2} 是否存在假焊。

12.3　M830B 型数字万用表

12.3.1　技术说明

一、总体

显示：　　　3 1/2 位带极性 LCD 液晶显示。
过档表示：　三位字空白。
电源：　　　9V 碱性或碳电池。

二、DC 电压

直流电压如表 12.4 所示。

表 12.4

DC 电压档位	分辨率	精确度
200mV	0.1mV	±0.5%±2
2V	1mV	±0.5%±2
20V	10mV	±0.5%±2
200V	100mV	±0.5%±2
1000V	1000mV	±0.5%±2
最大允许输入：1000VDC 或 AC 峰值		
输入阻抗：10MΩ		

三、DC 电流

直流电流如表 12.5 所示。

表 12.5

DC 电流档位	分辨率	精确度
200μA	0.1μA	±1%±2
2mA	1μA	±1%±2
20mA	10μA	±1%±2
200mA	100μA	±1%±2
10A	10mA	±2%±3
负载保护：0.25A/250V 保险丝（只是 mA 输入）		
输入阻抗：10MΩ		

四、AC 电压

交流电压如表 14.6 所示。

表 12.6

AC 电压档位	分辨率	精确度
200V	100mV	±0.5%±2
750V	1V	±0.5%±2
最大允许输入：750VRMS		
频率：45Hz～450HZ		

五、电阻

表 12.7

电阻档位	分辨率	精确度
200Ω	0.1Ω	±0.8%±2
2kΩ	1Ω	±0.8%±2
20kΩ	10Ω	±0.8%±2
200kΩ	100Ω	±0.8%±2
2000kΩ	1000Ω	±1%±2
最大开路电压：2.8V		

12.3.2　主要元器件标识

主要元器件标识如图 12.18 所示。

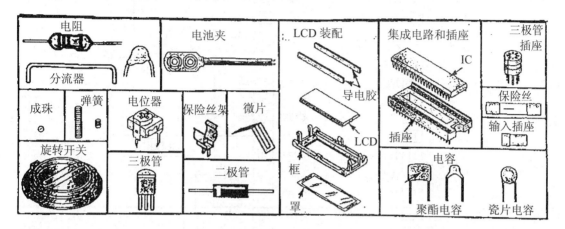

图 12.18

12.3.3　电原理图

如图 12.19(a)和 12.19(b)所示。

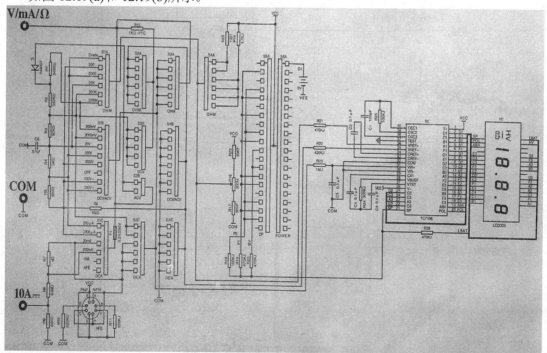

(a) M830B 型数字万用表电原理图

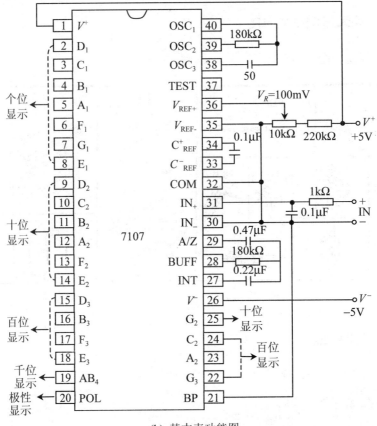

(b) 基本表功能图

图 12.19

12.3.4 装配图

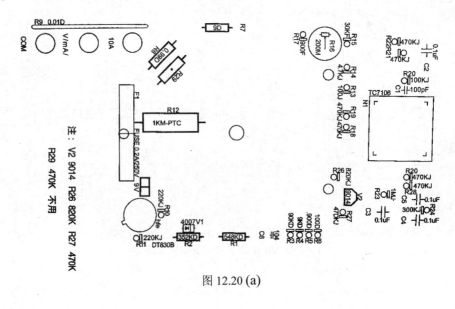

图 12.20 (a)

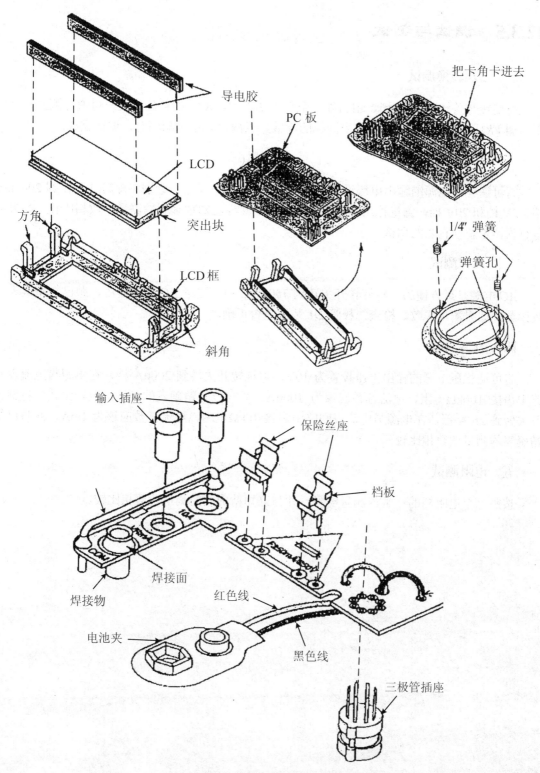

导电胶

把卡角卡进去

PC 板

LCD

方角

突出块

LCD 框

斜角

1/4′ 弹簧

弹簧孔

输入插座

保险丝座

档板

焊接面

红色线

焊接物

电池夹

黑色线

三极管插座

图 12.20 (b)

12.3.5　调试与测试

一、A/D 转换调试

将旋转开关转到 20V 档，用另外一个小于 20V 的 DCV 的精确的表，可通过测量同样电压，调 VR1 使电压达到与精确仪表同样的读数。当两块表指示相同时，调试完成。

二、DCV 测试

将可调稳压电源的输出电压设置在每个 DCV 档的中间值，分别将旋转开关转到 200 mV 档、2V 档和 20V 档，测量稳压电源的输出电压，并与已知精确表的测量读数相比较，如果测量有误，重新检查表的调试。

三、ACV 测试

AC 电源是最方便的，将旋转开关转到 750VAC 档，测量 AC 电源电压，跟已知精确表比较读数。如果测量失败，检查二极管 D1 装配是否正确。

四、DCA 测试

将可调稳压电源的输出电压设置为 10V，将旋转开关转到 200μA 档，在电源与电流表回路中串接 100kΩ电阻，电流读数应该为 100μA，并与已知精确表的测量读数相比较。将旋转开关转到 2mA 档，在电源与电流表回路中串接 10kΩ电阻，电流读数应该为 1mA，并与已知精确表的测量读数相比较。

五、电阻测试

按照每个电阻档的一半值测量电阻，并与已知精确表的测量读数相比较。

第 13 章　印制电路板设计编辑软件 PROTEL 应用

13.1　印制板图设计 TRAXEDIT

13.1.1　TRAXEDIT 主菜单功能分类

主菜单平时是隐含的，按回车键或鼠标器左键可以在屏幕上显示 TRAXEDIT 的主菜单。TRAXEDIT 的主菜单共有 15 个功能分类，下面列出各分类的主要功能并且在后面的各小节中讲解各类命令的使用方法。

MAIN（主菜单）

Blook	块的定义、移动、拷贝、删除、输入输出
Current	显示、修改当前的焊盘、连线类型等
Delete	删除实体
Edit	编辑实体
File	加载、回存文件、改路径、清除工作区、返回操作系统
Highlight	高亮度显示
Information	显示工作状态等信息
Jump	快速移动光标
Library	库管理
Move	移动实体
Place	放置实体
Repeat	重复操作
Setup	工作环境设置
Un-Delete	恢复已删除的实体
Zoom	屏幕显示设置

13.1.2　熟练的使用块

设计一块印制板时，需要熟练地操作元件块。例如，想复制一个元件块，移动一个元件块或把一个元件块由一个印制板移动到另一个。Block 菜单中的选择项能快速有效的使用块。这是 PROTEL—AUTOTRAX 软件包的一个非常有效的功能，它能够大大提高设计印制板的速度。可以定义一个块、复制一个块、移动一个块、隐藏一个块、装入或保存一个块，也可以删除一个块。

BLOCK 命令用于块操作, 其子命令功能说明如下:

Block——
（块操作）

Copy	块的拷贝
Define	块的定义
Hide	块定义的取消
Move	块的移动
Inside Delete	块内删除
Outside Delete	块外删除
Read	块的输入
Write	块的输出

13.1.3　观察和改变当前的设置

如果从主菜单中选 Current, 可以观察当前的设置。假如想修改一些设置可以从 Current 菜单中选择它们, 然后输入新值。

各子命令功能如下:

Current——
（当前设置）

Cursor Mode	:Absolute
Floating Urigin	:0,0
Layer	:Top Layer
Pad ype	:ROUND40
Pad Orientation	:Normal
Track　Width	:12
String　Size	:60
String　Lines	:10
Via　Size	:50
Via　Hole　Size	:28

13.1.4　删除板上的部件

Delete 功能项允许删除某一弧、元件、填充区、高亮部分、焊盘、字符串、线或过孔。根据要删除的实体类别, 选相应的子命令, 屏幕底部出现相应的提示, 此时便可将光标放在某个实体上, 按回车键予以删除。

可选择的子命令或被删除项目列举如下:

Delete—— （删除）	Arc	弧线
	Component	元件
	Fill	填充区
	Highlight	高亮部分
	Pad	焊盘
	String	字符串
	Track	走线
	Via	过孔

13.1.5　编辑印制线路板图的一部分

Edit 命令用于编辑各种实体，执行 Edit 命令后，出现 Edit 子菜单。

根据要编辑的实体类别，选相应的子命令，屏幕底部出现相应的提示，此时便可将光标放在被编辑的实体上，按回车键执行编辑命令。可选择的子命令或被编辑项目列举如下：

Edit—— （编辑）	Component	元件
	Pad	焊盘
	Track	连线
	String	字符串
	Via	过孔

13.1.6　文件管理

主菜单中的 File 功能项能帮助你实现与文件管理和工作空间有联系的许多内部处理工作。

File—— （文件操作）	Clear	清屏
	Dos	返回 DOS
	Files	列举文件
	Load	文件加载
	Path	路径
	Ouit	退出编辑
	Save	回存文件

13.1.7　设置栅格尺寸

PROTEL-AUTOTRAX 程序中实际有两种栅格，一种是不可见的捕获栅格，另一种是可见的，在屏幕上以排列整齐的点阵形式出现的为可见栅格。

任意一种栅格中的两点间距离可以通过选择主菜单中的 Grid 功能项来改变。

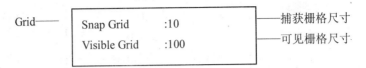

Grid——

| Snap Grid | :10 | ——捕获栅格尺寸 |
| Visible Grid | :100 | ——可见栅格尺寸 |

13.1.8　点亮网格

Highlight 功能项能实现两个功能。第一，可以点亮一个网格或一个独立的连接线路，也可以复制一个网格。第二，可以根据现存的一套电路制成一个网格表。Highlight 功能被广泛地用来检验网格，它确保那些需要制作和已经制作的连接线路。

Highlight——
（高亮显示）

| Location | 以光标位置确定网格 |
| Net | 输入网络名确定网格 |

13.1.9　得到关于板的信息

Information 菜单在提供关于当前工作板的状态信息上是非常有用的。象弧线数、元件数、焊盘数、内孔和过孔数这些重要的数字和有效内存数一样，可以通过这个功能项求出。

Information——

Board Dimensions	当前 PCB 板尺寸
Components	库元件
Highlighted Pins	高亮显示管脚
Library Components	库元件
Nets	网络
Pwr/Gnd Pins	列出电源层和地线层网络
Status	当前工作状态信息

13.1.10　使用 Jump 功能项

在一个大板上工作时，有时可能需要跳到一个指定元件，或者找出一字符串或焊盘，或者移动光标到一特殊位置，这时 Jump 功能项非常有用。

Jump——
（光标移动）

Component	光标移动到某元件	——输入器件名
Location	光标移动到某点	——输入 x，y 坐标
Net	光标移动到某网络	——输入网络名
Origin	光标移回到原点	
Pad	光标移动到某焊盘	
String	光标移动到某字符串	——输入字符串

13.1.11　库管理

需要生成新的元件库、管理已存在的元件库和生成的新库时，Library 菜单提供这些功能。

Library—— （库操作）		
	Add	添加元件
	Browse	查阅元件库
	Compact	压缩库
	Delete	从库中删除一个元件
	Explode	释放一个元件
	File	选择不同的文件库
	List	列出元件库表
	Merge	库元件的合并
	New Library	生成一个新库
	Rename	改元件名

13.1.12　移动板上的部件

对细调一个板的整体设计来说，这个功能相当有用。象焊盘、元件、过孔、填充区和字符串这样一些部件都可以移到板上的其它位置。它的主要用处是能方便地调整走线，可以移动一条线、在一特殊位置截断一条线、从线的一个端点拉线、或者是重新走线。它还有一个用处是，能调整经自动定位程序已经定位的元件的位置。

Move—— （移动实体）		
	Arc	圆弧
	Break	截断线
	Component	元件
	Drag　End	牵引线的一端
	Fill	填充区
	Pad	焊盘
	Re-Route	重新走线
	String	字符串
	Track	走线
	Via	过孔

13.1.13　网络表管理

PROTEL-AUTOTRAX 的最主要的特点是，在 PROTEL-SCHEMATIC 程序提供网络表或 PROTEL-AUTOTRAX 软件包生成网络表的基础上，它可以在板上自动布线。另一个重要特点是，它可以利用网络表里的信息放置元件，这样也可以节省大量与板上放置元件有关的时间。

这种布线算法相当有效，并且完成的百分率也很高，布一个板花费的时间与传统方法相比也缩短了。

在布一个板线之前，有许多需要知道的与网络有关的内部处理功能，Netlist 为此提供了方便。

Netlist——	Auto Place	自动布局
（网络表）	Clear	清除网络表
	DRC	设计规则检查
	Get Nets	装入一网络表
	Hide	隐藏网络
	Identify	识别网络
	Length	求出连接线路的长度
	Nets	列出网络名
	Optimize	优化网络
	Pwr/Gnd	确定电源层和地线层网络
	Route	为一个板布线
	Show	显示高亮

13.1.14 布线

PROTEL-AUTOTRAX 软件包的主要特点是为设计者节省许多工作时间。它既允许人工的从一个焊盘到另一个焊盘拉线，也可以通过 PROTEL-SCHEMATIC 或 PROTEL-AUTOTRAX 产生的网络表自动布线。

布线功能主要都在 Netlist-Route 菜单中：

Route——	Eoard
（布线）	Connection
	Manual
	Net
	Pad To Pad
	Layer Setup
	Router Setup
	Separation Setup
	Variable Setup

13.1.15　在板上放置部件

Place 功能项允许设计者在板上人工的放置部件，如弧、元件和线。也允许放置一些被称为屏蔽层的特殊的屏蔽线。作为一通常的规则，用这项功能放置部件以前，先要确保选择的是在正确的层里。

Place——
（放置）

Arc	圆弧
Component	元件
External Plane	生成一屏蔽层
Pad	焊盘
Fill	填充区
String	字符串
Track	走线
Via	过孔

13.1.16　重复操作

Repeat 功能项使设计者能够在预先指定的位置多次放置一元件、线、焊盘或过孔。若想在一有规律的图形中放置一些部件时，这一点很有用。

Repeat——
（重复放置）

Execute Repeat	执行重复操作
Default Count	重复次数
Component Increase	标号增量
X-offset(mils)	X 方向重复步长（正量向右，负量向左）
Y-offset(mils)	Y 方向重复步长（正量向下，负量向上）

13.1.17　改变设置

Setup 菜单允许改变一些每次启用 PROTEL-AUTOTRAX 时存在的缺省参数。如果改变了这些值，所改的值将作为缺省参数保存。

Setup——	Component Text	元件文字的调控
（设置）	Layer Colors	选择层的颜色
	Menu Colors	选择菜单颜色
	Keys	设置功能键
	Options	设置菜单中的选项
	Pads	定义焊盘类型
	Redraw	选择重画质量
	Strings	设置字符串尺寸缺省值
	Toggle Layers	打开和关闭层

13.1.18　Un-delete 选项的使用

Un-delete 选项如同安全保卫人员，因疏忽或偶然事件造成不了删除。

激活 Un-delete 选项，系统打开一个 UN-DELETE 窗口询问所要恢复图素的个数。

PROTEL-AUTOTRAX 以最近一次被删除的图素为第一个，并从这个图素起开始恢复工作。下面举一个简单的例子来理解 Un-delete 选项。

将光标移到印制板的一处空白区域，激活 Place-Component 命令，顺序调入 DIP6、DIP8、DIP14、DIP16 和 DIP40 各一个（标号和注释请随便），将它们并排放置好。退出 Place，激活 Delete-Component 命令，按从 DIP40 到 DIP6 的顺序依次删除各个元件。退出 Delete 后，激活 Un-delete 选项，在 UN-DELETE 窗口中输入 2，按"LEFT MOUSE"或"ENTER"键。从屏幕上可以看到，系统恢复了 DIP6 和 DIP8 两个元件，这是因为它们的删除操作是最近执行的。再激活 Un-delete 选项，在 UN-DELETE 窗口中输入 1，系统恢复的是 DIP16。

在执行删除操作时，PROTEL-AUTOTRAX 每次都记录下被删除的图素以备进行恢复工作，该记录最多可达 5000 项。

13.1.19　屏幕的放大缩小显示

主菜单中的 Zoom 选项用来实现屏幕的放大或缩小显示。有时可能需要看看整个印制板的大概情况（比如要点亮一个网格），或者有时也可能要将屏幕的某处放大以便进行一些微小的调整（比如要准确定位焊盘），这便会用到 Zoom。

Zoom——	Redraw	重画屏幕
（屏幕操作）	Pan	以光标位置为中心重画屏幕
	Expand	屏幕放大
	Contract	屏幕收缩
	Selete	选画面比例
	All	显示整个设计

13.2　印制板输出 TRAXPLOT

13.2.1　PROTEL TRAXPLOT 主菜单及其功能

PROTEL TRAXPLOT 主菜单有八个选项，其功能如下：

Main——
（主菜单）

File	文件操作
Information	当前状态信息
Options	绘图选项
Setup	参数设置
Polt	开始绘图
Print	开始打印
Gerbert Polt	产生光绘文件
NC Rrill	产生钻孔文件

13.2.2　FILE 命令

执行主菜单 File 命令，其各子命令功能如下：

File——
（文件操作）

Dos	暂时退回 DOS
Load	调入印制板图文件
Path	更改工作路径
Files	显示路径下文件名
Quit	退出

13.2.3　Information 信息

Information 命令用于显示工作状态信息，各选项说明如下：

Information——
（绘图信息）

Polt Type	：	输出类型
Polt Scale	：	绘图比例
Print Scale	：	打印比例
Holes in Layout	：	板上钻孔数
Low X	：	板左下角 X 尺寸
Low Y	：	板左下角 Y 尺寸
High X	：	板右上角 X 尺寸
High Y	：	板右上角 Y 尺寸

13.2.4　Options 命令

　　Options 命令主要用来规定要绘制的图纸类别（如黑白图、装配图、掩膜图、打孔图等）并规定图纸上各实体是否绘制。

　　Options 命令选择项的意义说明如下：

Options——
（绘图选择设置）

Type of POLT（规定绘制的工作层）	：工作层
Board Layer（边框开关）	：ON/OFF
Pads（焊盘绘制开关）	：ON/OFF
Vias（过孔绘制开关）	：ON/OFF
Strings（字符串绘制开关）	：ON/OFF
Title Block（标题栏绘制开关）	：ON/OFF
Single Layer Pad Holes（单层焊盘绘制开关）	：ON/OFF
Pad Hole Guide Size（焊盘钻孔尺寸）	：? mils
Solder Mask Eniargement（阻焊膜加大比例）	：? mils
Paste Mask Enlargement（胶膜加大比例）	：? mils
PWR/GND Enlargement（电源地线层加大比例）	：? mils

Check Plot（检查图）	Top Layer（元件面）
1 Mid Layer（中间一层）	2 Mid Layer（中间二层）
3 Mid Layer（中间三层）	4 Mid Layer（中间四层）
Bottom Layer（焊接面）	Top Overlay（顶层丝印层）
Bottom Overlay（底层丝印层）	Power Plane（电源层）
Ground Plane（地线面）	Keepout Layer（禁止布线层）
Top Solder Mask（顶层阻焊膜）	Bottom Solder Mask（底层阻焊膜）
Top Paste Mask（顶层掩膜）	Bottom Paste Mask（底层掩膜）
Pad Master（焊盘图）	Drill Drawing（打孔图）
Drill Guide（打孔导向图）	

13.2.5　Setup 命令

　　Setup 命令用来设置 TRAXPLOT 的工作环境。

　　Setup 命令的各选择项的意义说明如下：

Setup——	Serial Ports	设置串行口
（绘图参数）	Check Plot	检查图设置
	Plotter	设置绘图仪
	Printer	设置打印机
	Gerber	光绘设置
	NC Drill	数控钻设置
	Pens	笔设置
	Menu Colors	设置菜单颜色

1. 串行口设置

激活 Serial Ports 选项，系统打开一个窗口，你在串口 1 和串口 2 两者中确定一个，屏幕提示：Setup Serial Port 1　（设置串口 1）

　　　　　　Setup Serial Port 2　（设置串口 2）

2. 检查图设置

Check Plot——	Top Layer（元件面）	: ON/OFF
（检查图设置）	1 Mid Layer（中间一层）	: ON/OFF
	2 Mid Layer（中间二层）	: ON/OFF
	3 Mid Layer（中间三层）	: ON/OFF
	4 Mid Layer（中间四层）	: ON/OFF
	Bottom Layer（焊接面）	: ON/OFF
	Top Overlay（元件面丝印层）	: ON/OFF
	Bottom Overlay（焊接面丝印层）	: ON/OFF
	Ground Plane（地线面）	: ON/OFF
	Power Plane（电源面）	: ON/OFF
	Top Solder Mask（阻焊膜）	: ON/OFF
	Bottom Solder Mask（阻焊膜）	: ON/OFF
	Top Paste Mask（掩膜）	: ON/OFF
	Bottom Paste Mask（掩膜）	: ON/OFF
	Keep out Layer（禁止布线层）	: ON/OFF
	Multi Layer Pads（多层焊盘）	: ON/OFF
	Pens（笔设置）	

3. 绘图仪设置

执行主菜单 SETUP 命令下的 plotter 命令可设置绘图仪的选择项，其各设置选择项功能说明如下：

Plotter——
（绘图仪设置）

Type（绘图仪种类）	
Device（输出接口）	
Scale（绘图比例）	
X Offset（X方向偏移量）	
Y Offset（Y方向偏移量）	
X Correction（X方向校对值）	
Y Correction（Y方向校对值）	
Orientation（图纸绘制方向）	
Quality（图纸绘制质量）	
Software（圆弧软件处理开关）	
Arc Ouality（圆弧绘制精度控制）	
Options（绘图选择项）	
Pens（笔设置）	

4. 打印机设置

Printer——
（打印机设置）

Type	（打印机型号）
Device	（输出接口）
Scale	（打印比例）
X Offset	（X方向偏移量）
Y Offset	（Y方向偏移量）
X Correction	（X方向校对量）
Y Correction	（Y方向校对量）
Orientation	（图纸打印方向）
Quality	（打印质量）
Paper	（走纸方式）
Options	（打印选择层）

5. 光绘设置

GerBer——
（光绘设置）

Output File（输出文件名）	：＊＊＊＊＊＊＊
X Offset（X方向偏移）	：＊＊＊(mils)
Y Offset（Y方向偏移）	：＊＊＊(mils)
Aperture Table（孔表）	：＊＊＊.APT
Match Tolerance（允许匹配误差）	：1%——100%
G54	：ON/OFF
Arc Quality（圆弧质量）	：＊＊＊
Options（绘图选项）	：同主菜单的 OPTIONS

6. 数控钻设置

NC Drill—— （数控钻设置）	Output File（输出文件名）	: *
	X Offset（X 方向偏移）	: ?（mils）
	Y Offset（X 方向偏移）	: ?（mils）
	Tool Table（钻孔工具表）	: STANDARD.TOL
	Match Tolerance（允许匹配误差）	: 1%—100%

7. 菜单颜色设置

Menu Colors—— （菜单颜色设置）	Text Color（菜单字符颜色）
	Background Color（菜单背景颜色）
	Frame Color（菜单边框颜色）
	Highlight Text Color（高亮处字符颜色）
	Highlight Background Color（高亮处背景颜色）
	Shadow Color(阴影区颜色)
	Copy previous Settiongs（拷贝上一层设置）
	Previous level（退回上层设置）
	Next level(进入下层设置)

13.2.6　Plot 命令

执行主菜单的 Plot 命令可绘制印制板图，若尚未装入印制板文件时，屏幕提示：

File Not Loaded

当印制板文件已调入且各项参数都设置完毕后，执行 Plot 命令，屏幕提示：

Confirm Proceed With Plot

No

Yes

13.2.7　Print 命令

执行主菜单的 Print 命令可绘制印制板图，若尚未装入印制板文件时，屏幕提示：

File Not Loaded

当印制板文件已调入且各项参数都设置完毕后，执行 Print 命令，屏幕提示：

Confirm Proceed With Print

No

Yes

13.2.8　Gerber 命令

执行主菜单的 Gerber 命令可产生印制板光绘文件，若尚未装入印制板文件时，屏幕提示：

File Not Loaded

当印制板文件已调入且各项参数都设置完毕后，执行 Gerber 命令，屏幕提示：

Confirm Proceed With Gerber

No

Yes

13.2.9　NC Drill 命令

执行主菜单的 NC Drill 命令可产生数控钻文件，若尚未装入印制板文件时，屏幕提示：

File Not Loaded

当印制板文件已调入且各项参数都设置完毕后，执行 NC Drill 命令，屏幕提示：

Confirm Proceed With NC Drill

No

Yes

13.3　设计性实习项目要求

1. 任务

自行确定电路方案，用 PROTEL 工程应用软件完成电路的印制板图设计。

2. 目的

熟悉 PROTEL 各选项命令，掌握 PROTEL 设计方法，提高电子技术应用水平及实际设计能力。

3. 要求

（1）规范化设计——合理布局、布线，疏密均匀，符合标准化要求。

（2）工艺化设计——便于实际生产操作和维护。

（3）可靠性设计——电路结构可靠，参数选择合理；通常的机械振动、跌落、长期运行不会出现故障。

（4）安全性设计——设置保险装置、强电与弱电隔离以及确保人身安全的措施。

（5）散热设计——对发热功率器件合理设计散热器及散热空间，并考虑与其它元器件特别是对温度敏感器件的距离。

（6）电磁兼容设计——本机振荡电路一般要进行电磁屏蔽和电网输入端滤波。

（7）抗干扰设计——高频电路、小信号电路、多通道多物理量电路和高精度高要求电路要有抗干扰措施。

（8）经济性设计——充分考虑设计成本和生产成本，追求最大化经济效益。

（9）优化性设计——尽可能采用先进的电路结构、器件，优化设计方案，力求提高性价比。

随着现代电子工业的发展，各类 CAD 软件层出不穷，Protel 系列软件是目前应用最广泛的一种。Protel 99 SE 又是 Protel 系列软件中应用最普遍的版本。它功能强大，深受从事电子电路技术设计的广大学生、科技工作者的欢迎。由于本书篇幅的限制，我们不可能对 Protel 软件做更多、更翔实的介绍，有兴趣和将来需要做更深入了解、学习的同学可以参看 Protel 方面的专门著作。在这里我们建议大家在需要的时候参看由和卫星、李长杰、汪少华编著的《Protel 99 SE·电子电路 CAD 实用技术》（中国科学技术大学出版社，2014 年 8 月第 2 版）一书或其他相关专门著作。本书不再赘述。

参 考 文 献

[1] 秦曾煌. 电工学·下册：电子技术[M]. 5 版. 北京：高等教育出版社，1999.

[2] 秦曾煌. 电工学（第 5 版）学习指导[M]. 北京：高等教育出版社，2001.

[3] 唐介. 电工学学习指导：少学时[M]. 大连：大连理工大学出版社，1999.

[4] 刘全忠. 电工学习题精解[M]. 北京：科学出版社，2002.

[5] 朱建堑. 电工学·电子技术导教·导学·导考[M]. 西安：西北工业大学出版社，2001.

[6] 朱建堑. 电子技术（电工学 II）常见题型解析及模拟题[M]. 西安：西北大学出版社，
     1999.

[7] 史仪凯. 电子技术（电工学 II）典型题解析及自测试题[M]. 西安：西北工业大学出
     版社，2001.

[8] 张裕民. 模拟电子技术基础 典型题解析及自测试题[M]. 西安：西北工业大学出版社，
     2001.

[9] 熊幸明. 电子技术解题指南与训练[M]. 北京：新时代出版社，1996.

[10] 陈大钦，彭容修. 模拟电子技术基础学习与解题指南[M]. 武汉：华中科技大学出版
     社，2001.

[11] 王友仁，王成华，胡志忠，姚睿. 电子线路基础教程重点分析、例题解析、习题[M].
     北京：科学出版社，2001.

[12] 裴新才. 电工技术电子技术解题指导[M]. 沈阳：东北大学出版社，1993.

[13] 沈宜孙. 晶体管收音机原理与调试[M]. 上海：上海科技出版社，1993.

[14] 纪纲. 数字显示调节仪表原理及维修[M]. 上海：华东华工学院出版社，1993.

[15] 胡万海. 多层自动布线印制板的设计与实例[M]. 北京：北京希望电脑公司，1992.

[16] 朱建坤. 电子技术常见题型解析及模拟题[M]. 西安：西北工业大学出版社，2001.

[17] 吴建强. 电工学试题精选与答题技巧[M]. 哈尔滨：哈尔滨工业大学出版社，2000.

[18] 刘全忠. 电子技术学习指导[M]. 天津：天津大学出版社，2002.

[19] 龚淑秋，李忠波. 电子技术试题题型精选汇编[M]. 北京：机械工业出版社，2000.

[20] 蔡唯铮. 电子技术基础试题精选与答题技巧[M]. 哈尔滨：哈尔滨工业大学出版社，2001.

[21] 鬲淑芳. 电子技术基础解题指导[M]. 西安：陕西师范大学出版社，2000.

[22] 和卫星，李长杰，汪少华. Protel 99 SE·电子电路 CAD 实用技术[M]. 合肥：中国科学技术大学出版社，2008.